B. I.-Hochschultaschenbücher
Band 467

Einführung in die Werkstoffkunde

von
Hein-Peter Stüwe
o. Prof. an der
Montanuniversität
Leoben/Steiermark

2., verbesserte Auflage

Bibliographisches Institut Mannheim/Wien/Zürich
B.I.-Wissenschaftsverlag

CIP-Kurztitelaufnahme der Deutschen Bibliothek

Stüwe, Hein Peter
Einführung in die Werkstoffkunde. - 2., verb. Aufl. - Mannheim, Wien, Zürich: Bibliographisches Institut, 1978.
(B.I.-Hochschultaschenbücher; Bd. 467)
ISBN 3-411-05467-0

Druck und Bindearbeit: Hain-Druck KG, Meisenheim/Glan
Printed in Germany
ISBN 3-411-05467-0

EINLEITUNG

Die vorliegende Schrift ist entstanden aus einer einsemestrigen, zweistündigen Vorlesung an der TU-Braunschweig, die für Studenten des Maschinenbaus und der Elektrotechnik in den ersten Semestern gehalten wird. Nach dem Vorexamen schließt sich hieran ein ausführlicher, dreisemestriger Kursus in Werkstoffkunde an.

Die Schrift soll also kein Lehrbuch der Werkstoffkunde darstellen, sondern lediglich in die Grundbegriffe der Werkstoffkunde einführen. Es muß deshalb darauf verzichtet werden, auf zahlreiche konventionelle und moderne Werkstoffe im einzelnen einzugehen. Es wird vielmehr versucht, das Interesse des Lesers für die physikalischen Grundlagen der Werkstoffeigenschaften zu wecken. Für ein genaueres Studium sind an vielen Abschnitten Literaturhinweise gegeben.

Es werden keine Vorkenntnisse des Lesers vorausgesetzt. Die Schrift ist deshalb, wie ich hoffe, nicht nur für den Gebrauch der Anfangssemester an technischen Universitäten, sondern auch für den Gebrauch an Fachhochschulen geeignet. Besonders glücklich wäre der Verfasser, wenn die Schrift ihren Weg in die Hände auch des einen oder anderen Lehrers an unseren Oberschulen fände.

Der Verfasser möchte seinen Mitarbeitern am Institut für Werkstoffkunde und Herstellungsverfahren der TU-Braunschweig für ihre Hilfe bei der Vorbereitung des Manuskriptes danken. Dies betrifft insbesondere Herrn Professor Dr. G. Vibrans, der das Manuskript vollständig überarbeitet hat sowie Herrn Dr. G. Lange, der sich besonders um die Anhänge zu den Kapiteln 2 und 7 bemüht hat. Ferner gilt mein Dank dem Verlag, der es mit dieser Schriftenreihe möglich gemacht hat, Hilfsmittel für den Studenten zu einem besonders niedrigen Preise herauszubringen.

Anläßlich der Neuauflage möchte ich allen Kollegen danken, die mich auf Fehler und Ungenauigkeiten der ersten Fassung hingewiesen haben, sowie Herrn Dipl.-Ing. P. Uggowitzer, der mir bei der Überarbeitung geholfen hat.

INHALTSVERZEICHNIS

6. Erholung und Rekristallisation

7. Zerstörung von Werkstoffen

1. AUFBAU DER WERKSTOFFE

Die Werkstoffe, wie Stein, Bronze und Eisen, haben den großen Kulturabschnitten der Menschheit ihren Namen gegeben. Dies zeigt ihre Bedeutung.

Die ersten Werkstoffe, Stein, Holz, Stroh, Kork, Seide, Wolle, Baumwolle, fand der Mensch in der Natur vor. Diese Werkstoffe zeigen eine Reihe außergewöhnlich guter Eigenschaften, die sie noch heute unentbehrlich machen. Der überwiegende Teil der heute in Maschinenbau und Elektrotechnik verwendeten Werkstoffe ist jedoch vom Menschen hergestellt. Die wichtigste Rolle spielen dabei die Metalle und ihre Legierungen. Deshalb beschäftigt sich dieses Buch vorwiegend mit den metallischen Werkstoffen. In diesem ersten Kapitel soll jedoch auch das Holz als ein Beispiel für einen Naturwerkstoff (1.1), die Steine und Erden (1.4), die Kunststoffe (1.5) sowie die Verbundwerkstoffe (1.6) kurz besprochen werden.

1.1 Holz als Beispiel für einen natürlichen Werkstoff

Holz ist leicht bearbeitbar, hat ein geringes spezifisches Gewicht und ist ein ziemlich guter thermischer und elektrischer Isolator. Zudem hat es einen besonders niedrigen Preis pro Volumen. Deshalb findet es im Maschinenbau immer noch Verwendung, wo an die Festigkeit keine erhöhten Ansprüche gestellt werden: für Griffe, Stiele und Sitzbretter, für Riemenscheiben, Ständer, Rahmen sowie für Verschalungen und Verpackungen. Besondere Bedeutung hat seine Verwendung im Modellbau.

Mikroskopisch besteht das Holz aus verschiedenen Zellarten: sehr lange Röhren- oder Gefäßzellen, rundliche Speicherzellen, sowie lange (1 bis 3 mm) und dünne Stützzellen, deren Wände mit Zellulosefasern verstärkt sind. Die Zellulosefasern (40 bis 50% der Holzmasse) sind mit Lingnin verkrustet. Der Wassergehalt des frischen Holzes trocknet in der Luft in einigen Jahren bis auf 10 bis 15% Feuchtigkeitsgehalt.

Häufig verwendet man das Holz nicht im Naturzustand, sondern zerfasert es mechanisch und verpreßt es dann unter Zusatz von Leim zu Spanplatten sowie Hart- oder Weichfaserplatten.

Eine weitere Verarbeitungsstufe besteht darin, daß man das Lignin (z. B. mit heißer Kalziumbisulfitlauge) herauslöst und die so befreiten Zellulosefasern zu Pappe oder Papier verarbeitet. Wie man sieht, ist die Grenze zwischen natürlichen und von Menschenhand hergestellten Werkstoffen fließend.

Die Festigkeit des Holzes ist hoch; aber nur bei Beanspruchung in bestimmten Richtungen. Dies ist in Abb. 1.1 dargestellt. Hier ist

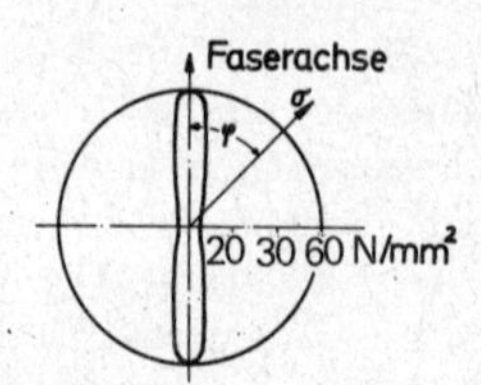

Abb. 1.1: Winkelabhängigkeit der Zugfestigkeit von Holz.

die Zerreißfestigkeit σ von Holzstäben aufgetragen, die unter verschiedenen Winkeln φ zur Achse aus einem Balken herausgearbeitet wurden. Man sieht, daß ein Stab parallel zur Faserachse Belastungen bis zu 60 N/mm² ertragen kann, während ein Stab quer zur Faserachse bereits bei 7 N/mm² Zugspannung bricht.

Einen Werkstoff, dessen Eigenschaften von der Richtung abhängen, nennt man anisotrop. Die meisten Werkstoffe zeigen eine Anisotropie. Dies gilt insbesondere für Kristalle, aus denen die meisten Werkstoffe aufgebaut sind.

1.2 Kristalle

1.2.1 Elementarzellen

In echten Festkörpern sind die Atome nicht regellos angeordnet, sondern in einem Raumgitter, d. h. in einer festen geometrischen Anordnung. Solche Körper nennt man Kristalle*. Die kleinste Einheit eines Kristalles ist seine Elementarzelle. Diese Zelle kann

* Die strenge Anordnung der Atome und Moleküle kann sich makroskopisch in der Gestalt des Kristalles widerspiegeln. Dies ist jedoch nur eine Äußerlichkeit. Ein Stück Kandiszucker, das beim Auflösen in Tee seine äußere Polyedergestalt allmählich verliert, bleibt trotzdem, soweit es fest ist, kristallisch.

z. B. die Gestalt eines Würfels haben, dann nennt man den Kristall kubisch. In anderen Kristalltypen sind die Seiten der Elementarzelle ungleich lang, auch brauchen ihre Seiten nicht unbedingt rechte Winkel einzuschließen. Stets jedoch ist die Elementarzelle von sechs Ebenen begrenzt, von denen jeweils die einander gegenüberliegenden Ebenen parallel sind. Solche Zellen lassen sich in den drei räumlichen Richtungen dicht aneinanderpacken. Durch diese dreidimensionale Packung der Elementarzellen entsteht ein Kristall. Nach der Gestalt der Zelle unterscheidet man die in Tab. 1.2 wiedergegebenen Kristallsysteme. Drei Kanten der Elementar-

Tabelle 1.2: Kristallsysteme

1 Triklin	$a \neq b \neq c$	α, β, γ (alle $\neq 90°$)
2 Monoklin	$a \neq b \neq c$	$\beta \neq 90°, \alpha = \gamma = 90°$
3 Rhombisch	$a \neq b \neq c$	$\alpha = \beta = \gamma = 90°$
4 Hexagonal	$a \neq c \ (b = a)$	$\gamma = 120°; \alpha = \beta = 90°$
5 Trigonal = rhomboedrisch	$a = b = c$	$\alpha = \beta = \gamma \neq 90°$
6 Tetragonal	$a \neq c \ (b = a)$	$\alpha = \beta = \gamma = 90°$
7 Kubisch	$a = b = c$	$\alpha = \beta = \gamma = 90°$

zelle, die nicht zueinander parallel sind, nennt man die Achsen des Kristallgitters.

Sie spannen ein Koordinatensystem auf, in dem sich Richtungen und Ebenen des Kristalls besonders einfach beschreiben lassen. Wir nehmen als Beispiel die kubische Elementarzelle in Abb. 1.2, an der die drei Achsen gleiche Längen haben und aufeinander senkrecht stehen. Sie sind mit den Buchstaben x, y und z bezeichnet. Richtungen im Kristall werden nun durch drei Zahlen gekennzeichnet, die jeweils angeben, wieviel Gitterschritte man in Richtung der drei Achsen vorgehen soll. Die Richtung [100] bedeutet also die Richtung der Gitterkante x, die Richtung [010] die Richtung der

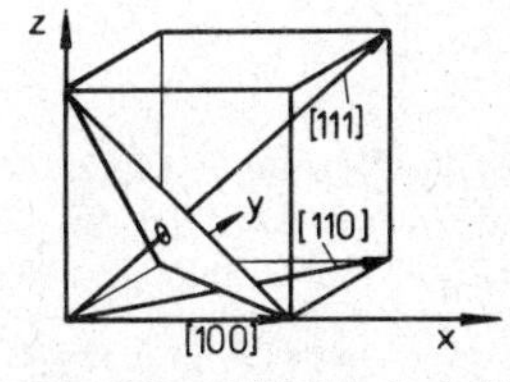

Abb. 1.2: Die Richtungen [100], [110] und [111] in der kubischen Elementarzelle.

Gitterkante y. ([200] und [300] bedeuten die gleiche Richtung wie [100]. Es ist jedoch üblich, zur Bezeichnung einer Richtung immer die kleinsten möglichen ganzen Zahlen zu wählen). Die Richtung [110] bedeutet die Flächendiagonale in der Basisebene des Würfels. Die Richtung [111] bedeutet die Raumdiagonale. In der gleichen Weise ist es möglich, ganz beliebige Richtungen am Kristall zu beschreiben, z.B. [7 12 22]. So hoch indizierte Richtungen haben physikalisch meist keine besondere Bedeutung.

Gitterschritte in der umgekehrten Richtung werden durch ein Minuszeichen beschrieben, das üblicherweise über den Index gesetzt wird. So ist die Richtung [$\bar{1}$00] der Richtung [100] entgegengesetzt.

Es ist üblich, diese Zahlentripel in eckige Klammern zu setzen, wenn eine bestimmte Richtung im Gitter gemeint ist. Spricht man dagegen von den Würfelkanten im allgemeinen, meint man also [100], [0$\bar{1}$0], [001] usw. zusammen, so setzt man die Bezeichnung in spitze Klammern ⟨100⟩.

In ähnlicher Weise kann man Ebenen des Kristallgitters durch Indizes beschreiben. Das Verfahren ist besonders durchsichtig bei den kubischen Kristallen. Hier bedeutet die Indizierung (hkl) stets eine Ebene, die senkrecht auf der Richtung [hkl] steht. Die Indizes für Ebenen setzt man stets in runde Klammern. Die Ebene (100) ist also die Ebene, die auf der Richtung [100] senkrecht steht, die Ebene (111) steht senkrecht auf der Raumdiagonalen. In Abb. 1.2 ist ein Stück einer (111) Ebene eingezeichnet. Es geht gerade durch die Endpunkte der drei Würfelkanten. In nicht kubischen Kristallen stehen Ebenen und Richtungen gleicher Indizierung nicht immer senkrecht aufeinander, jedoch geht auch hier eine (111) Ebene durch die drei Eckpunkte der Elementarzelle. Deshalb beschreibt man in nicht kubischen Kristallen die Orientierung einer Ebene durch ihre Schnittpunkte mit den Kristallachsen*. Will man alle Ebenen vom Typ (111) gemeinsam bezeichnen, so setzt man die Indizes in geschweifte Klammern: {111}.

1.2.2 Kugelpackungen

In jeder Elementarzelle eines Kristalles findet sich die gleiche Anzahl von Atomen. Ihre Zahl ist in der Regel klein. Ihr Ort

* Die Indizes einer Ebene heißen Millersche Indizes, sie sind den reziproken Achsenabschnitten proportional. Man wählt auch sie so, daß sie ganzzahlig und möglichst klein sind.

innerhalb der Elementarzelle ist streng vorgeschrieben. Man spricht von einzelnen Punktlagen innerhalb der Elementarzelle. Eine in Metallen häufig vorkommende Anordnung zeigt Abb. 1.3a.

Hier ist die Elementarzelle ein Würfel, die Punktlagen sind in der Ecke und in der räumlichen Mitte des Würfels. Dieses Gitter hat den Namen kubisch raumzentriert (krz). Abb. 1.3b zeigt die

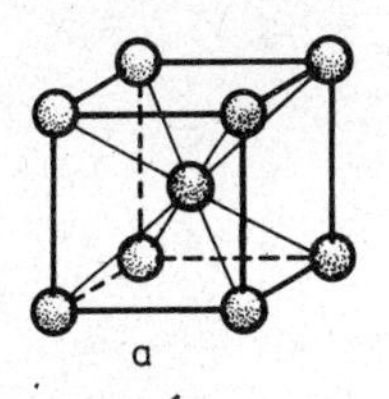

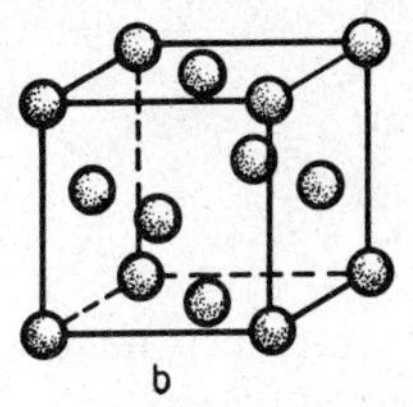

Abb. 1.3: a) Kubisch-raumzentrierte Elementarzelle.
b) Kubisch-flächenzentrierte Elementarzelle.

Elementarzelle eines anderen häufig vorkommenden Gitters. Es hat den Namen kubisch flächenzentriert (kfz), weil hier die Atome außer in den Ecken des Würfels auch in den Flächenmitten sitzen. Es sei noch das tetragonale Gitter erwähnt, dessen Elementarzelle eine quadratische Säule der Seitenlänge a und der Höhe c ist. Tab.* 1.1 gibt für viele Elemente die Kristallstruktur an.

In der Abb. 1.3 sind die Atome als kleine Kugeln gezeichnet. Das ist für die Zwecke dieses Buches kein schlechtes Modell. Allerdings muß man sich die Kugeln so groß vorstellen, daß sie sich gegenseitig berühren. Dann berühren sich z. B. in Abb. 1.3a die Atome längs der Würfeldiagonalen, diese Richtung ist also dicht gepackt. Die Atome auf der Würfelkante berühren sich jedoch nicht, zwischen ihnen bleibt eine Gitterlücke offen. In Abb. 1.3b berühren sich die Atome längs der Flächendiagonalen. Hierbei bleibt im Inneren des Würfels eine Gitterlücke offen. Der Radius der kugelförmig gedachten Atome ist in Tab. 1.1 mit angegeben.

Man kann danach fragen, wie gut eine solche Kugelpackung den Raum erfüllt. Es ergibt sich für das krz.-Gitter 68% und für das kfz.-Gitter 74%. Dies ist die dichteste Packung, die sich mit Kugeln gleichen Durchmessers überhaupt verwirklichen läßt.

Es gibt eine zweite Möglichkeit, die gleiche Packungsdichte zu erreichen. Abb. 1.4 zeigt die dichteste mögliche Packung in einer Ebene. Diese Struktur hat z. B. die (111) Ebene des kubisch flächenzentrierten Gitters. Ein räumliches Gitter läßt sich nun

* am Schluß des Buches (S. 190 f.).

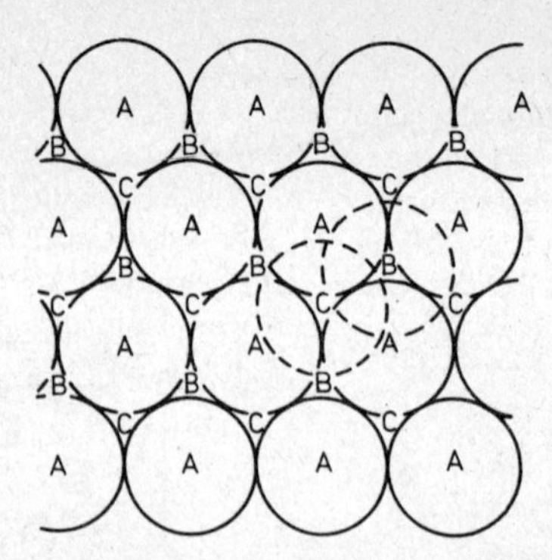

Abb. 1.4: Die Schichten einer dichtesten Kugelpackung.

aufbauen, indem man solche Schichten aufeinanderstapelt. Dabei muß man die Schichten gegeneinander versetzen, so daß die Atome der einzelnen Schicht auf den Lücken der nächsten Schicht ruhen. Dafür gibt es zwei Möglichkeiten, die in Abb. 1.4 durch *B* und *C* gekennzeichnet sind. Bezeichnen wir die Schicht der Abb. 1.4 mit dem Buchstaben *A*, so sind zum Aufbau eines Kristalles zwei einfache Stapelfolgen denkbar (eine unregelmäßige Stapelfolge würde nicht zu einem Kristall führen): Die Folge *ABC ABC ABC* und die Folge *AB AB AB*.

Die erste Folge führt zum kubisch flächenzentrierten Gitter. (Der Würfel steht auf der Spitze, die Raumdiagonale senkrecht zu den Ebenen *A*, *B*, *C*). Diese Beschreibung ist etwas unanschaulich, am besten läßt sie sich verstehen, wenn man selbst versucht, ein dicht gepacktes Gitter aus Tischtennisbällen zusammenzukleben.

Die zweite Art der Packung führt zu einem Gitter, dessen Elementarzelle in Abb. 1.5a dargestellt ist. Es handelt sich um eine rhombische Säule, deren kurze Kanten den Winkel 60° einschließen. Die dritte Achse steht darauf senkrecht und ist um den Faktor 1,633 länger. Acht Achtel-Atome sitzen an den Ecken der Zelle, ein zweites Atom etwas unsymmetrisch im Innern der Zelle.

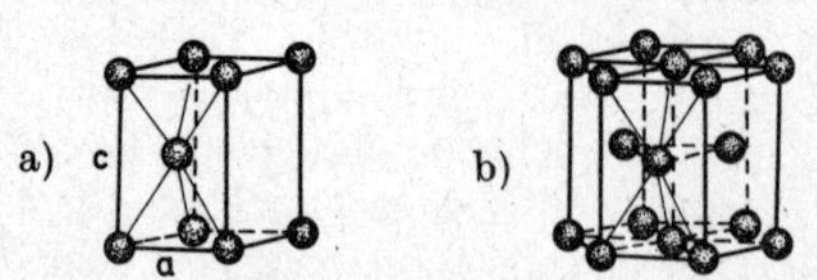

Abb. 1.5: Hexagonal dichteste Kugelpackung.
a) Elementarzelle.
b) Zelle mit hexagonaler Symmetrie.

Diese Art der Beschreibung wird der Symmetrie des Gitters freilich nicht ganz gerecht. In diesem Spezialfall ist es deshalb üblich, von der strengen Beschreibung des Kristalles durch seine Elementarzellen abzuweichen und stattdessen die in Abb. 1.5b gezeichnete größere Zelle zu betrachten. Nach dieser bienenwabenförmigen Einheit nennt man das Gitter hexagonal dicht gepackt. Wirklich dicht gepackt ist es allerdings nur, wenn die Achsen *c* und *a* im idealen Verhältnis 1,633 zueinander stehen. Tab. 1.1 (S. 184) zeigt, daß dies bei den hexagonalen Metallen nicht genau der Fall ist, am ehesten noch bei Mg.

Denken wir uns einen Kristall in der beschriebenen Weise aus dicht gepackten Schichten aufgebaut, so sind Fehler in der Stapelfolge denkbar. Abb. 1.6 zeigt drei Fälle, die in der Natur wirklich vorkommen. Abb. 1.6a stellt die Schichtenfolge eines hexagonalen Kristalls dar, der einen Stapelfehler enthält (Pfeil). Der Stapelfehler ist also eine Fläche, auf der zwei in sich perfekte hexagonale Kristallteile falsch aufeinander gestapelt sind. Man kann – wie die geschweifte Klammer zeigt – den Stapelfehler aber auch als eine kubisch flächenzentrierte Schicht auffassen, deren Dicke drei Atomabstände beträgt, und die in den hexagonalen Kristall eingeschoben ist. Abb. 1.6b zeigt entsprechend einen Stapelfehler im kubisch flächenzentrierten Gitter.

Abb. 1.6c zeigt auch einen kubisch flächenzentrierten Kristall. Der Pfeil zeigt die Stelle, wo die Stapelfolge umgekehrt wurde. Die obere Hälfte des Kristalls ist also das Spiegelbild der unteren Hälfte. Von diesen beiden Kristallteilen sagt man, daß sie in Zwillingslage zueinander stehen. Die mit dem Pfeil bezeichnete Ebene ist die Zwillingsgrenze, und zwar, weil die beiden Teile des Kristalles

a)	b)	c)
A	A	A
B	B	B
A }	C	C
→ B }	A }	A }
C }	B }	→ B }
A	→ A }	A }
C	B }	C
A	C	B
C	A	A
A	B	C
C	C	B

Abb 1.6: a) Stapelfehler in hexagonal dichtester Kugelpackung.
b) Stapelfehler in kubisch dichtester Kugelpackung.
c) Zwillingsgrenze in kubisch dichtester Kugelpackung.

nahezu perfekt zueinander passen, eine kohärente Zwillingsgrenze. Wie die geschweifte Klammer andeutet, läßt sich eine kohärente Zwillingsgrenze auch auffassen als eine Schicht hexagonalen Kristalles, deren Dicke drei Atomabstände beträgt.

Nicht alle Kristalle sind so dicht gepackt. So ist z. B. die Pakkungsdichte im Diamantgitter 34%, im Gitter des Eises auch 34%. Für Metalle ist es jedoch typisch, daß ihre Atome eine möglichst hohe Packungsdichte anstreben.

1.2.3 Mischkristalle

Legierungen, die aus mehreren Atomsorten mit verschiedenen Radien bestehen, können unter Umständen höhere Packungsdichten erreichen als reine Metalle. Ein Beispiel hierfür ist die Legierung aus 50% Ce und 50% Zn. Sie erreicht eine Packungsdichte von 73% (also deutlich dichter als das reine krz Gitter!), indem sie ein kubisch raumzentriertes Gitter bildet, in dem die Ce-Atome die Würfelecken, die Zn-Atome die Würfelmitten besetzen. Dies nennt man die Cäsium-Chlorid-Struktur.

Diese Legierung ist bereits ein Beispiel für einen Mischkristall, und zwar für einen geordneten Mischkristall, weil die beiden Komponenten streng auf bestimmten Gitterplätzen angeordnet sind. In einem ungeordneten Mischkristall wären beide Atomsorten regellos auf beide Sorten von Gitterplätzen verteilt. Zwischen diesen beiden Extremfällen sind Übergänge denkbar, so daß man Kristalle mit unterschiedlichem Ordnungsgrad unterscheiden kann. Die gleiche Legierung kann, je nach der Temperatur, geordnet oder ungeordnet vorliegen. So ist z. B. eine Legierung aus 50 At.-% Gold und 50 At.-% Kupfer oberhalb einer Temperatur von 424 °C ungeordnet, unterhalb dieser Temperatur ist sie geordnet. Man spricht von einer Ordnungs-Unordnungs-Umwandlung.

Die eben diskutierte Legierung aus Gold und Kupfer muß nicht unbedingt genau im Verhältnis 1 : 1 zusammengesetzt sein. Sie kann vielmehr bis zu 60% Cu-Atome oder bis zu 60% Au-Atome aufnehmen, ohne ihre Struktur grundsätzlich zu verändern. Es werden einfach einige Cu-Atome auf Au-Plätzen oder einige Au-Atome auf Cu-Plätzen eingebaut. Man sagt, die Legierung habe einen endlichen Homogenitätsbereich. Noch größer ist in der Regel der Homogenitätsbereich der ungeordneten Mischkristalle; so kristallisieren Legierungen aus Gold und Kupfer in allen Mischungsverhältnissen in einem kubisch flächenzentrierten Gitter, in dem – wenigstens bei höheren Temperaturen – beide Atomsorten regellos verteilt sind.

Diese Fähigkeit, Mischkristalle mit einem endlichen Homogenitätsbereich zu bilden, ist typisch für die Metalle. Die Verhältnisse sind hier also ganz anders als in der klassischen anorganischen Chemie. Wasserstoff und Sauerstoff können sich zu Wasser verbinden, aber nur ganz genau im Verhältnis 2 : 1. Dies ist durch die Formel des Wassers H_2O bestimmt. Es ist nicht möglich, in einem Eiskristall zusätzlich Wasserstoff oder zusätzlich Sauerstoff einzubauen. Diese strenge Gesetzmäßigkeit der anorganischen Chemie (Stöchiometrie) gilt nicht für die Bildung von Legierungen aus verschiedenen Metallen. Das ist ein grundsätzlicher Unterschied, der mit der Natur der metallischen Bindung zusammenhängt. Man spricht deshalb im metallischen System nicht von Verbindungen, sondern von Legierungsphasen.

In den bisher beschriebenen Mischkristallen nehmen alle Atome Gitterplätze ein. Man nennt solche Mischkristalle Substitutionsmischkristalle. Es gibt auch einen anderen Typ von Mischkristallen, den man Einlagerungsmischkristall nennt. Ein Beispiel hierfür ist der Mischkristall aus Eisen und Kohlenstoff. Bei Raumtemperatur ist Eisen kubisch raumzentriert, d. h. die Eisenatome sitzen an den Stellen, die in Abb. 1.7 durch Kugeln

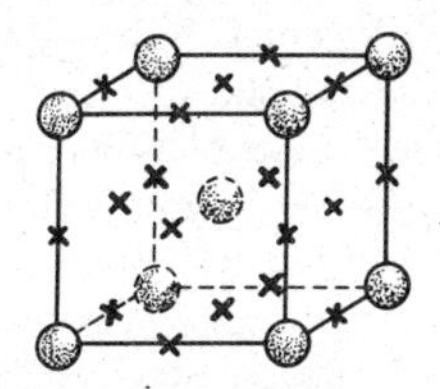

Abb. 1.7: Die Oktaederlücken im kubisch-raumzentrierten Kristall (Kreuze).

gekennzeichnet sind. Löst man Kohlenstoff im Eisen, so bleiben alle Eisenplätze von Eisenatomen besetzt. Die kleineren Kohlenstoffatome lagern sich in die Lücken zwischen den Eisenatomen ein. Solche Lücken sind in Abb. 1.7 durch ein Kreuz gekennzeichnet. Die Lücken sind freilich für die Kohlenstoffatome zu klein. Deshalb kostet es Energie, den Kohlenstoff in das Eisengitter einzulagern und das führt dazu, daß die Löslichkeit des kubisch raumzentrierten (α-Eisens) für Kohlenstoff ziemlich begrenzt ist. Sie beträgt höchstens 0,02 Gew.-%. Das bedeutet, daß nur in jeder fünfhundertsten Elementarzelle eine Gitterlücke mit einem Kohlenstoffatom besetzt ist.

Bei höheren Temperaturen hat Eisen ein anderes Kristallgitter, nämlich das der kubisch flächenzentrierten γ-Phase. Das kubisch flächenzentrierte Gitter ist dichter gepackt als das raumzentrierte. Trotzdem enthält es (in der Würfelmitte) etwas größere Gitterlücken. Deshalb ist seine Aufnahmefähigkeit für Kohlenstoff größer, sie beträgt bis zu 2,1 Gew.-% bei 1147 °C. Dabei ist dann jede zweite bis dritte Elementarzelle mit einem Kohlenstoffatom besetzt. Diese unterschiedliche Löslichkeit des Kohlenstoffes in den beiden Phasen des Eisens hat außerordentlich wichtige technische Folgen, auf die im Abschn. 2.8 näher eingegangen wird.

1.2.4 Punktfehler

In einem Kristallgitter kann es einmal vorkommen, daß irgendein Gitterplatz unbesetzt ist. Dort ist also ein Loch von der Größe eines Atoms. Ein solches Loch nennt man Leerstelle. Ebenso kann es vorkommen, daß an anderer Stelle im Gitter ein Atom zu viel ist. Das muß sich dann in eine Gitterlücke hineinquetschen. Eine solche Stelle nennt man Zwischengitteratom. Zwischengitteratome und Leerstellen sind Beispiele für Punktfehler. In ihrer Umgebung ist das Gitter elastisch verzerrt. Solche Gitterfehler können wichtige Einflüsse auf die physikalischen Eigenschaften der Metalle ausüben. Z. B. sind Punktfehler sehr wirksame Hindernisse für den elektrischen Strom. Kristalle mit vielen Punktfehlern zeigen deshalb einen erhöhten elektrischen Widerstand.

Es gibt zahlreiche andere Arten von Gitterfehlern. Die wichtigste Art, die Versetzungen, werden in Abschn. 5.4 dieses Buches genauer besprochen.

Im Gegensatz zum fehlerfreien Idealkristall enthalten die in den technischen Werkstoffen vorliegenden Realkristalle stets viele Arten von Gitterfehlern.

1.3 Der Vielkristall

1.3.1 Korn und Korngröße

Einen Körper, der aus einem einzigen Kristall besteht, nennt man einen Einkristall. Nur selten werden Einkristalle als technische Werkstücke benutzt. Beispiele hierfür sind Diamanten als Schneidwerkzeuge, Saphire in den Tonabnehmern der Grammophone, Quarzkristalle in Ultraschallsendern und neuerdings auch Einkristalle aus Nickellegierungen als Werkstoff für Turbinenschaufeln.

In der Regel besteht ein Werkstück jedoch aus einer Vielzahl von Kristallen. Das sieht dann so aus wie in Abb. 1.8. Diese Abbildung stellt den Schnitt durch ein Stück Eisen dar; sie zeigt ein Netzwerk von Linien, das einzelne Bereiche voneinander trennt, die man Körner nennt. Jedes Korn ist ein einheitlicher Kristall. Die Grenzfläche zwischen zwei Körnern nennt man Korngrenze. An den Linien in Abb. 1.8 durchstoßen die Korngrenzen die Schnittfläche. Die Orientierung zweier Körner ist im allgemeinen ganz verschieden. Man müßte den einen Kristall um einen ziemlich großen Winkel drehen, um ihn in die Orientierung seines Nachbarn zu überführen. Deshalb nennt man diese Art von Korngrenzen auch Großwinkelkorngrenzen. Großwinkelkorngrenzen stellen eine schwere Störung des Kristallgitters dar. Diese Störung ist jedoch auf ein sehr kleines Volumen beschränkt; die „Dicke" der Korngrenze beträgt nur etwa 3 Atom-Durchmesser*.

In einem normalen Gefüge, wie in Abb. 1.8, haben alle Körner etwa die gleiche Größe. Diese mittlere Korngröße ist für die Eigenschaften des Werkstoffes sehr wichtig. Um sie zu messen, kann man folgendermaßen vorgehen: Man zeichnet auf das Gefügebild

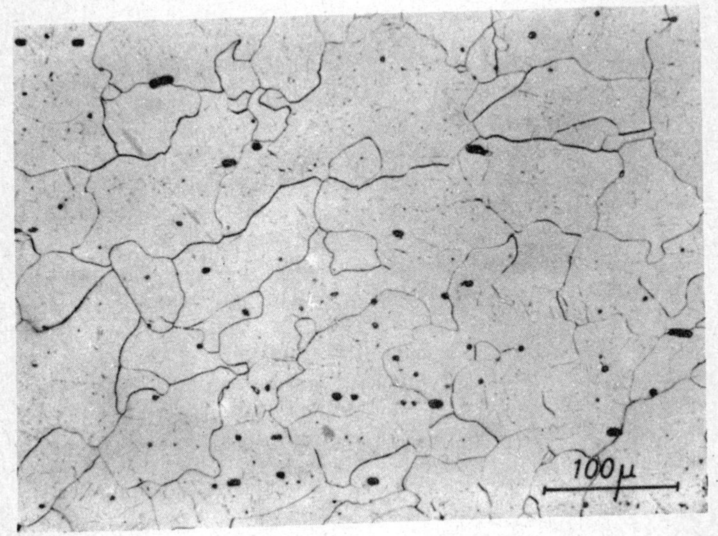

Abb. 1.8: Eisenvielkristall mit Schlackeneinschlüssen.

* Daß man sie dennoch im Mikroskop sehen kann, liegt daran, daß sich dort beim Ätzen Furchen bilden.

einen Kreis von bekanntem Flächeninhalt. Dann zählt man die Körner im Inneren des Kreises. Körner, die vom Rand des Kreises durchschnitten werden, zählt man nur halb. Anschließend dividiert man die Fläche des Kreises durch die Anzahl der Körner. So erhält man die mittlere Kornfläche.

Dieser Wert ist allerdings zu klein. Die Abb. 1.8 zeigt die Körner ja nur im Schnitt. Dabei werden nur einige Körner an ihrer dicksten Stelle geschnitten, andere nur am Rand. Die letzteren erscheinen im Schliffbild kleiner als sie wirklich sind.

Ein anderes Verfahren zur Messung der Korngröße besteht darin, daß man auf dem Gefügebild gerade Linien einzeichnet. Man zählt dann die Anzahl der Schnittpunkte zwischen diesen Linien und Korngrenzen und dividiert die Gesamtlänge der Linien durch die Anzahl der Schnittpunkte. Auch auf diese Weise wird die Korngröße systematisch unterschätzt; beide Fehler werden in der Praxis vernachlässigt.

Die Korngrößen verschiedener Werkstoffe schwanken in sehr weiten Grenzen. In einem feinkörnigen Stahl haben die Körner Durchmesser von einigen Hundertstel Millimetern, während man auf den Oberflächen verzinkter Bleche mit dem bloßen Auge Körner von einigen Zentimetern Durchmesser erkennen kann. Diese Körner sind allerdings sehr dünn.

Behandelt man Messing mit Quecksilber, so wird der Zusammenhang des Gefüges an den Korngrenzen zerstört, und der Werkstoff zerbröckelt in die einzelnen Körner. Man kann daran die räumliche Gestalt der Körner sehr schön studieren. In der Regel hängen die Körner an den Korngrenzen jedoch sehr fest zusammen; die Korngrenze ist weder merklich fester noch merklich weicher als das übrige Gefüge.

Jedes Korn ist ein Realkristall und enthält also eine Menge Gitterstörungen. Eine genauere Untersuchung zeigt mitunter, daß ein Korn aus mehreren Bereichen besteht, die gegeneinander um sehr kleine Winkel (einige Minuten oder höchstens 1 oder 2°) gegeneinander verkippt sind. Diese Bereiche nennt man Subkörner. Analog nennt man die Grenzflächen zwischen ihnen Subkorngrenzen oder Kleinwinkelkorngrenzen.

1.3.2 Texturen

In einem Vielkristall hat jedes Korn eine andere Orientierung. Es ist also der Fall vorstellbar, daß in einem Werkstück jede nur denkbare Orientierung der Kristalle mit gleicher Häufigkeit auftritt. Einen solchen Körper nennt man texturlos. Jeder Kristall ist anisotrop, das ist eine Folge seiner Atomanordnung. Ein texturloser Körper könnte trotzdem makroskopisch völlig isotrop erscheinen, weil sich die Anisotropie seiner Bestandteile gegenseitig herausmittelt. Ein solches Verhalten nennt man Quasiisotropie. In der Praxis ist dieser Fall allerdings außerordentlich selten.

In der Regel ist es vielmehr so, daß die Kristallite bestimmte Orientierungen bevorzugen. Man sagt, das Material habe eine Textur. In einem weichgeglühten Walzblech aus Kupfer liegen z. B. die meisten Kristalle so, daß eine ihrer Würfelachsen ungefähr in die Walzrichtung zeigt, eine andere ungefähr in die Querrichtung. Die dritte muß deshalb etwa in die Richtung der Blechebenennormalen zeigen. Die Ideallage dieser Textur hätte also ein Kristall, dessen Achsen genau in diese Richtungen zeigen. Man beschreibt diese Ideallage durch die Indizierung (100) [001]. Das bedeutet, daß eine Würfelebene der Kristalle ungefähr mit der Blechebene zusammenfällt, und eine Würfelkante ungefähr mit der Walzrichtung. Die Beschreibung durch Ideallagen ist die einfachste Art, Texturen zu beschreiben. Weil diese spezielle Textur so wichtig ist, hat sie außerdem einen Namen, sie heißt die Würfellage.

Eine genauere Darstellung der Texturen ist mit Hilfe von Polfiguren möglich. Um diese Beschreibung zu verstehen, müssen wir uns zunächst an Abb. 1.9 klarmachen, daß sich jede Richtung im Raum durch einen Punkt auf einer Kugel darstellen läßt. Eine solche Kugel ist in Abb. 1.9 eingezeichnet. In ihrer Mitte liegt das Werkstück, z. B. ein kleines Stück Blech. Eine bestimmte Richtung im Werkstück R durchstößt die Kugel im Punkte P. Zur bequemeren Handhabung bilden wir die Kugelfläche – es soll uns nur die obere Halbkugel interessieren – als einen Kreis auf das Papier ab*.

Abb. 1.10 zeigt drei solcher Kreise. Jeder Punkt in einem solchen Kreis bedeutet eine Richtung im Blech. Z. B. bedeutet der Punkt am oberen Rand des Kreises die Walzrichtung, der markierte Punkt an den Seiten die Querrichtung. Der Mittelpunkt des Kreises bedeutet die Walzebenennormale. In diese Landkarte ist nun in Abb. 1.10a eingetragen, in welche Richtungen die Würfelkanten

* Wie man das macht, lehren uns die Geographen am Beispiel der Erdoberfläche. Von den vielen in der Geographie gebräuchlichen Abbildungsarten wählt man für die Beschreibung der Kristallorientierungen nur eine einzige, die sogenannte stereographische Projektion (in dieser Projektion bleiben die Winkel erhalten). Das Gradnetz in dieser Projektion heißt Wulffsches Netz.

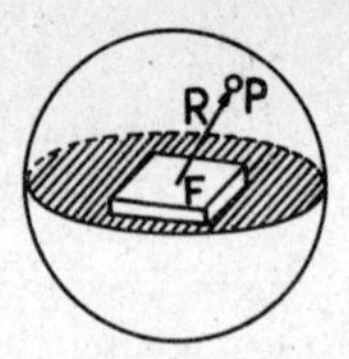

Abb. 1.9: Richtung R dargestellt als Punkt P auf der Lagekugel.

eines bestimmten Kristalles in dem betrachteten Kupferblech zeigen. Man erhält drei Punkte (die rückwärtige Verlängerung der Würfelkanten durchstößt die untere Halbkugel der Abb. 1.9; diese Kugelhälfte ist in den Abb. 1.10 nicht mit enthalten). Drei solche Punkte könnten wir für jedes Korn des betrachteten Kupferbleches

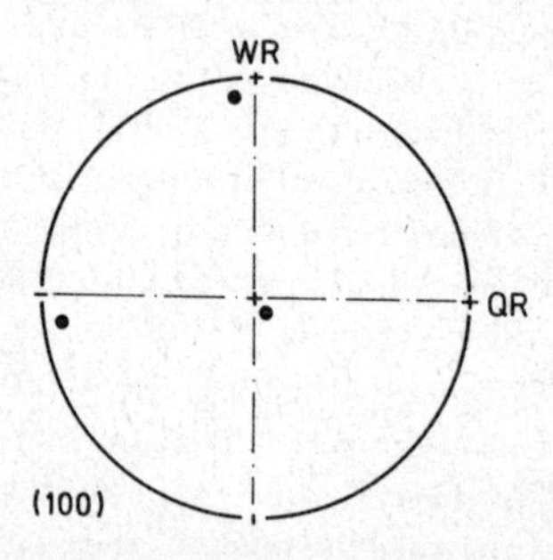

Abb. 1.10: a) Kristall annähernd in Würfellage: Durchstoßpunkte der Würfelkanten durch die Lagekugel in stereographischer Projektion.

eintragen. Man würde dann sehr viele Punkte erhalten, die sich in der Umgebung von Walzrichtung, Querrichtung und Blechebenennormale häufen würden. Um das Bild nicht zu unübersichtlich zu machen, symbolisiert man die Dichte der Punkte durch Höhenlinien. So ist die Abb. 1.10b zu verstehen. Da diese Darstellung die Orientierung der Würfelkanten bzw. [100] Richtungen beschreibt, hat sie den Namen [100] Polfigur. Abb. 1.10c gibt die [111] Polfigur des gleichen Bleches wieder. Hier ist also dargestellt, in welche Richtungen die Würfeldiagonalen aller Körner zeigen. Sie zeigen natürlich nicht in Walzrichtung und Querrichtung, sondern durchstechen, wie man sich leicht klarmachen kann, die Lagenkugel unter vier schrägen Richtungen. Die Abb. 1.10b und 1.10c beschreiben also den gleichen Sachverhalt, nämlich ein Blech in Würfellage. Die Information ist hier vollständiger. Wir erkennen

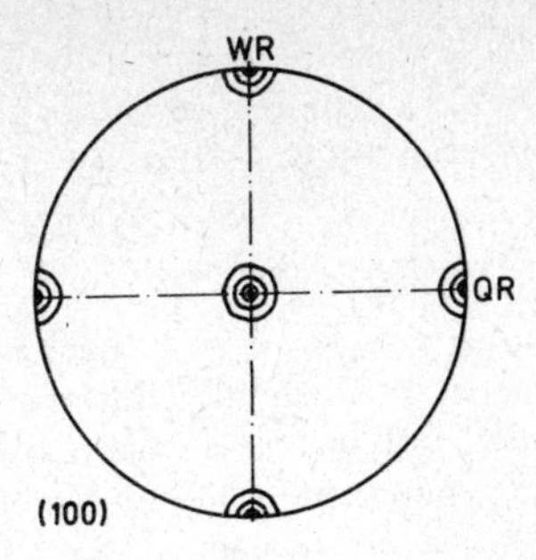

b) Polfigur der [100] Richtungen eines Bleches mit Würfeltextur (100) [001].

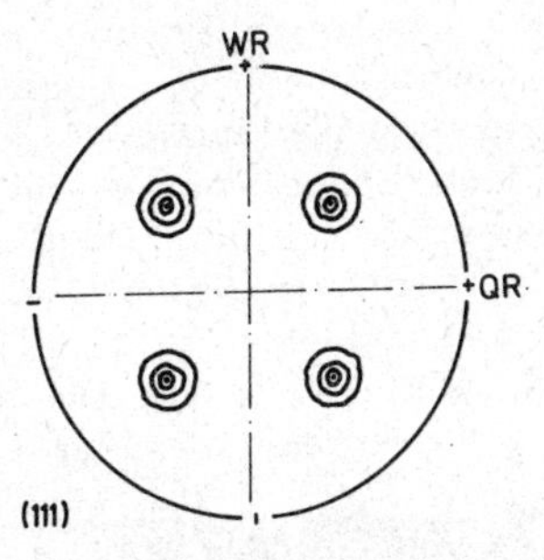

c) Polfigur der [111] Richtungen des Bleches aus Abb. 1.10b.

nicht nur, aus den Schwerpunkten der Polverteilung, die Ideallage, sondern wir können uns darüber hinaus aus den Höhenlinien ein Bild darüber machen, mit welchen Abweichungen die Kristalle um diese Ideallage schwanken. Komplizierte Texturen, wie die in Abb. 6.8 dargestellte Walztextur von Aluminiumblechen, lassen sich praktisch nur durch ihre Polfiguren darstellen. Eine Beschreibung durch Ideallagen ist dann kompliziert und unanschaulich.

In Drähten, Stangen und Profilen herrscht oft ein anderer Typ von Textur, den man Fasertextur nennt. Hier haben alle Kristallite eine ausgezeichnete Kristallachse, etwa [111] oder [100], in der Längsrichtung des Werkstückes. Man spricht dann von einer [111] oder [100] Fasertextur. Die Orientierung der anderen Kristallrichtungen mag um diese Achse beliebig gedreht sein; hierüber wird meist keine Aussage gemacht.

Ein Werkstück mit einer Textur verhält sich anisotrop. Die Richtungsabhängigkeit seiner Eigenschaften spiegelt die Anisotropie seiner Kristalle wieder.

Literatur:

G. WASSERMANN, J. GREWEN: Texturen metallischer Werkstoffe. Springer Verlag, Berlin 1962.

1.3.3 Inhomogene Werkstoffe

Die in der Technik verwendeten Legierungen erscheinen dem unbewaffneten Auge in der Regel als homogen. Unter dem Mikroskop zeigt sich jedoch, daß das meist nicht so ist. In Abb. 1.8 sind in den Körnern bei genauerem Hinsehen kleine Einschlüsse zu erkennen. Es handelt sich um Schlacken. Sie weichen in ihrer chemischen Zusammensetzung, in ihrer Kristallstruktur und in ihrer Orientierung von der umgebenden Eisenmatrix ab. Der Werkstoff erscheint also nur makroskopisch als „quasihomogen". Das gilt für die meisten technischen Werkstoffe.

Das Eisen der Abb. 1.8 besteht aus einer Matrix, die den größten Teil des Volumens einnimmt. Darin ist die zweite Phase nur in Form kleiner Partikel eingesprengt. Anders ist es in dem Stahl, der in Abb. 1.11 abgebildet ist. In ihm erkennt man zwei etwa gleichwertige Gefügebestandteile. Die weißen Flächen bestehen aus Eisen und haben den Namen Ferrit. Außerdem erkennt

Abb. 1.11: Untereutektoider Stahl: Ferrit und Perlit.

man einen feinstreifigen Gefügeanteil, in dem feine Lamellen aus Ferrit und Eisenkarbid miteinander abwechseln. Diesen Teil des Gefüges nennt man Perlit. Abb. 1.11 zeigt also zwei Gefügebestandteile (Ferrit und Perlit) und zwei Kristallarten (Phasen), nämlich α-Eisen und Eisenkarbid (= Zementit).

1.4 Steine und Erden

1.4.1 Glas

Als Glas bezeichnet man anorganische Stoffe, die beim Erstarren den unregelmäßigen Atomaufbau der Schmelze beibehalten. Beispielsweise bilden die Oxyde B_2O_3, SiO_2, P_2O_5 in der Schmelze verschlungene Molekülketten. Solche zähe Schmelze kann sich beim Abkühlen nur schwer zu einem regelmäßigen Gitter umlagern (wenn es ausnahmsweise geschieht, spricht man von „Entglasen"). Vielmehr bildet sich ein Netzwerk, das durch Nebenvalenzen zusammengehalten wird. So umgeben sich z. B. im Quarzglas die Si-Atome, die chemisch nur 2 Sauerstoffatome binden, mit 4 Sauerstoffatomen, in deren Tetraederlücke das kleine Si-Atom gerade hineinpaßt. Das Netzwerk ist so lose gepackt, daß es die Wärmeausdehnung in sich aufnimmt (d. h. das äußere Volumen ändert sich kaum mit der Temperatur).

Fügt man Na_2O oder CaO hinzu, so unterbrechen die zusätzlichen O^{--}-Ionen die SiO_2-Ketten und setzen sich an die Kettenenden. Die Na^+ oder Ca^{++}-Ionen lagern sich in die Zwischenräume der Ketten. So entstehen technische Gläser (Fensterglas: ca. 70 % SiO_2, 14 % Na_2O, 11 % CaO, 2 % MgO, 2 % BaO, 1 % Al_2O_3). Diese haben wegen dichterer Packung eine größere Wärmeausdehnung und sind temperaturwechselempfindlich. Sie schmelzen leichter als SiO_2, weil die Ketten kürzer sind.

Eine Glasschmelze wird mit steigender Temperatur immer dünnflüssiger und läßt sich, wie alle Flüssigkeiten mit Molekülketten, zu dünnen Fäden ausziehen. Unterhalb eines ziemlich engen Temperaturintervalls, des „Transformationspunktes", wird das Glas starr. Dabei wird es spröde, weil es kein Kristallgitter hat, und damit weder Gleitebenen noch Versetzungen enthält (vgl. Kap. 5). Die Zugfestigkeit von Glasgegenständen ist gering (ca. 5 kp/mm^2) wegen mikroskopischer Inhomogenitäten und wegen Anrissen in der Oberfläche. Die Spitze eines Risses kann sich nicht plastisch ausrunden, so daß dort immer eine starke Spannungskonzentration herrscht.

Glasfäden von einigen μ Durchmesser haben dagegen unmittelbar nach dem Ziehen eine Festigkeit von mehr als 3000 N/mm^2. Diese Festigkeit der Glasfasern läßt sich ausnutzen, wenn man sie in Kunststoff einbettet (Fiberglas). An freier Luft verlieren die Fäden ihre Festigkeit dagegen rasch, teils durch äußere Beschädigung, teils, weil sich an ihrer Oberfläche Wasser anlagert, das Spuren von Alkalioxyden aus dem Glas herauslöst und so ebenfalls den Aufbau des Werkstoffes zerstört. Ein Schlag bringt Glas leicht zum Splittern – im Gegensatz zu vielen Metallen, in denen eine kleine plastische Verformung die Stoßenergie unschädlich macht.

Literatur:

H. Salmang: Die physikalischen und chemischen Grundlagen der Glasfabrikation. Springer-Verlag, Berlin 1968.

H. Scholze: Glas. Vieweg-Verlag, Braunschweig 1965.

1.4.2 Keramik

Keramik bedeutet ursprünglich Töpferei, d. h. Brennen von Ton. Heute bezeichnet man mit Keramik viele verschiedene anorganische, durch Sintern hergestellte Werkstoffe, die teilweise oder ganz kristallin sind. Die Werkstücke werden in ihrer endgültigen Gestalt gebrannt. Die pulverförmige Rohmasse muß daher zunächst einigen Zusammenhalt haben.

Ton und Kaolin bilden mit Wasser einen formbeständigen Brei. Fügt man mehr Wasser hinzu, so entsteht ein „Schlicker", den man in Gipsformen gießen kann. Die poröse Form saugt soviel Wasser auf, daß der Formling fest wird und sich herausnehmen läßt. Gießt man nach einer Wartezeit den noch flüssigen Schlicker wieder aus, so entstehen Hohlkörper, deren Wandstärke mit der Wartezeit zunimmt.

Andere keramische Rohmassen müssen unter hohem Druck formgepreßt werden, damit die Körner bis zum Sintern genügend zusammenhalten, sei es durch mechanisches Verhaken, durch Kaltschweißung oder durch zugesetzte Bindemittel. Die Formkörper schmelzen beim Brennen nicht auf. Die Körner sintern an den Berührungspunkten zusammen (vgl. Kap. 3, Anhang) oder ein schmelzender, meist glasartig-amorpher Bestandteil, verkittet das Korngerüst. Das Glas kann in Pulverform in der Rohmasse enthalten sein, in der Regel entsteht es aber während des Brennens durch chemische Reaktion. Das ist im Porzellan der Fall. Es wird aus Kaolin, Quarz und Feldspat gebrannt; dabei schmilzt der Feldspat, löst Kaolin und etwas Quarz zu einem Glasfluß auf und verkittet die restlichen Quarzkristalle. Hartporzellan entsteht z.B. aus 50% Kaolin, 25% Feldspat, 25% Quarz. Für Weichporzellan, das billiger ist und leichter schmilzt, lautet die Zusammensetzung etwa 25% K., 30% F., 45% Q. Abb. 1.12 zeigt eine Bruchfläche von Porzellan. Man sieht einige große helle Körner. Das sind Quarzkörner, die sich teilweise aufgelöst haben und daher abgerundet

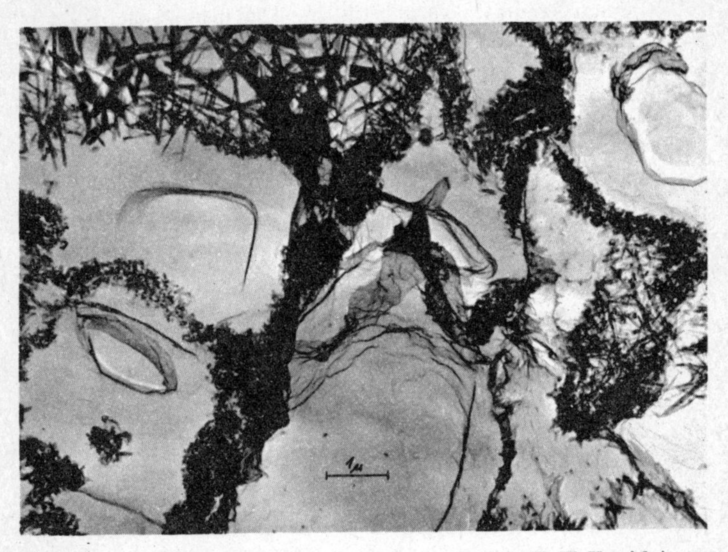

Abb. 1.12: Porzellangefüge. (Mit frdl. Gen. von Prof. Dr. H. W. Hennicke)

aussehen. Die Körner sind zum Teil von Glas umgeben, das als helle Fläche erscheint. Der Rest der Grundmasse besteht aus nadeligen oder schuppigen Kristallen von Mullit ($3\,Al_2O_3 \cdot 2\,SiO_2$), der beim Abkühlen aus der Glasschmelze auskristallisiert ist.

Die keramischen Massenerzeugnisse unterscheidet man nach der Porosität: Irdengut ist porös, hat eine erdige, matte Bruchfläche („Scherben") und ist bei niedriger Temperatur gebrannt: Ziegel, Blumentöpfe, Töpfergeschirr (mit Bleiglasur überzogen). Sinterware hat dagegen einen glatten, dichten Scherben. Hier unterscheidet man noch Steinzeug (lichtundurchlässig) und Porzellan (durchscheinend). Porzellangegenstände werden vorgebrannt (ca. 700° C), so daß sie noch porös bleiben. Später werden sie durch eine Aufschlämmung der Glasurbestandteile gezogen, wobei eine dünne

Pulverschicht haften bleibt. Beim Garbrennen (ca. 1450 °C, 24 h) entsteht der dichte Scherben und gleichzeitig die Glasur.

Steatite z. B. für die Hochfrequenztechnik stellt man mit MgO-haltigem Talk statt aus Al_2O_3-haltigem Kaolin her. Statt Mullit entsteht dann beim Brand Enstatit ($MgSiO_3$). Cermets sind keramische Körper mit einem metallischen Bestandteil. Die nichtmetallische Komponente (z.B. TiC, Al_2O_3, SiC, TiN, ZrB_2) gibt große Härte, hohen Schmelzpunkt, Warmfestigkeit. Die metallische Komponente (z.B. Co, Fe, Cr, Ni) verbessert Zähigkeit und Schlagfestigkeit. Aus nur einer einzigen Komponente besteht z.B. Sinterkorund (Al_2O_3).

Die Festigkeit aller keramischen Gegenstände ist wie beim Glas durch Sprödigkeit und Inhomogenität stark herabgesetzt, denn plastische Verformung ist kaum möglich. Dementsprechend kriecht Keramik viel weniger als ein Metall gleichen Schmelzpunktes (vgl. Kap. 5.14).

Literatur:

H. SALMANG, H. SCHOLZE: Die physikalischen und chemischen Grundlagen der Keramik. Springer-Verlag, Berlin 1968.

1.4.3 Beton

Beton ist ein Gemisch von Bindemittel, Sand, gröberen Zuschlagstoffen und Wasser. Bindemittel, Sand und Wasser allein bezeichnet man als Mörtel. Das am meisten verwendete Bindemittel ist Zement. Beim Brennen (Sintern) einer Mischung von Kalk, Ton und Quarz entsteht Zementklinker, der mit etwas Gips zu Zement zermahlen wird. Nach dem Anrühren mit Wasser bindet der Zement ab, d.h., die anfangs breiige Mischung erhärtet durch Kristallisation, wobei das Wasser in Hydraten eingebaut wird. Wichtige chemische Reaktionen sind (ungefähre Prozentzahlen für die Zementbestandteile und Größenordnung der Reaktionszeit ist mit angegeben):

$$3\,CaO \cdot Al_2O_3 \quad (11\%) + 6\,H_2O \rightarrow 3\,CaO \cdot Al_2O_3 \cdot 6\,H_2O \qquad \text{Stunden,}$$

$$2\,(3\,CaO \cdot SiO_2)\ (46\%) + 6\,H_2O \rightarrow 3\,CaO \cdot 2\,SiO_3 \cdot 3\,H_2O + Ca\,(OH)_2 \qquad \text{Tage,}$$

$$2\,(2\,CaO \cdot SiO_2)\ (28\%) + 4\,H_2O \rightarrow 3\,CaO \cdot 2\,SiO_2 \cdot 3\,H_2O + Ca\,(OH)_2 \qquad \text{Monate bis Jahre.}$$

Die verschiedenen Bestandteile des Zements erhärten also nach ganz verschiedenen Zeiten. Die Abbindezeit nimmt zu, je gröber der Zement gemahlen und je niedriger die Temperatur beim Abbinden ist.

Im Beton müssen alle Sand- und Zuschlagkörner mit Bindemittel umhüllt sein. Die Festigkeit steigt mit der Packungsdichte, die vom Körnungsspektrum der Zuschläge abhängt. Das Verhältnis Wasser zu Zement ist normalerweise etwa 0,5, bei maschinellem Verdichten steigert man die Festigkeit, wenn man das Verhältnis auf 0,4 herabsetzt. Der Beton wird porös, wenn man zuviel Wasser zusetzt (Hohlräume durch Verdunstung) und ebenso, wenn man zu wenig Wasser nimmt (Kornzwischenräume bleiben offen). Enthält der Beton wassergefüllte Poren, so kann er bei Frost weiter aufgelockert und schließlich zerstört werden. Gegenmittel sind Zusätze zur Erzeugung von Luftporen, in denen die Ausdehnung des Eisens aufgenommen wird.

1.5 Kunststoffe

Kunststoffe sind synthetische organische Werkstoffe mit sehr großen Molekülen (z. B. $>$ 1000 Atome, d. h. Molekulargewicht $>$ 10.000). Gewöhnlich setzt man bei Kunststoffen außerdem voraus, daß sie in irgendeiner Phase der Verarbeitung plastische oder harzartige Eigenschaften haben, daher die Bezeichnung Kunstharze oder Plaste. Abgewandelte Naturstoffe (wie das Papier) schließt man gewöhnlich aus. Einige stark veränderte Naturstoffe wie Zelluloid oder Gummi ordnen sich dagegen nach Eigenschaften und Verarbeitung bei den Kunststoffen ein. Nach dem mechanisch-technologischen Verhalten unterscheidet man drei große Gruppen:

Die Duroplaste (Duromere), die Thermoplaste (Plastomere) und die Elastomere.

Literatur:

K. Biederbick: Kunstoffe kurz und bündig. Vogel-Verlag, Würzburg 1965.

G. Schreyer: Konstruieren mit Kunststoffen. Carl-Hanser-Verlag, München 1972.

1.5.1 Duroplaste

Als Beispiel betrachten wir die ersten vollsynthetischen Kunststoffe, die Phenoplaste (heute etwa 2% der Kunststoffproduktion). Man läßt in wässeriger Lösung ein Mol Phenol (= Karbolsäure) mit 1 Mol Formaldehyd reagieren, siehe Abb. 1.13a. Wärme und als Katalysator zugesetztes Ammoniak beschleunigen die Reaktion.

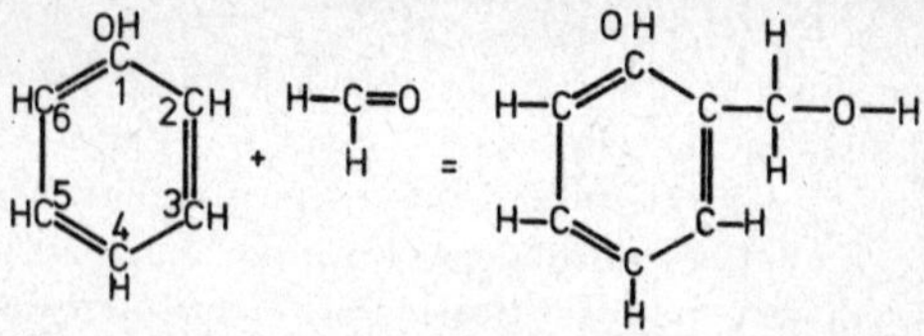

Abb. 1.13a: Anlagerung von Phenol und Formaldehyd.

Die Moleküle des Anlagerungsproduktes verbinden sich dann untereinander und spalten dabei Wasser ab (Abb. 1.13b). Diesen Vor-

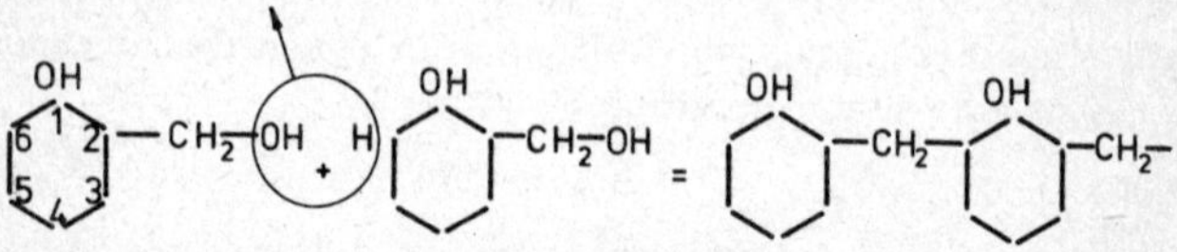

Abb. 1.13b: Polykondensation.

gang nennt man Polykondensation. Die CH_2-Brücken vom Formaldehyd verbinden zwei Phenolmoleküle, und zwar sind die Kohlenstoffatome 2, 4 und 6 reaktionsfähig. Auf diese Weise wächst ein unregelmäßiges Netzwerk heran, Abb. 1.13c. Unterbricht man die Reaktion durch Abkühlen, sobald sich etwa sechs Phenolringe verkettet haben, so erhält man ein schmelzbares kolopho-

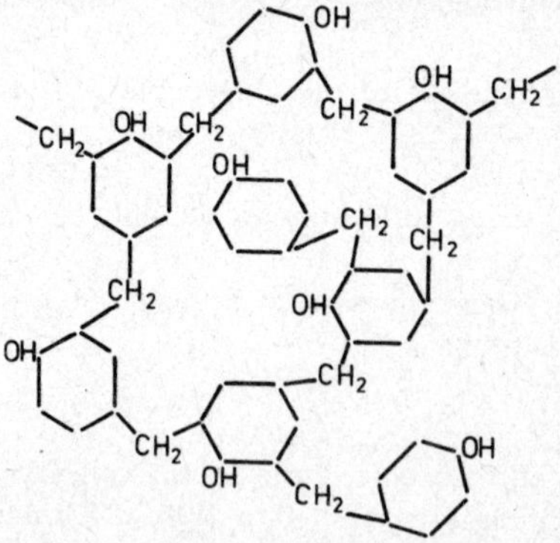

Abb. 1.13c: Regellose Vernetzung.

niumartiges Harz, sogenanntes Resol, das sich aus dem Lösungswasser abscheidet und erstarrt. Resol ist löslich z. B. in Alkohol. Es ist nur einige Monate haltbar, denn die Vernetzungsreaktion schreitet auch bei Raumtemperatur allmählich fort. Man teilt die Polykondensation meist in drei Abschnitte auf: Aus Resol entsteht durch Erhitzen und rechtzeitiges Abkühlen sogenanntes Resitol. (Gleichzeitig wird der Harzschmelze Füllstoff, z. B. Holzmehl, zugesetzt.) Das Resitol ist in Lösungsmitteln nur noch quellbar und in der Wärme gerade noch knetbar. Es wird gemahlen und schließlich in eine Form gepreßt und bei ca. 160 °C und 400 kp/mm² gehärtet (ohne den hohen Druck würde der Dampf des Reaktionswassers den Formkörper aufblähen). Statt des unbeständigen Resols kann man beständigen Novolak herstellen, indem man einen sauren Katalysator und nur ca. 0,8 Mol statt 1 Mol Formaldehyd verwendet. Die Härtung und Vernetzung ist dann erst möglich, wenn man Hexamethylentetraminpulver zusetzt, das bei Erhitzen NH_3 abspaltet und die fehlenden CH_2-Brücken liefert. In jedem Fall sind im ausgehärteten Endprodukt, dem Resit, alle Teilmoleküle durch CH_2-Brücken zu einem räumlichen Netzwerk verbunden. Es hat deshalb kein bestimmtes Molekulargewicht; man kann höchstens das ganze Werkstück als ein großes unregelmäßiges Molekül ansehen. Das Resit ist unlöslich und unschmelzbar. Ab ca. 125 °C zersetzt es sich. Einen solchen irreversibel gehärteten Kunststoff nennt man Duroplast.

Beispiele: Phenoplaste (Wz: Bakelit),
Aminoplaste (Wz: Ultrapas, Kauritleim).

In den Aminoplasten tritt Harnstoff oder Melamin an die Stelle von Phenol.

Die ungesättigten Polyester (Wz: Palatal usw.) und die Epoxidharze (Wz: Araldit usw.) kommen als flüssige Gießharze in den Handel. Sie vernetzen zu einem Duroplast nach Zusatz von Härtungsmitteln und lassen sich besonders gut mit Glasfasern verstärken. Auch als Metallkleber sind sie wichtig.

1.5.2 Thermoplaste

Im Gegensatz zu den unschmelzbaren Duroplasten gibt es eine andere Gruppe von Kunststoffen, die man bei schonender Behandlung immer wieder aufschmelzen und erstarren lassen kann. Man nennt sie thermoplastische Kunststoffe. Auch sie entstehen aus kleinen Einzelmolekülen, sogenannten Monomeren. Ein sehr wichtiges Beispiel ist das Vinylchlorid $H_2C = CHCl$. Diese Moleküle können sich zu langen Ketten vom Aufbau:

$$\cdots - H_2C - CHCl - H_2C - CHCl - \cdots$$

zusammenlagern. Man nennt diesen Vorgang Polymerisation. In unserem Beispiel entsteht als Polymerisationsprodukt das Polyvinylchlorid (PVC). Wärmezufuhr und ein Katalysator fördern die Polymerisation. Eine Kette wächst, sobald in einem Monomeren-Molekül die Doppelbindung aufgebrochen ist (Start). Die Kette endet, wenn sich z.B. ein Fremdatom an die reaktionsfähige Spitze setzt (Abbruch). Man fügt dem Monomeren Stoffe zu, die den Start und solche, die den Kettenabbruch bewirken. Damit regelt man die durchschnittliche Länge der Moleküle. Je länger die Moleküle sind, desto höher ist der Schmelzpunkt und desto zäher sind Schmelze und Lösungen. Das stört bei der Erzeugung: Mit steigendem Polymerisationsgrad kann man die freiwerdende Wärme immer schlechter abführen; deshalb verteilt man meistens das PVC als feine Tröpfchen in Wasser und läßt es so zu Ende polymerisieren (Emulsions-, Suspensionspolymerisation).

Ein Thermoplast entsteht immer dann, wenn das Teilmolekül nur zwei reaktionsfähige Stellen hat, so daß Ketten- oder Fadenmoleküle entstehen. Solche Moleküle lassen sich mit einem Lösungsmittel unzerstört auseinandertrennen. Auch in der Wärme werden sie beweglich, d. h. der Thermoplast ist sowohl löslich als auch schmelzbar.

Beispiele für Thermoplaste:

Polyvinylchlorid	(Wz: Hostalit, Vinoflex, Halvic, Trovidur),
Polyäthylen	(Wz: Lupolen, Hostalen),
Polypropylen	(Wz: Daplen),
Polymethacrylat	(Wz: Plexiglas, Lucite),
Polyamide	(Wz: Perlon, Nylon).

1.5.3 Einzelne Begriffe

Die Polarität. Polare Kunststoffe enthalten elektrische Dipole (z. B. Polyvinylchlorid: Chloratom negativ). Die Dipolkräfte halten als Nebenvalenzen die Molekülketten zusammen und lassen, wenn überhaupt, nur polare Lösungsmittel eindringen (Wasser, Methylenchlorid). Die polaren Stoffe haben hohe dielektrische Verluste. Unpolare Kunststoffe verhalten sich umgekehrt (z.B. Polystyrol).

Nur unpolare Lösungsmittel (Benzin, Benzol) können eventuell eindringen. Ihre dielektrischen Verluste sind sehr gering. Auch beim Färben, Bedrucken und gegenüber Füllstoffen und anderen Zusätzen verhalten sich polare und unpolare Kunststoffe ganz verschieden.

Wasserstoffbrücken. In einigen Thermoplasten (Polyamiden) tritt die Polarität an bestimmten Kettengliedern (z. B. jedem sechsten) auf. Im kristallinen Zustand entsteht dort eine Nebenvalenzbindung. Ein N- und ein O-Atom verschiedener Ketten verbinden sich über ein gemeinsames H-Atom. Solche Wasserstoffbrücken kann man als eine reversible Vernetzung ansehen, die parallelgestellte Moleküle zusammenhält.

Kristallinität. Die Fadenmoleküle sind gewöhnlich wie ein Wattebausch verschlungen, Abb. 1.14a. Solcher Stoff ist amorph. Doch können sich verschiedene Ordnungsgrade einstellen, von der Parallelstellung der Fäden bis zu einem regelmäßigen Gitter. Dabei ändern sich die Eigenschaften: Die Festigkeit in Richtung der Fäden wird größer als quer dazu. Der Schmelzpunkt, die Dichte und die Härte steigen. Enthält der Stoff geordnete und amorphe Bereiche, Abb. 1.14b (teilkristallines Polyäthylen), so erscheint er trübe wegen der Dichte- und Lichtbrechungsschwankungen. Unregelmäßig verzweigte Molekülketten stören die Kristallisation. Moleküle mit umfangreichen Seitengruppen, z. B. normales Polystyrol, kristallisieren deshalb nicht.

Viele Thermoplaste werden beim Recken teilkristallin, wenn die Moleküle aneinander abgleiten können, ohne zu reißen. Wärme oder etwas Lösungsmittel erleichtern dies.

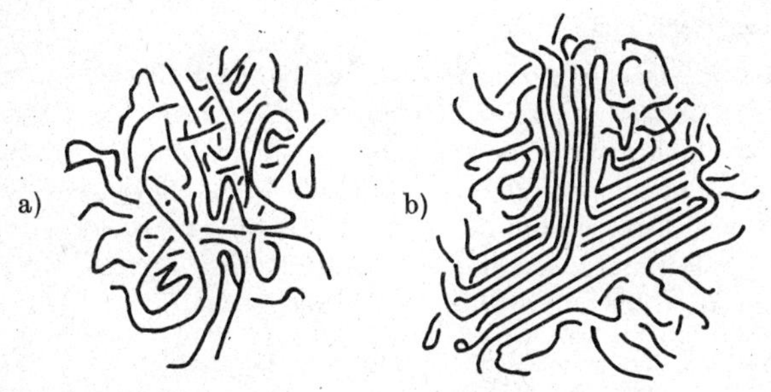

Abb. 1.14: Kettenmoleküle eines Thermoplasten.
a) amorph, b) teilkristallin.

Gummielastizität. Das Kohlenstoffatom umgibt sich entsprechend seiner Wertigkeit mit vier gebundenen Atomen, die sich anordnen wie die Ecken eines Tetraeders um dessen Schwerpunkt. Die Kohlenstoffketten sind also nicht gradlinig, sondern an jedem –C– um 108 °C geknickt. Auch die Länge der C–C-Bindung liegt fest, aber die Atome können sich frei um die Verbindungslinie drehen, und die gleiche Kette kann die verschiedensten Formen annehmen. Sobald die Wärmebewegung stark genug ist, sorgt sie dafür, daß die Kette eine mittlere Länge einnimmt (weder punktförmig aufgeknäult noch ganz ausgestreckt) und fortwährend ihre Gestalt wechselt. Beim Erwärmen zieht sich deshalb gespanntes Gummi zusammen (die Querbewegung der Kettenglieder nimmt zu!). Eine äußere Kraft kann die Moleküle strecken. Dabei leistet sie Arbeit, aber nicht gegen Anziehungskräfte, sondern gegen die Brownsche Bewegung von Kettensegmenten. Beim Rückfedern kühlt sich Gummi deshalb ab, ähnlich wie ein komprimiertes Gas*.

Viele Thermoplaste, z. B. PVC, werden in der Wärme gummielastisch, bevor sie zähflüssig schmelzen. Nicht gummielastisch wird z. B. Polystyrol, bei dem an jedem Kettenglied ein sperriger Benzolring hängt.

Weichmacher. Manche Flüssigkeiten kann man so in einen Thermoplasten einarbeiten, daß sich die kleinen Flüssigkeitsmoleküle zwische die langen Molekülketten lagern und deren gegenseitige Anziehung aufheben. Dadurch werden die Ketten beweglicher und der gummielastische Bereich rückt zu tieferen Temperaturen. Das hornartig harte PVC läßt sich so bei Raumtemperatur gummiartig weich einstellen. Ein guter Weichmacher soll ebenso beständig sein wie der Grundwerkstoff, an den er fest gebunden sein soll, so daß der Weichmacher weder verdampft noch ausschwitzt, noch ausgelaugt wird.

Füllstoffe. Den Kunststoffen werden häufig Füllstoffe zugesetzt, z. B. Textilfasern, Papier, Holzmehl, Gesteinsmehl, Glasfasern. Wenn solche Füllstoffe die mechanischen Eigenschaften verbessern, werden sie als aktive oder verstärkende Füllstoffe bezeichnet. Inaktive Füllstoffe verbilligen den Werkstoff. In die Phenoplaste wird das Füllmaterial im Resolzustand eingearbeitet, wobei die Kondensation bis zur Resitolstufe fortschreitet.

---

* Die Dehnung eines gummielastischen Körpers ist also nicht mit dem Dehnen einer Stahlfeder zu vergleichen, sondern mit der Kompression eines Gases: Die Stahlfeder speichert die Arbeit als potentielle Energie, Gummi und Gas geben die Arbeit als Wärme ab (sie ändern ihre Entropie).

Der Schubmodul als Funktion der Temperatur gibt einen Überblick über die verschiedenen Arten von Kunststoffen. Abb. 1.15a zeigt, wie der Schubmodul eines Duroplasten mit der Temperatur abnimmt. Wenn bestimmte Atomgruppen im Netzwerk beweglich werden, können schwache Stufen in der G(T)-Kurve auftreten. Ein teilkristalliner Thermoplast (Abb. 1.15b) zeigt eine deutlichere Stufe, wenn der amorphe Anteil erweicht. Beim Schmelzpunkt der Kristalle fällt dann der Schubmodul ab. Ein amorpher Thermoplast (Abb. 1.15c) kann erweichen und dann gleich schmelzen (Kurve 1) oder zwischendurch gummielastisch werden (Kurve 2). Das Elastomer (Abb. 1.15d) erweicht schon bei niedrigerer Temperatur, bleibt aber bis zur Zersetzung gummielastisch.

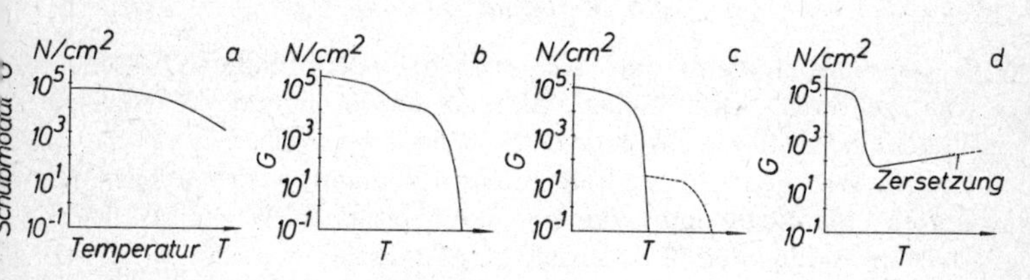

Abb. 1.15: Der Schubmodul über der Temperatur für:
a) Duroplast,
b) Teilkristalliner Thermoplast,
c) Amorpher Thermoplast,
d) Elastomer

1.5.4 Elastomere

Manche Thermoplaste kann man bis zur Zersetzungstemperatur gummielastisch machen, wenn man die Kettenmoleküle nachträglich vernetzt, und zwar so, daß Kettenabschnitte mit ca. 100 C-Atomen zwischen zwei Knotenpunkten sich frei bewegen, ohne daß die Moleküle als ganze abgleiten können. Beim Kautschuk, einem Thermoplast, geschieht das durch Schwefelatome, die sich jeweils mit mehreren reaktionsfähigen Stellen der Kautschukmoleküle verbinden, wobei ein gewisser Prozentsatz Schwefelbrücken zwischen verschiedenen Molekülen entsteht. Dieser Vorgang heißt Vulkanisation. Dabei entsteht ein Elastomer, nämlich das Gummi. 5% Schwefelzusatz ergibt Weichgummi, 30% Schwefel ergibt einen Duroplast: Hartgummi (Ebonit). Die Vulkanisation ist irreversibel, und das Werkstück läßt sich nachher nicht mehr plastisch verformen. Beispiele: Naturgummi, Buna, Perbunan (Wz).

1.5.5 *Silikone*

Nicht nur organische Moleküle können polymerisieren; Ketten bildet z.B. auch der plastische Schwefel (S—S—S—S). Technische Bedeutung haben die Silikone erlangt, deren „Rückgrat“ von einer Kette —Si—O—Si—O—Si— gebildet wird. Nur in den Seitengruppen (und an den Enden) enthalten sie organische, also kohlenstoffhaltige Radikale.

Silikone können ähnlich vielseitige Eigenschaften zeigen wie organische Kunststoffe und als Harze, Lacke, Kautschuk, Gewebe, Preßteile Verwendung finden, ja sogar als Schmierstoffe in Form von Silikonölen und -fetten. Sie sind hitzebeständiger als die organischen Kunststoffe.

1.6 *Verbundwerkstoffe*

Die meisten Werkstoffe sind nicht homogen, sondern bestehen aus mehreren Bestandteilen, die sich chemisch und physikalisch voneinander unterscheiden (z. B. Zellulosewände und Luft im Kork). Wo diese Bestandteile innig miteinander verbunden sind, spricht man trotzdem von einem einheitlichen Werkstoff. Wird die Verbindung der Bestandteile vom Menschen vorsätzlich herbeigeführt, so spricht man von einem Verbundwerkstoff. Ein einfaches Beispiel hierfür sind die Textilien. Sie bestehen aus Fäden, die zu einem Geflecht verwebt sind. Jeder Faden besteht wiederum aus — natürlichen oder künstlichen — Fasern. Der Verbund der Fasern und Fäden verleiht dem Gewebe Gestalt und Festigkeit. Zwischen den Fasern ist Luft eingelagert. Diese Luft macht die Textilien zu einem guten Wärmeschutz. An den Faseroberflächen (mitunter auch in ihrem Inneren) kann man Farbkörper ablagern, die dem Gewebe ein gefälliges Aussehen verleihen. Man kann auch weitere Chemikalien aufbringen, die das Gewebe wasserabstoßend und knitterfest machen. In ähnlicher Weise werden häufig die Eigenschaften verschiedener Stoffe in einem Verbundwerkstoff kombiniert.

So sind z. B. Stahlbleche billig, fest und leicht zu verarbeiten; ihre Oberfläche ist jedoch sehr anfällig gegen Korrosion. Man hilft sich, indem man die Oberfläche mit einem Überzug versieht. Dies kann geschehen, indem man das Blech in ein Bad aus geschmolzenen Metallen hineintaucht (Feuerverzinken, Feuerverzinnen) oder indem man ein zweites Metall auf der Oberfläche elektrolytisch niederschlägt (galvanische Überzüge). Man kann das zweite Metall auch als Folie im festen Zustand auf das Blech aufwalzen (plattieren).

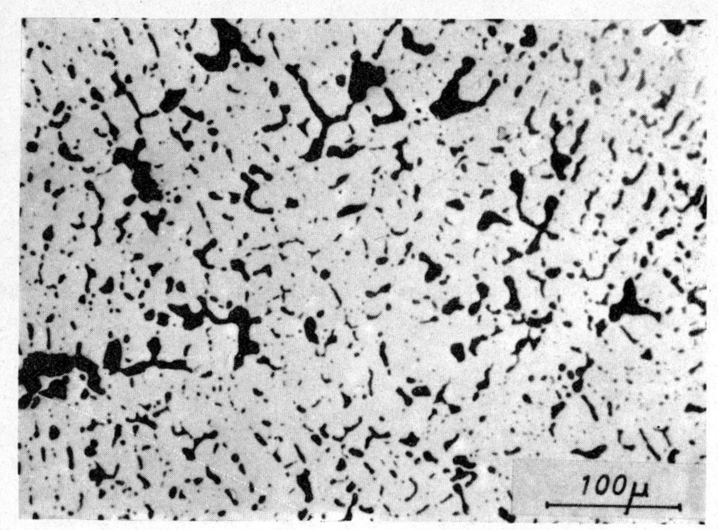

Abb. 1.16: Bleibronze; hell: Kupfer; dunkel: Blei.

Lacke werden auf das Blech im flüssigen Zustand aufgetragen und erstarren dann; keramische Überzüge (Emaille) werden als wässerige Aufschlämmung auf die Metalloberfläche aufgetragen und dann gebrannt*. Nicht nur Eisen, sondern viele andere Werkstoffe kann man in dieser Weise mit Schutzüberzügen versehen.

Eine noch innigere Verbindung der verschiedenen Bestandteile zeigt die Abb. 1.16. Es handelt sich um einen Schnitt durch eine Bleibronze, die als Lagermetall Verwendung findet. Der helle Gefügebestandteil sind Kupferkörner. Sie bilden ein Gerüst, das dem Werkstoff die Festigkeit verleiht. Zwischen den Körnern sind Poren, die mit Blei gefüllt sind. Dieses Blei würde als Schmiermittel wirken, wenn die Ölschmierung des Lagers aus irgend einem Grund versagen sollte. Man sagt, daß das Blei dem Lagerwerkstoff gute „Notlaufeigenschaften" verleiht. In ähnlicher Weise sind viele Verbundwerkstoffe aufgebaut. In den Hartmetallen (vergl. S. 78) sind sehr harte Teilchen, z. B. Karbidsplitter, in eine zähe Matrix eingebettet. Diese Teilchen verleihen dem Werkstoff seine Härte und Verschleißfestigkeit, z. B. bei einer Verwendung als Schneidwerk-

* Im weiteren Sinne wäre auch ein Metall mit einem Schutzanstrich ein Verbundwerkstoff. Das entspricht jedoch nicht dem üblichen Sprachgebrauch; vermutlich, weil man in der Regel nicht den Werkstoff, sondern erst die fertige Maschine mit einem Schutzanstrich versieht.

zeug. Die Matrix, die häufig aus Kobalt oder seinen Legierungen besteht, verbindet die Teilchen miteinander und verleiht dem Ganzen eine gewisse Zähigkeit, denn die Karbide allein sind sehr spröde. Auch Gummi findet nur sehr selten als reiner Stoff Verwendung. In dem Material der Autoreifen etwa sind in die Gummimatrix große Mengen von Füllstoffen — z. B. Ruß — eingebracht, die den Werkstoff härter und abriebfester machen.

In einen Autoreifen werden ferner Drähte und Gewebe eingelagert, die seine Formbeständigkeit gegen elastische Beanspruchungen in bestimmten Richtungen außerordentlich erhöhen. Dies ist ein weiteres Bauprinzip vieler Verbundwerkstoffe. Weite Anwendung — z.B. beim Bootsbau — findet glasfaserverstärkter Kunststoff (GFK, englisch Fiberglass). Die Glasfasern bestimmen im wesentlichen die Festigkeit und die elastischen Eigenschaften des Werkstoffes. Der Kunststoff verbindet sie, macht das Gewebe wasserdicht und schützt das Glas vor Beschädigung. Außerdem verleiht er dem Werkstoff beim Bruch der Fasern noch eine gewisse Zähigkeit. Werkstoffe dieser Art finden heute vielfältig Verwendung in der Luft- und Raumfahrt. Als Fasern kommen nicht nur Glas, sondern auch feine Metallfäden, Graphitfasern und solche aus Bor und Oxiden verschiedener Metalle in Frage. Faserverstärkte Kunststoffe sind hoch anisotrop, wenn die Fasern alle parallel liegen. Folien aus solchen Werkstoffen sind dann praktisch nur in einer Richtung steif, in der anderen leicht zu biegen. Diese Anisotropie wird bei Schalenkonstruktionen, etwa beim Bau von Raketenkörpern, planmäßig ausgenutzt. Eine größere Isotropie erhält man, wenn man Fasern in verschiedenen Richtungen einbettet.

Beton ist spröde und neigt zur Bildung von Rissen. Man kann dieser Neigung abhelfen, indem man ihn unter Druckspannung setzt. Hierzu gießt man in den Beton Stahlstäbe mit geriffelter Oberfläche ein, die man durch äußere Kräfte elastisch dehnt. Nach dem Erstarren des Betons läßt man die Stahlstäbe los; sie versuchen, sich zusammenzuziehen und verleihen dadurch dem sie umgebenden Beton eine Druckspannung. Die Rißempfindlichkeit eines solchen „Spannbeton" genannten Verbundwerkstoffes ist wesentlich erniedrigt.

Beim Drahtglas wird ein Drahtgeflecht in eine Glasscheibe eingegossen. Die Sprödigkeit des Glases kann so nicht verringert werden; das Drahtgeflecht verhindert lediglich, daß die Scheibe nach einem Stoß zu Scherben zerfällt.

1. ANHANG

Experimentelle Methoden der Werkstoffkunde

Zahlreiche Verfahren sind erfunden worden, um die technologischen Eigenschaften eines Werkstoffes zu prüfen. Dies ist das Gebiet der Werkstoffprüfung. Die wichtigsten dieser Prüfverfahren, z. B. Verfahren zur Bestimmung der Härte (S. 100) und der Zugfestigkeit (S. 97), werden an verschiedenen Stellen dieses Lehrbuches besprochen.

Eine andere Gruppe von Prüfverfahren befaßt sich mit den Eigenschaften des Werkstückes. Man will z. B. feststellen, ob sich in einem fertigen Werkstück Risse oder Löcher befinden. Auf diese Prüfverfahren wird im vorliegenden Buch überhaupt nicht eingegangen.

Schließlich gibt es eine Reihe von Untersuchungsmethoden, mit deren Hilfe der innere Aufbau der Werkstoffe aufgeklärt wird. Solche Untersuchungen ermöglichen in der Regel erst die theoretische Deutung der makroskopisch beobachteten Eigenschaften. Die drei wichtigsten Werkzeuge der werkstoffkundlichen Forschung sollen im folgenden kurz vorgestellt werden:

A. Metallografie

Die wichtigsten Werkstoffe, nämlich die Metalle, sind undurchsichtig. Deshalb kann man im Mikroskop lediglich ihre Oberfläche betrachten. Dabei kann man, etwa an Bruchflächen oder an korrodierten Stellen, bereits viel lernen. Wichtiger ist es jedoch, in das Gefüge „hineinzublicken", wie dies in Abb. 1.8 und 1.11 geschieht. Hierzu muß man den Werkstoff in geeigneter Weise vorbereiten. Man schneidet ihn zunächst durch. Die rauhe Schnittfläche wird anschließend geschliffen und poliert, bis sie optisch glatt ist. Das bedeutet, daß die Unebenheiten der Oberfläche kleiner sind als die Lichtwellenlänge. Eine solche polierte Metallfläche spiegelt das Licht. Unter dem Mikroskop erscheint sie in der Regel glatt und einfarbig. Diese Oberfläche wird nun einem chemischen Angriff ausgesetzt, sie wird geätzt. Je nach Wahl des Ätzmittels erhält man dabei unterschiedliche Bilder.

So gibt es Ätzmittel, die die Körner des Werkstoffs nur wenig angreifen, dafür aber die Korngrenzen als scharfe Linien hervortreten lassen. Eine solche Ätzung nennt man Korngrenzenätzung.

Ein Beispiel hierfür ist Abb. 1.8. Korngrenzenätzungen ermöglichen z. B. die Ausmessung der Korngröße.

Die Gefügebestandteile werden von den meisten Ätzmitteln in unterschiedlicher Weise angegriffen. Sie treten dann durch verschiedene Helligkeit oder Färbung hervor. Abb. 1.11 ist hierfür ein Beispiel.

Außerdem gibt es Ätzmittel, die Körner je nach der Orientierung in verschiedener Weise angreifen. Dann heben sich die Körner durch verschiedene Helligkeit voneinander ab (Kornflächenätzung).

Manche Ätzmittel lassen schließlich die Kristallnatur der Körner sichtbar werden. Abb. 1.17 zeigt Ätzgrübchen auf der Oberfläche von Aluminiumkörnern. Im Korn links oben ist jedes dieser Grübchen von drei Würfelebenen des Kristalls begrenzt. Diese durch-

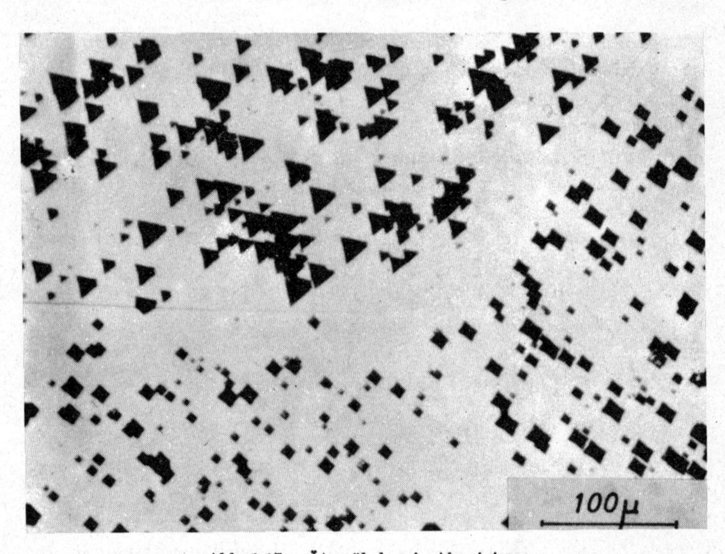

Abb. 1.17: Ätzgrübchen in Aluminium.

schneiden die Kornoberflächen in Form eines Dreiecks. Aus den Winkeln des Dreiecks läßt sich die Orientierung des Kristalls abschätzen.

Literatur:

H. Schumann: Metallographie. VEB Deutscher Verlag, Grundstoffindustrie, Leipzig 1967.

*B. Röntgenfeinstrukturuntersuchungen**

Röntgenlicht hat Wellenlängen von der Größenordnung nm. In der gleichen Größenordnung liegen die Abstände der Atome im Kristallgitter. Ein Röntgenstrahl, der auf einen Kristall fällt, wird deshalb in der gleichen Weise gebeugt wie sichtbares Licht an einem optischen Gitter. Optische Gitter sind allerdings in der Regel eben, während der Kristall ein räumliches, dreidimensionales Gitter darstellt. Die Beugungserscheinungen sind also hier komplizierter.

Für eine vereinfachte Darstellung der Verhältnisse genügt es zu wissen, daß die Beugung so wirkt, als ob das Röntgenlicht an den Gitterebenen des Kristalles reflektiert würde. Eine solche Reflexion ist aber nicht unter jedem Winkel möglich, sondern nur unter bestimmten Winkeln, die man Glanzwinkel nennt. Zwischen dem Glanzwinkel ϑ, der Wellenlänge λ des Röntgenlichtes und dem Abstand d der Atomebenen im Gitter besteht die Beziehung (vgl. Abb. 1.18):

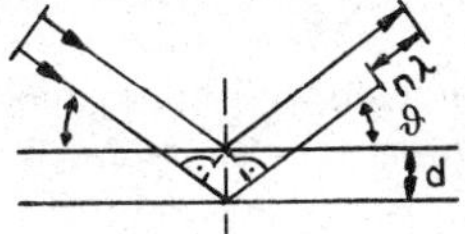

Abb. 1.18: Reflexion eines von links oben einfallenden Röntgenstrahles an waagerechten Gitterebenen.

$$\sin \vartheta = \frac{\lambda}{2d}. \tag{1}$$

Diesen Ausdruck nennt man die Braggsche Gleichung.

Bringt man einen Kristall in einen Röntgenstrahl der Wellenlänge λ, so ist die Braggsche Gleichung im allgemeinen nicht erfüllt. Die Versuchsanordnung ist in Abb. 1.19 skizziert. Der Röntgenstrahl fällt auf den Kristall, eine Reflexion findet nicht statt, und lediglich einiges Licht tritt durch den Kristall hindurch und trifft den dahinter angebrachten Film auf einer Stelle, die man den Durchstoßpunkt nennt. Dort wird der Film geschwärzt.

Man kann nun den Kristall drehen. Dann wird er auch irgendwann so stehen, daß eine Netzebenenschar reflektiert. Auf dem Film entsteht dann im Winkelabstand 2ϑ vom Durchstoß ein

* Röntgenstrahlen lassen sich auch, wie in der Medizin, zur Durchleuchtung eines ganzen Werkstückes verwenden. Man kann so Löcher und Einschlüsse im Inneren eines Metallkörpers erkennen. Diese „triviale" Anwendung des Röntgenlichtes nennt man Grobstrukturuntersuchung.

schwarzer Fleck. Alle Techniken, die auf diesem Prinzip beruhen, nennt man Drehkristallaufnahmen.

Man kann auch statt des einfarbigen Röntgenstrahles (nur eine Wellenlänge λ) „weißes" Röntgenlicht verwenden, das viele Wellenlängen enthält. Dann sind immer Wellenlängen dabei, die die Bragg-

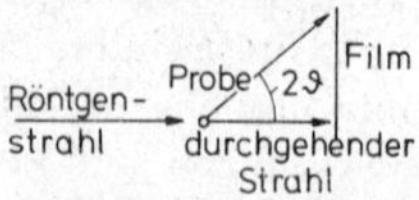

Abb. 1.19: Anordnung zur Feinstrukturuntersuchung.

sche Gleichung erfüllen und an irgendwelchen Netzebenen des Kristalls reflektiert werden. In solchen Fällen werden viele Stellen auf dem Film geschwärzt. Diese Art der Aufnahmetechnik nennt man Laue-Aufnahme.

Schließlich kann man noch mit einfarbigem Röntgenlicht arbeiten, setzt aber an die Stelle der Probe nicht einen Einkristall, sondern viele Kristalle, etwa Kristallpulver oder einen metallischen Vielkristall. Dann gibt es stets einige Kristalle, die sich in Reflexionsstellung befinden. Alle Kristallite, in denen sich eine bestimmte Netzebene in Reflexionsstellung befindet, reflektieren das Licht unter dem Winkel 2ϑ. Sie können dabei noch beliebig um den einfallenden Röntgenstrahl gedreht sein. Auf dem Film entsteht deshalb ein geschwärzter Ring im Winkelabstand 2ϑ um den Durchstoßpunkt. Diese Technik nennt man Debye-Scherrer-Aufnahme.

Alle drei Techniken haben wichtige Anwendungen. So kann mit einer Laue-Aufnahme z. B. die Orientierung eines Einkristalles bestimmt werden. Drehkristallaufnahmen sind unentbehrlich zur Aufklärung unbekannter Kristallstrukturen. Die Debye-Scherrer-Aufnahme gestattet, bei bekannter Kristallstruktur und bei bekannter Wellenlänge des Röntgenlichtes die Abstände im Atomgitter auszumessen. Solche Messungen sind, wie alle optischen Messungen, außerordentlich präzise. Schon mit geringem Aufwand ist es möglich, die Meßfehler kleiner zu halten als 1/10000 vom Meßwert. Man kann also ohne große Mühe Verzerrungen des Atomgitters ausmessen, die durch Einlagerung von Fremdatomen oder durch elastische Spannungen erzeugt werden.

Literatur:

R. Glocker: Materialprüfung mit Röntgenstrahlen. Springer Verlag, Berlin 1970.

H. P. Stüwe und G. Vibrans: Feinstrukturuntersuchungen in der Werkstoffkunde, BI Wissenschaftsverlag.

C. Das Elektronenmikroskop

Elektronenstrahlen lassen sich wie Licht zur Abbildung von Gegenständen verwenden. Man gewinnt solche Strahlen, indem man Elektronen im Vakuum durch eine hohe elektrische Spannung (ca. 100000 Volt) beschleunigt. Dies ist die Grundlage der Elektronenmikroskopie. Im Gegensatz zur Lichtmikroskopie müssen die Elektronen durch die Probe durchtreten. Daraus ergeben sich zwei wichtige Techniken. Will man, wie in der Metallografie, eine Metalloberfläche studieren, so muß man in ähnlicher Weise einen Schliff vorbereiten und ätzen. Man überzieht dann die Oberfläche mit einem Lackhäutchen, das man wieder abheben kann. Es zeigt – im Negativ – das gleiche Oberflächenrelief wie die Metallprobe. Um dieses Relief deutlicher sichtbar zu machen, kann man auf dieser Lackreplika Metalldampf niederschlagen. Das metallisierte Lackhäutchen durchstrahlt man dann mit dem Elektronenmikroskop. Die Bilder, die man erhält, sind im Prinzip die gleichen wie im Lichtmikroskop. Das Elektronenmikroskop erlaubt aber eine wesentlich höhere Vergrößerung (z.B. 100000fach). Ein Beispiel zeigt Abb. 1.12.

Man kann sich aber auch bemühen, eine Metallprobe herzustellen, die dünn genug ist, um von den Elektronen durchstrahlt zu werden. Solche Metallproben müssen etwa eine Dicke von 1 μ haben. Der Lohn für diese sehr mühsame Technik liegt darin, daß es nunmehr wirklich gelingt, räumlich in das Metall hineinzusehen. Die Durchstrahlung von Metallfolien nimmt deshalb an Bedeutung für die werkstoffkundliche Forschung ständig zu.

Schließlich lassen sich Elektronen auch als Materiewellen auffassen. Ihre Wellenlänge liegt in der gleichen Größenordnung wie die des Röntgenlichtes. Deshalb kann man mit Elektronen, die Metallfolien durchstrahlt haben, ebenfalls Beugungsbilder erzeugen, die über Kristallstruktur und Orientierung Auskunft geben.

Literatur:

L. Reimer: Elektronenmikroskopische Untersuchungs- und Präpariermethoden. Springer Verlag, Berlin 1967.

M. v. Heimendahl: Einführung in die Elektronenmikroskopie; Vieweg 1970.

2. ZUSTANDSDIAGRAMME

Technische Legierungen bestehen häufig aus mehreren Phasen, die sich durch ihren Kristallaufbau unterscheiden. Auch die Schmelze bzw. den Dampf bezeichnet man als eine Phase. Welche Phasen in einem Werkstoff auftreten, hängt vor allem von seiner chemischen Zusammensetzung und von seiner Temperatur ab. Diese Zusammenhänge stellt man in Zustandsschaubildern dar.

Literatur:

M. HANSEN: Constitution of Binary Alloys. McGraw-Hill Verlag, New York 1958.

2.1 Darstellung von Zustandsschaubildern

Die einfachste Darstellung ergibt sich für Stoffe, die chemisch einheitlich sind. Hier hängen die entstehenden Phasen lediglich von der Temperatur ab*. Zwei solcher Diagramme zeigt die Abb. 2.1. Abb. 2.1a ist das Zustandsdiagramm für Wasser. Bei tiefen Temperaturen bildet das Wasser Kristalle, nämlich Eis. Bei

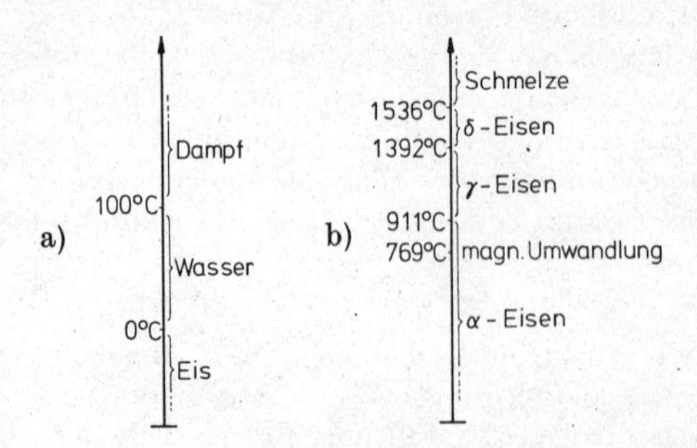

Abb. 2.1a: Zustandsschaubild von H_2O bei Atmosphärendruck.
b: Zustandsschaubild von Fe.

* In Wirklichkeit hängen sie auch vom Druck ab. Diese Komplikation soll im folgenden weggelassen werden, weil die Druckabhängigkeit der Phasengleichgewichte im festen Zustand gering ist, und weil die meisten Werkstoffe bei Normaldruck verwendet werden.

mittleren Temperaturen ist es eine Flüssigkeit. Bei hohen Temperaturen liegt das Wasser als Gas vor, man nennt diese Phase Dampf. Die Temperaturen des Phasenüberganges liegen genau fest; sie dienen zur Eichung der Temperaturskala nach Celsius (0° für den Schmelzpunkt, 100° für den Siedepunkt).

Das Zustandsdiagramm des reinen Eisens, Abb. 2.1b, ist etwas komplizierter. Bei tiefen Temperaturen bildet Eisen einen kubisch raumzentrierten Kristall. Er hat den Namen α-Eisen oder Ferrit. Bei etwas höheren Temperaturen bildet sich ein kubisch flächenzentrierter Kristall. Er hat den Namen γ-Eisen oder Austenit. Bei noch höheren Temperaturen bildet sich wieder ein kubisch raumzentriertes Gitter, also Ferrit. Daß es mit einem anderen Buchstaben, nämlich δ, bezeichnet wird, hat historische Gründe*. Bei Temperaturen oberhalb 1536 °C bildet das Eisen eine Flüssigkeit, die Schmelze. Bei noch höheren Temperaturen bildet es einen Dampf; dies ist in Abb. 2.1b nicht mehr eingetragen, weil es werkstoffkundlich ohne Interesse ist.

In Legierungen kommen zur Temperatur weitere Veränderliche hinzu, nämlich die Konzentrationen der beteiligten Legierungspartner. Wir betrachten zunächst eine Legierung aus zwei Elementen, ein Zweistoffsystem. Abb. 2.2 zeigt die Darstellung, die man dafür wählt. Die Ordinate zeigt, wie in Abb. 2.1, die Temperatur. Auf der Abszisse ist die Konzentration aufgetragen. Die

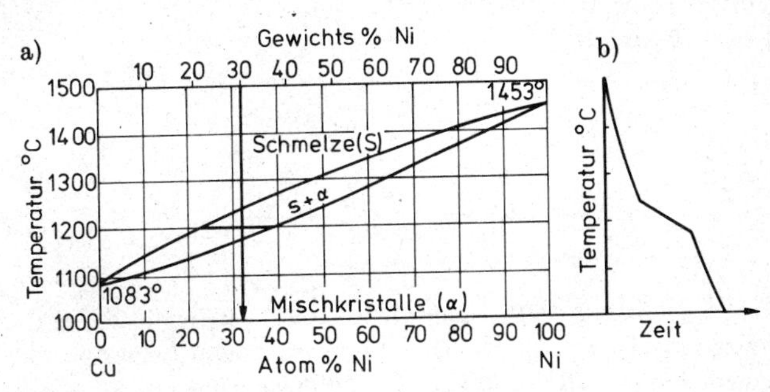

Abb. 2.2a: Zustandsschaubild mit lückenloser Mischkristallbildung: Kupfer–Nickel.
b: Abkühlungskurve einer Legierung mit 30 Gew.-% Ni.

* Daß der Buchstabe β bei der Bezeichnung der Phasen ausgelassen ist, hat ebenfalls historische Gründe. Es gibt nämlich im Bereich der α-Phase noch eine kritische Temperatur, die Curie-Temperatur, die in Abb. 2.1b mit eingetragen ist. Unterhalb dieser Temperatur ist das Eisen magnetisch, oberhalb unmagnetisch. Man hat früher angenommen, daß diese Temperatur zwei Phasen des Eisens, α und β, trennt. Das ist jedoch nicht der Fall.

Endpunkte rechts und links entsprechen dabei den reinen Metallen, in unserem Beispiel Kupfer und Nickel; jeder Punkt dazwischen gibt ein anderes Mischungsverhältnis an. Die Kanten des Bildes rechts und links sind also die Zustandsdiagramme der reinen Metalle Kupfer und Nickel. Diese Diagramme sind sehr einfach: Bei tiefen Temperaturen bilden beide Metalle kubisch flächenzentrierte Kristalle, bei höheren Temperaturen sind sie geschmolzen. (Die Dampfphase ist wieder weggelassen.)

Die Abszisse der Abb. 2.2 ist in einer gleichmäßigen Skala in 100 Atomprozente unterteilt. Sie gibt also an, in welchem Verhältnis in einer Legierung Kupfer- und Nickel-Atome gemischt sind. Der mit 50 % bezeichnete Punkt in der Mitte der Skala bedeutet also, daß die Legierung gleich viele Kupfer- und Nickel-Atome enthält. Für wissenschaftliche Arbeit ist eine solche Unterteilung am zweckmäßigsten.

In der Technik kann eine Unterteilung in Gewichtsprozente zweckmäßiger sein. Sie gibt an, in welchem Gewichtsverhältnis die beiden Komponenten in der Legierung enthalten sind. Der 50-%-Punkt auf der Abszisse bedeutet in diesem Fall, daß die Legierung gleiche Gewichte von Kupfer und Nickel enthält. Diese Skala ist in Abb. 2.2 mit angegeben. Da sich die Atomgewichte von Kupfer und Nickel unterscheiden, sind die beiden Skalen gegeneinander verzerrt. Für die Umrechnung gelten die Gl. (2.1) und (2.2). Darin bedeuten a und b die Atomgewichte der beiden beteiligten Elemente A und B.

$$\text{Gew.-\%}\ A = \frac{100 \cdot \text{At.-\%}\ A \cdot a}{\text{At.-\%}\ A \cdot a + \text{At.-\%}\ B \cdot b} \tag{2.1}$$

$$\text{At.-\%}\ A = \frac{100 \cdot \text{Gew.-\%}\ A/a}{(\text{Gew.-\%}\ A/a) + (\text{Gew.-\%}\ B/b)} \tag{2.2}$$

Mischt man zwei Mengen m_1 und m_2 von Legierungen der Konzentration c_1 und c_2, so erhält man eine neue Legierung der Konzentration c_3 und der Menge m_3. Offensichtlich ist $m_3 = m_2 + m_1$; für die Konzentration gilt:

$$m_1 \cdot (c_1 - c_3) = m_2 \cdot (c_3 - c_2) \tag{2.3}$$

Diese Gleichung kann man sich anschaulich so merken, als ob die Mengen m_1 und m_2 Gewichte wären und die Abszissenwerte c_1 und c_2 die Enden eines zweiseitigen Hebels. c_3 liegt dann an der Stelle, an der man den Hebel unterstützen muß, um ihn im Gleichgewicht zu halten. Gl. (2.3) hat deshalb den Namen Hebelregel. Die Hebelregel gilt stets in demjenigen Maßstab, in dem die Abszisse linear unterteilt ist. In Abb. 2.2 gilt sie deshalb für Atomprozente, in Abb. 2.13 gilt sie für Gewichtsprozente.

2.2 Ein System mit ununterbrochener Mischkristallreihe (Cu–Ni)

Abb. 2.2 läßt die Schmelzpunkte für reines Kupfer und reines Nickel erkennen. Man sollte zunächst erwarten, daß auch alle dazwischenliegenden Legierungen einen Schmelzpunkt hätten und daß die Folge dieser Schmelzpunkte eine Linie bildete, die die beiden Punkte miteinander verbindet. Statt dessen sehen wir, daß die beiden Schmelzpunkte durch zwei Linien verbunden sind. Die Legierungen haben also keinen eindeutigen Schmelzpunkt, sondern ein Schmelzintervall. Erhitzt man eine Legierung aus je 50 At.-% Kupfer und Nickel, so beginnt sie bei 1240 °C zu schmelzen, ist aber erst bei 1310 °C vollständig aufgeschmolzen. Die obere Kurve, die das Gebiet der Schmelze nach unten begrenzt, nennt man die Liquiduslinie. Die untere Kurve, die das Gebiet der Kristalle nach oben begrenzt, nennt man die Soliduslinie. Zwischen Liquidus- und Soliduslinie gibt es ein Zweiphasengebiet, in dem Schmelze und Kristalle nebeneinander vorliegen.

In die Abbildung ist eine horizontale Gerade eingetragen, und zwar zufällig bei der Temperatur 1200 °C. Sie schneidet die Liquiduskurve bei 23 At.-%, die Soliduskurve bei 40 At.-%. Das Stückchen Gerade, das beide Zusammensetzungen verbindet, nennt man Konode. Die Endpunkte einer Konode zeigen jeweils, welche Phasen miteinander im Gleichgewicht stehen. Alle Legierungen, deren Zusammensetzung zwischen diesen beiden Konzentrationen liegt, sind also bei dieser Temperatur zweiphasig. Sie bestehen alle aus einer Schmelze mit 23 At.-% Ni und Kristallen mit 40 At.-% Ni. Welche Mengen jeweils von Kristall und Schmelze gebildet werden, ergibt sich aus der Gesamtzusammensetzung der Legierung nach der Hebelregel.

Kühlt man eine Schmelze mit 32 At.-% Nickel ab, so bilden sich bei 1235 °C die ersten Legierungskristalle. Sie enthalten 52 At.-% Ni, sind also viel nickelreicher als die Schmelze. Dadurch verarmt die Schmelze an Ni, d. h. ihre Zusammensetzung wandert in Abb. 2.2 nach links. Der Punkt, der den Zustand der Schmelze kennzeichnet, ist nun wieder oberhalb der Liquiduslinie. Die Temperatur muß erst etwas sinken, ehe sich erneut Kristalle abscheiden können. Die neuen Kristalle sind dann etwas nickelärmer als die zuerst gebildeten Kristalle. Bei weiterer Abkühlung rutscht die Konode immer tiefer; die Zusammensetzungen von Schmelze und Kristall ändern sich laufend. Auch die Mengenverhältnisse ändern sich; die Menge der Schmelze nimmt ab, die der Kristalle nimmt zu. Schließlich haben die Kristalle die Konzentration 32 At.-% Ni. Jetzt besteht praktisch die ganze Legierung aus Kristallen, das letzte Tröpfchen Schmelze wird von den Kristallen absorbiert. Anschließend kühlen sich die Kristalle weiter ab.

Mit Thermometer und Uhr kann man verfolgen, wie sich während dieser Erstarrung die Temperatur mit der Zeit ändert. Dies ist in Abb. 2.2b dargestellt. Die homogene Schmelze und die homogenen Kristalle kühlen sich relativ rasch ab; hier sind die Abkühlungskurven steil. Während der Erstarrung der Kristalle wird Schmelzwärme frei; deshalb ist hier die Abkühlungskurve deutlich flacher. Die Stellen, an denen die Abkühlungskurve die Liquidus- und die Solidustemperatur durchläuft, sind durch Knickpunkte markiert. Man kann also aus dem Zustandsdiagramm voraussagen, wie die Abkühlungskurven verschiedener Legierungen aussehen. In Wirklichkeit geht man umgekehrt vor: Man mißt die Abkühlungskurven und ermittelt daraus das Zustandsdiagramm. Diese sogenannte thermische Analyse ist ein wichtiges Hilfsmittel bei der Aufstellung von Zustandsdiagrammen.

2.3 *Ein System mit eutektischer Reaktion* (Pb–Sn)

Kupfer und Nickel erstarren im gleichen Kristallsystem, nämlich kubisch flächenzentriert. Deshalb ist es möglich, daß auch alle ihre Legierungen im gleichen System erstarren; Kupfer und Nickel bilden eine ununterbrochene Mischkristallreihe, Abb. 2.2*. Blei erstarrt in einem kubisch flächenzentrierten Kristall, der, wie Abb. 2.3 zeigt, bis zu 29 At.-% Zinn aufnehmen kann. Zinn erstarrt in einem tetragonalen, β genannten, Kristall der bis zu 1,5 At.-% Pb aufnehmen kann. Eine lückenlose Mischkristallreihe ist zwischen diesen beiden verschiedenen Strukturen nicht möglich. Es besteht also eine Mischungslücke, d. h. alle Legierungen zwischen 29 und

* Diese Bedingung ist notwendig, aber nicht hinreichend. Silber und Kupfer haben ebenfalls die gleiche Kristallstruktur, nämlich kubisch flächenzentriert. Sie bilden jedoch keine ununterbrochene Mischkristallreihe.

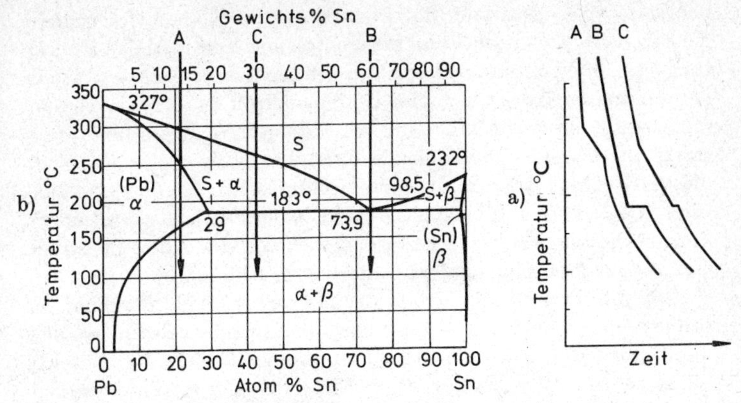

Abb. 2.3a: Zustandsschaubild mit Eutektikum: Blei–Zinn.
b: Abkühlungskurven für Legierungen mit 22, 43 und 73,9 At.-% Sn.

98,5 At.-% Zinn zerfallen im festen Zustand in ein Gemenge der Phasen α und β. In der Schmelze sind dagegen beide Metalle beliebig miteinander mischbar.

Die Liquiduslinie dieses Systems besteht aus zwei Teilen. Aus Schmelzen, die zwischen 0 und 73,9 At.-% Zinn enthalten, scheiden sich bei der Erstarrung zunächst α-Mischkristalle ab. Die Schmelze verarmt dadurch an Blei, ihre Zusammensetzung wandert im Zustandsdiagramm nach rechts. Aus Schmelzen, die zwischen 73,9 und 100 At.-% Zinn enthalten, scheidet sich bei der Erstarrung zunächst β-Kristall ab. Die Schmelze verarmt dadurch an Zinn, ihre Zusammensetzung wandert im Zustandsdiagramm nach links. Eine Sonderstellung nimmt die Schmelze der Zusammensetzung *B* (73,9 At.-% Sn) ein. Wenn man sie bis auf 183 °C abkühlt, ist sie gleichzeitig an α- und β-Kristallen gesättigt. Beide Kristallsorten scheiden sich also gleichzeitig aus der Schmelze ab. In diesem Spezialfall haben wir also Verhältnisse ähnlich wie bei reinen Metallen: Ohne Temperatur- und Konzentrationsänderungen erstarrt die ganze Schmelze zu einem festen Körper (Abkühlungskurve B). Diesen Vorgang nennt man eutektische Erstarrung, das entstehende Gefüge Eutektikum. Abb. 2.3b zeigt die Abkühlungskurve einer Legierung mit der Zusammensetzung *C*. Die Schmelze kühlt sich rasch ab, bis die Liquiduslinie erreicht wird. Dann werden α-Mischkristalle ausgeschieden, wodurch sich ein Knick ergibt; danach verläuft die Abkühlung langsamer. Die Konzentration der

Schmelze verschiebt sich dabei nach rechts. Schließlich erreicht die Schmelze die eutektische Konzentration. Die restliche Erstarrung verläuft dann eutektisch, also bei konstanter Temperatur. In der Abkühlungskurve bedeutet das einen Haltepunkt; die Temperatur bleibt so lange konstant, bis die gesamte Restschmelze erstarrt ist. Dann kühlen sich die Kristalle rasch weiter ab. Nach diesem Schema erstarren alle Schmelzen zwischen 29 und 98,5 At.-% Zinn. Legierungen, die weniger als 29% oder mehr als 98,5 At.-% Zinn enthalten, erstarren nach dem Schema der Abb. 2.2 zu reinen α- oder β-Mischkristallen (Kurve *A* in Abb. 2.3b).

Abb. 2.4 zeigt ein Schliffbild der Legierung *C*. Man erkennt die primär ausgeschiedenen α-Mischkristalle, zwischen ihnen hat sich das Eutektikum ausgeschieden. Das streifige Gefüge des Eutektikums ist ganz typisch für diese Erstarrungsform, die α- und β-Mischkristalle werden sehr fein vermischt abgeschieden.

29 At.-% Zinn kann der α-Mischkristall nur bei 183 °C aufnehmen. Mit sinkender Temperatur wird der α-Mischkristallbereich immer schmaler, bei 50 °C kann der α-Mischkristall nur etwa 4% Zinn aufnehmen. Die Löslichkeit des Bleikristalles für Zinn nimmt also mit sinkender Temperatur ab. Bei der Abkühlung müssen sich deshalb

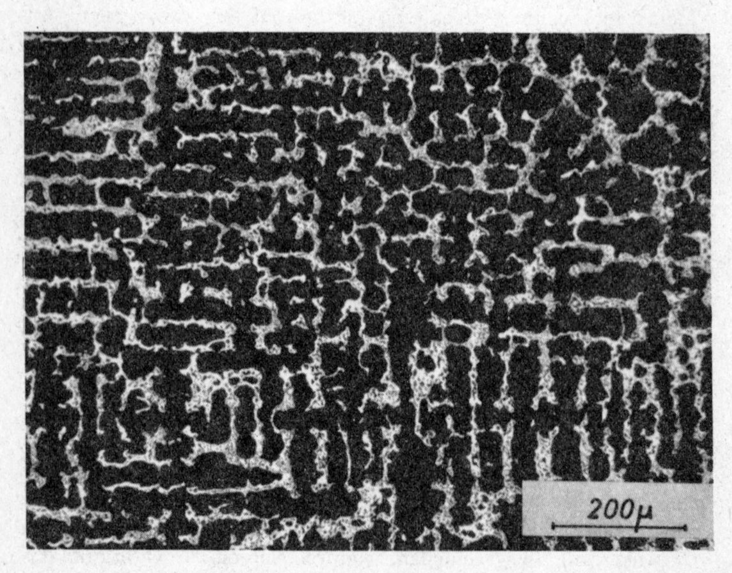

Abb. 2.4: Untereutektische Blei–Zinn-Legierung (31 Gew.-% Sn).

aus dem gesättigten α-Mischkristall laufend zinnreiche β-Kristalle ausscheiden. Die Menge dieser sekundär (im festen Zustand) ausgeschiedenen β-Kristalle ergibt sich nach der Hebelregel. Sie beträgt für die bei 183 °C homogene Legierung mit 29 At.-% Sn bei Raumtemperatur etwa 25 At.-%. Auf diesen technisch sehr wichtigen Vorgang werden wir im Kap. 4, Abschn. 2, näher eingehen.

2.4 Ein System mit peritektischer Reaktion (Ag–Pt)

Abb. 2.5 zeigt das Zustandsdiagramm der Legierungen aus Ag und Pt. Es hat Ähnlichkeit mit der Abb. 2.3. Auch hier bilden die zwei Elemente keine ununterbrochene Mischkristallreihe: Der α-Mischkristall von Ag kann bis zu 40,5 % Pt lösen; die β-Mischkristalle lösen bis zu 22,5 % Ag. Schmelzen, die weniger als 40,5 % oder mehr als 77,5 % Pt enthalten, erstarren, wie in Abb. 2.3, zu reinen α- oder β-Mischkristallen. Anders als in Abb. 2.3 sind die Mischkristalle in jedem Falle reicher an Pt als die Schmelze. Deshalb reichert sich die Schmelze bei der Erstarrung stets mit Silber an.

Wie bei der eutektischen Reaktion gibt es auch hier eine ausgezeichnete Temperatur $T_p = 1\,185\,°C$, bei der die Schmelze mit α- und β-Kristallen im Gleichgewicht steht. Allerdings sind nunmehr beide

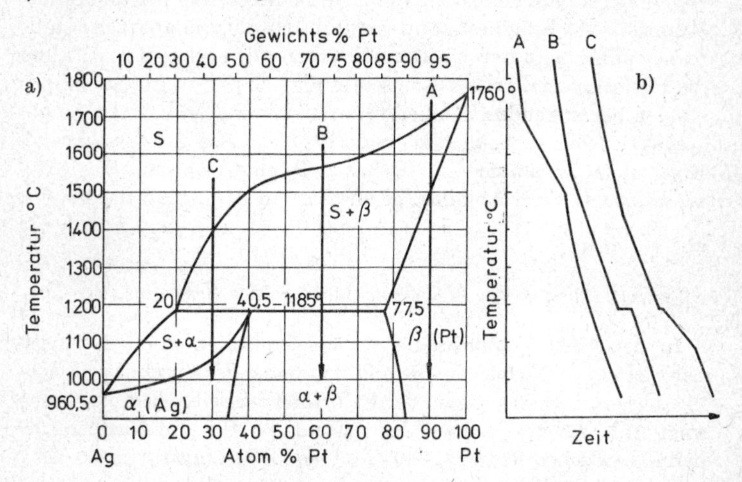

Abb. 2.5a: Zustandsschaubild mit Peritektikum: Silber–Platin.
b: Abkühlungskurven für Legierungen mit A: 90 At.-% Pt, B: 60 At.-% Pt, C: 30 At.-% Pt.

Kristallarten reicher an Pt als die Schmelze. Nach der Hebelregel kann deshalb die Schmelze nicht restlos zu α- und β-Kristallen zerfallen. Es findet also bei dieser Temperatur nicht die eutektische Reaktion statt, sondern eine andere Reaktion, die man peritektisch nennt: Die Schmelze reagiert mit dem primär gebildeten β-Mischkristall; als Reaktionsprodukt entstehen α-Kristalle. Diese Reaktion erfaßt alle Legierungen zwischen den Konzentrationen 20 und 77,5 At.-% Pt.

Legierungen zwischen 40,5 % und 77,5 % erstarren folgendermaßen: Zunächst scheiden sich aus der Schmelze β-Kristalle ab. Die Zusammensetzung der Schmelze wandert dabei nach links. Bei steigendem Silbergehalt erreicht die Schmelze schließlich die Temperatur der peritektischen Umwandlung. Nun reagiert sie mit den primär gebildeten β-Kristallen. Dabei entstehen α-Mischkristalle. Die Reaktion läuft solange bei konstanter Temperatur, bis die Restschmelze aufgezehrt ist. Dann besteht die Legierung aus einem Gemisch von α- und β-Kristallen, das sich rasch weiter abkühlt (Abkühlungskurve B, Abb. 2.5b).

Legierungen der Zusammensetzung zwischen 20 und 40,5 % Pt bilden ebenfalls primär β-Mischkristalle. Auch hier wird schließlich die peritektische Temperatur erreicht, Primärkristalle und Schmelze reagieren miteinander zu α-Kristallen. In diesem Bereich kommt die Reaktion jedoch dadurch zum Abschluß, daß die primären β-Kristalle restlos aufgezehrt werden. Dann hat man nur noch α-Kristalle und die Restschmelze. Dieses Gemisch kühlt sich nun weiter ab, und es werden bei sinkenden Temperaturen immer weitere α-Kristalle abgeschieden, bis schließlich auch die Restschmelze ganz erstarrt ist. Eine solche Zusammensetzung hat z. B. eine Legierung der Konzentration C. Ihre Abkühlungskurve ist in Abb. 2.5b dargestellt.

2.5 Ein System mit Mischungslücke in der Schmelze (Pb–Cu)

In den bisher besprochenen Beispielen waren die Legierungspartner in der Schmelze vollständig miteinander mischbar. Das ist bei den meisten Elementen der Fall. Eine der seltenen Ausnahmen zeigt Abb. 2.6 am Beispiel des Systems Pb–Cu. Im Temperaturbereich zwischen 954° und 990° C bilden Legierungen zwischen 14,7 und 67 At.-% Pb nicht eine flüssige Phase, sondern zwei, die sich – wie Öl und Wasser – nicht miteinander mischen. Sie haben die Namen S_1 und S_2. Eine Legierung mit 14,7 At.-% Pb hat bei

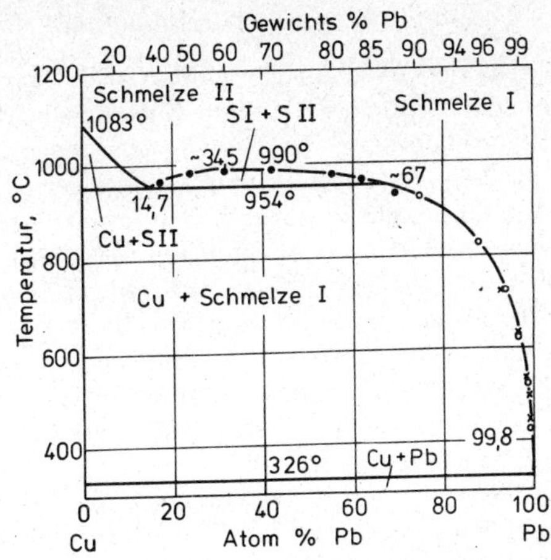

Abb. 2.6: Zustandsschaubild mit Mischungslücke in der Schmelze: Kupfer-Blei.

höheren Temperaturen die Struktur der Schmelze S_2. Bei 954 °C zerfällt diese Schmelze in Cu-Kristalle und S_1-Schmelze. Dieser Zerfall entspricht der eutektischen Reaktion, der einzige Unterschied liegt darin, daß nicht zwei Kristallarten entstehen, sondern eine Kristallart und eine andere Schmelze.

Eine besonders kraß ausgeprägte Mischungslücke hat das System Eisen-Blei. Wie Abb. 2.7 zeigt, sind diese Metalle weder im

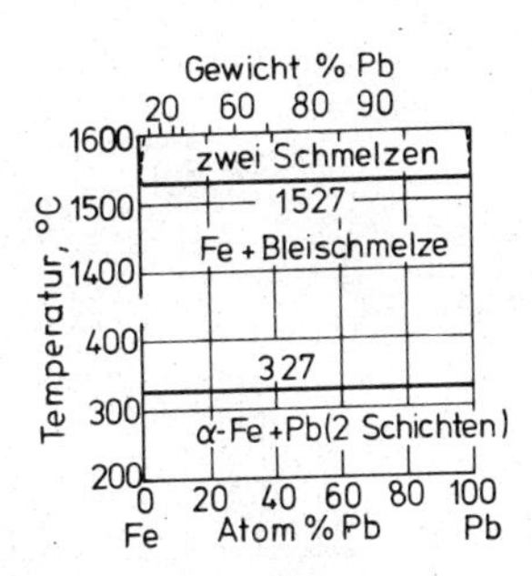

Abb. 2.7: Zustandsschaubild zweier nicht mischbarer Metalle: Eisen–Blei.

festen noch im flüssigen Zustand bei keiner Temperatur und bei keinem Konzentrationsverhältnis miteinander mischbar.

2.6 *Kompliziertere Zustandsdiagramme*

In den letzten vier Abschnitten wurden vier Typen von Zustandsdiagrammen besprochen. Andere Zustandsdiagramme, wie z. B. das Zustandsdiagramm der Messinglegierungen aus Kupfer und Zink, Abb. 2.8, sind nur scheinbar schwieriger zu verstehen. Kupfer und Zink bilden sechs verschiedene intermetallische Phasen, statt nur zwei, wie in den bisher angeführten Beispielen. Alle Reaktionen zwischen diesen Phasen lassen sich jedoch einem der vier besprochenen Typen zuordnen. So zeigt der mit a markierte Ausschnitt des Zustandsdiagrammes eine eutektoide Reaktion, die analog zu einer eutektischen verläuft, nur zerfällt keine Schmelze, sondern der feste δ-Mischkristall. Der mit b markierte Ausschnitt enthält eine peritektische Reaktion.

Die Kupfer-Zink-Legierungen, die weniger als 45 % Zink enthalten, heißen Messing. Man bezeichnet sie nach dem Kupfergehalt, z. B. Ms 72 (Gelbtombak) oder Ms 60 (Muntzmetall). Die intermetallische Phase β, die bei größerem Zinkgehalt auftritt, ist bei Raumtemperatur spröde und wird im reinen Zustand kaum verwendet. Ein Anteil von β-Kristallen, z. B. im Ms 58 (Schraubenmessing, Hartmessing), gibt dem Werkstoff größere Festigkeit, er läßt sich aber nur warm walzen oder pressen, dafür aber gut zerspanen. Kurze, bröcklige Späne wünscht man sich bei allen Le-

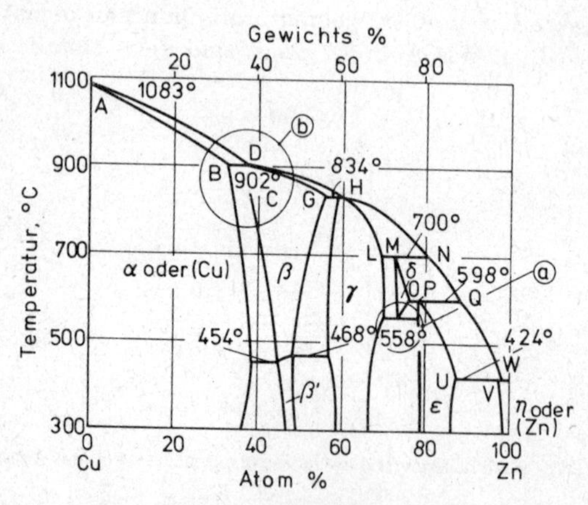

Abb. 2.8: Kompliziertes Zustandsschaubild: Kupfer–Zink.
a Eutektoide Umwandlung.
b Peritektische Umwandlung.

gierungen, die in automatischen Drehbänken bearbeitet werden sollen. Werkstoffe, die sich hierfür gut eignen nennt man „Automatenlegierungen". Dagegen ist reines α-Messing gut kaltverformbar und, besonders Ms 72, zum Tiefziehen geeignet.

Alle intermetallischen Phasen zeigen einen endlichen Mischkristallbereich. Das gilt z. B. auch für die zahlreichen Phasen der Abb. 2.8. Manchmal ist der Bereich jedoch schmaler als die Strichdicke in den Abbildungen. Dann kann man ihn nicht mehr gut zeichnen und läßt ihn deshalb weg. Dies ist z. B. links in der Abb. 2.6 der Fall, wo zum reinen Cu kein Mischkristall sichtbar wird. (Festes Cu löst weniger als 0,1 At.-% Pb*.)

Die meisten Mischkristalle haben jedoch Konzentrationsbereiche, die sich auf dem Papier bequem darstellen lassen. Es ist üblich, sie mit kleinen griechischen Buchstaben zu bezeichnen, wie wir es beim Eisen bereits kennengelernt haben. Sie sind seitlich von zwei Linien begrenzt, die im Zustandsdiagramm von oben nach unten verlaufen und die den Homogenitätsbereich des Mischkristalls gegen die danebenliegenden Zweiphasenfelder abgrenzen. Diese Begrenzungslinien verlaufen nicht genau senkrecht, sondern sind meistens geneigt, und zwar in der Regel so, daß mit sinkender Temperatur die Breite des Mischkristallbereiches abnimmt.

Die Frage, warum verschiedene Legierungssysteme verschiedene Typen von Zustandsdiagrammen ausbilden, ist sehr kompliziert und läßt sich hier nicht behandeln.

2.7 *Dreistoffsysteme*

In den vorangegangenen Abschnitten genügte zur Darstellung der Konzentration eine einzige *c*-Achse, weil wir uns auf Zweistoffsysteme beschränkt haben. Die meisten technischen Legierungen bestehen nun aber aus mehr als zwei Elementen. Man müßte dementsprechend Zustandsdiagramme für Mehrstoffsysteme aufstellen. Das wird durch die ganz banale Tatsache erschwert, daß sich Funktionen von vielen Veränderlichen graphisch schwer darstellen lassen. Man beschränkt sich deshalb auch bei technischen Legierungen in der Regel auf das Zweistoffsystem der beiden wichtigsten Bestandteile und gibt höchstens an, wie die Gleichgewichtslinien dieses Systems durch den Zusatz weiterer Elemente verschoben werden.

---

* In Abb. 2.6 ist ferner ein eutektischer Zerfall weggelassen, den die bleireiche Schmelze erleidet. Die Konzentration des Eutektikums liegt bei 0,18 At.-% Cu.

Lediglich für Dreistoffsysteme hat sich eine einigermaßen handliche graphische Darstellung finden lassen. Die Konzentration einer Legierung aus drei Bestandteilen läßt sich im Konzentrationsdreieck darstellen (vgl. Abb. 2.9). In diesem Dreieck entsprechen die drei Eckpunkte den reinen Elementen A, B und C. Die Seiten des

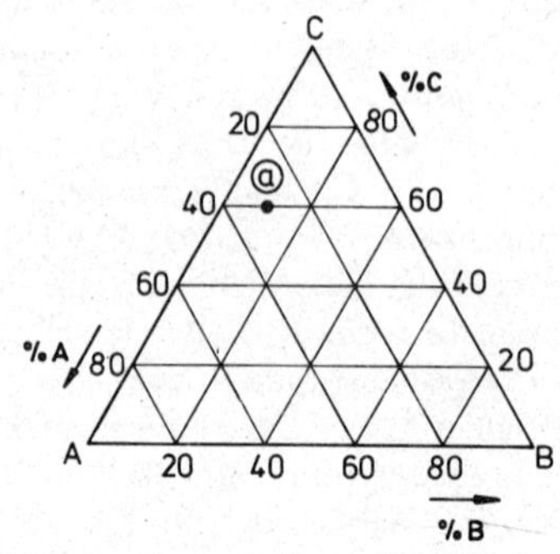

Abb. 2.9: **Das Konzentrationsdreieck ternärer Systeme.**

Dreiecks entsprechen den Konzentrationsachsen der binären Systeme A–B, B–C und A–C. Jeder Punkt im Inneren des Dreiecks entspricht einer Legierung aus A, B und C. Z. B. bedeutet der eingezeichnete Punkt a : Die Legierung enthält 30 % A, 10 % B und 60 % C.

Über diesem Dreieck wird die Temperaturachse senkrecht aufgetragen. Ternäre Zustandsdiagramme sind also räumlich, sie haben die Gestalt dreieckiger Prismen. Die drei Seitenwände des Prismas zeigen die drei binären Randsysteme. Die drei Kanten des Prismas zeigen die Zustandsdiagramme der drei Komponenten. Im Inneren des Prismas sind die Zustandskörper der ternären Phasen. Abb. 2.10 a zeigt den Fall, daß alle drei Randsysteme ununterbrochene Mischkristallreihen bilden. Auch im Inneren des Diagrammes treten keine neuen ternären Phasen auf*. Dann besteht das Diagramm aus zwei gewölbten Flächen, der Solidusfläche und der Liquidusfläche. Abb. 2.10 b zeigt den Fall, daß alle drei Randsysteme Mischungslücken und Eutektika zeigen. Die Löslichkeiten der drei Kristallarten A, B und C für die jeweils anderen beiden Elemente sollen so klein sein, daß die Phasengrenzen nicht mit ein-

---

* Ein solches Zustandsschaubild gilt wahrscheinlich für Mo–Ta–W, (auch Nb–Ta–W, W–Nb–Mo, Mo–Ta–Nb).

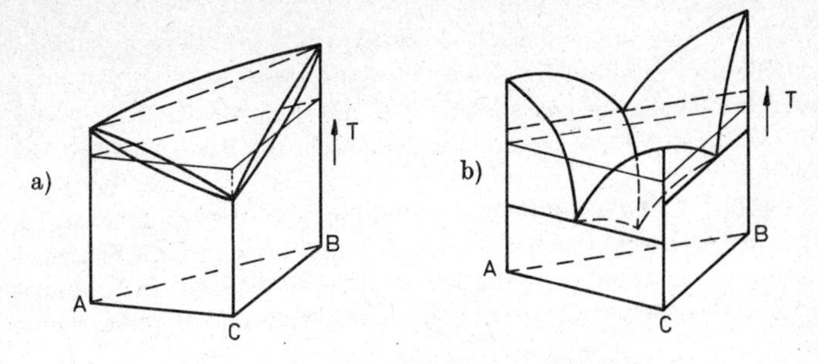

Abb. 2.10: Räumliche Zustandsschaubilder ternärer Systeme.
a) Vollständige Mischbarkeit aller Komponenten.
b) Keine Mischbarkeit im festen Zustand (ternäres Eutektikum).

gezeichnet zu werden brauchen*. In diesem Fall besteht die Liquidusfläche aus drei Teilen, die sich von den drei Eckpunkten aus schalenförmig nach innen senken. Von jedem der drei binären eutektischen Punkte läuft eine „Eutektische Rinne" zu abnehmenden Temperaturen ins Innere des Diagrammes. Die drei Rinnen treffen sich im Inneren des Diagrammes in einem ternären eutektischen Punkt. Bei dieser Zusammensetzung und Temperatur steht dann die Schmelze im Gleichgewicht mit den Komponenten A, B und C und zerfällt eutektisch in drei Kristallarten.

Dies sind zwei sehr einfache Fälle, die Verhältnisse werden rasch unübersichtlicher, wenn die drei Randsysteme verschiedenen Typen angehören. Auch werden ternäre Zustandsdiagramme häufig dadurch kompliziert, daß im Inneren des ternären Systems neuartige Phasen auftreten, die in keinem der drei Randsysteme beobachtet werden.

Schon in diesen beiden einfachen Fällen ist es jedoch lästig, daß das Zustandsdiagramm dreidimensional ist, so daß man es, statt auf Papier zu zeichnen, aus Draht oder Glas räumlich aufbauen muß. Man hilft sich hier, indem man Schnitte durch das Diagramm legt.

Abb. 2.11 zeigt zwei Schnitte, die bei konstanter Temperatur durch die beiden in Abb. 2.10 gezeigten Diagramme gelegt wurden.

In Abb. 2.11a erkennt man 2 Einphasen-Felder. Legierungen, deren Zusammensetzung in diesen Phasenfeldern liegt, bestehen bei der Temperatur des Schnittes ganz aus Schmelze oder ganz aus Kristall. Zwischen beiden Gebieten liegt ein Zweiphasenfeld. Dort

* Abgesehen von etwas Randlöslichkeit gilt anscheinend ein solches Schaubild für Al–Be–Si.

bestehen Legierungen aus Schmelze und Kristall. Die eingezeichneten Konoden verbinden jeweils die Konzentrationen, die miteinander im Gleichgewicht stehen. Auf der Konode muß auch der Punkt liegen, der die Gesamtzusammensetzung der Legierung angibt.

In Abb. 2.11b sind mehrere Phasenfelder angeschnitten: Im Inneren des Dreiecks ist bei der Schnittemperatur noch die Schmelze beständig. Legierungen in der Nähe von *C* sind bereits in Schmelze und *C*-Kristalle zerfallen. Da keine Mischkristalle auftreten, enden

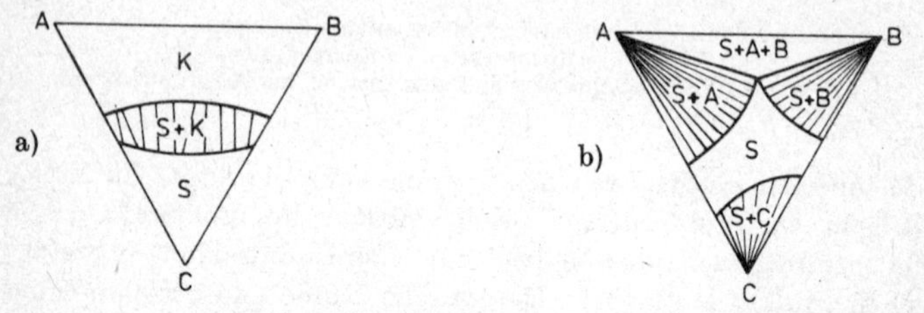

Abb. 2.11: Temperatur-(Horizontal-)Schnitte durch ternäre Zustandsschaubilder.
a) Zu Abb. 2.10a.
b) Zu Abb. 2.10b.

alle Konoden in Eckpunkten. Solche keilförmigen Zweiphasenfelder gibt es auch in der Umgebung der *A*- und *B*-Ecken. Im binären System *A–B* ist bereits die eutektische Temperatur unterschritten. Deshalb grenzt an diese Dreiecksseite ein Dreiphasenfeld an, in dem *A*- und *B*-Kristalle und die Schmelze nebeneinander vorliegen. Im Inneren des Dreiecks gibt es einen Punkt, an dem ein Einphasengebiet (das der Schmelze), zwei Zweiphasengebiete und ein Dreiphasengebiet aneinanderstoßen. Dieser Punkt liegt auf der eutektischen Rinne. Er wandert bei sinkender Temperatur weiter ins Innere des Dreiecks, auf den ternären eutektischen Punkt zu.

Abb. 2.12 zeigt eine andere Form des Schnittes, den Konzentrationsschnitt. Hierzu schneidet man das Zustandsdiagramm mit einer Ebene parallel zur Temperaturachse. Diese Ebene schneidet dann das Konzentrationsdreieck in einer Geraden. Abb. 2.12a zeigt zwei Möglichkeiten für die Lage eines solchen Konzentrationsschnittes. Die Abb. 2.12b ist ein Schnitt durch das Diagramm 2.10a. Er ist so gelegt, daß alle darauf befindlichen Legierungen stets *A* und *C* im gleichen Verhältnis enthalten. Da er bei *B* durch den Eckpunkt des Konzentrationsdreiecks geht, fallen dort die Solidus- und die Liquidustemperatur zusammen. Im Inneren des Konzentrationsdreiecks ist das natürlich nicht der Fall und auch nicht am anderen Ende des Konzentrationsschnittes, der ja mitten auf dem binären Zustandsdiagramm *A*-*C* liegt. Hierin unterscheidet sich Abb. 2.12b grundsätzlich von der Abb. 2.2.

Abb. 2.12c zeigt einen Konzentrationsschnitt durch das Diagramm 2.10b der so liegt, daß die Konzentration an *B* überall 30 % beträgt. Auch diesen Schnitt darf man, trotz einiger oberflächlicher Verwandtschaft, nicht mit dem Diagramm der Abb. 2.3 verwechseln. Auch hier gibt es zwar eine zweiteilige Liquiduskurve. Ihr tiefster Punkt entspricht der eutektischen Rinne. Eine solche Legierung scheidet *A*- und *C*-Kristalle ab, aber die Temperatur sinkt dabei weiter, bis erst bei der ternären eutektischen Temperatur alle drei Kristallarten gleichzeitig abgeschieden werden. Legierungen nahe am Rande des Schnittes erreichen bei der Abkühlung die anderen beiden eutektischen Rinnen und deshalb bei tieferen Temperaturen die Dreiphasenfelder $S + A + B$ und $S + B + C$.

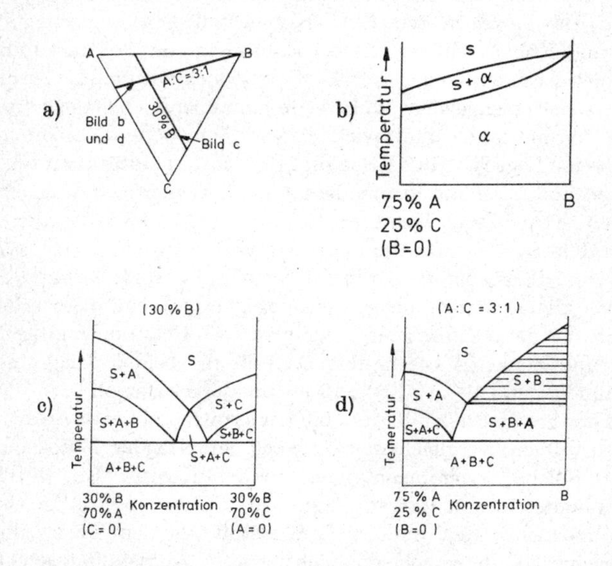

Abb. 2.12: Konzentrations-(Vertikal-)Schnitte durch ternäre Zustandsschaubilder.
a) Lage der Schnitte im Konzentrationsdreieck.
b) Schnitt durch die *B*-Ecke von Abb. 2.10a
c) Schnitt bei konstantem *B* (30%) durch Abb. 2.10b.
d) Schnitt durch die *B*-Ecke von Abb. 2.10b.

Konzentrationsschnitte helfen, den räumlichen Aufbau eines Dreistoffdiagrammes zu veranschaulichen. Man kann aus ihnen jedoch nicht – wie aus binären Diagrammen – die Konzentrationen der im Gleichgewicht befindlichen Phasen ablesen. Horizontale Linien in diesen Schnitten sind nämlich im allgemeinen keine Konoden. Eine Ausnahme hiervon zeigt Abb. 2.12d. Dieser Schnitt ist so gelegt, daß alle Legierungen die Elemente C und A im Verhältnis 1 : 3 enthalten. Wie man sich aus Abb. 2.11b klarmachen kann, liegen hier im Phasenfeld $S + B$ die Konoden auf dem Schnitt (nicht aber im Phasenfeld $S + A$!).

Literatur:

G. Masing: Ternäre Systeme, Akad. Verl. Ges., Leipzig 1933.

2.8 Das Eisenkohlenstoffdiagramm

Abb. 2.13 zeigt ein technisch besonders wichtiges Zustandsdiagramm: Das binäre System Eisen-Kohlenstoff. Eine Legierung aus Eisen und Kohlenstoff zerfällt bei Raumtemperatur in fast reines α-Eisen und reinen Kohlenstoff. Dies gilt jedoch nur für das thermodynamische Gleichgewicht, d. h. wenn man unendlich lange wartet. Unter den in der Technik wirklich vorkommenden Bedingungen zerfällt eine Legierung aus Eisen und Kohlenstoff statt dessen meist in Eisen und Eisenkarbid mit dem Namen Zementit und der chemischen Formel Fe_3C. Man braucht also zwei Zustandsdiagramme: Das stabile System, das die endgültigen Gleichgewichte zwischen Eisen und Kohlenstoff (Graphit) wiedergibt und wirklich die thermodynamischen Gleichgewichte zeigt; und ein metastabiles System, das die technisch viel interessanteren Reaktionen zwischen Eisen und Zementit beschreibt. Da sich die beiden Diagramme sehr ähneln, sind sie in Abb. 2.13 ineinandergezeichnet.

Auf den ersten Blick fällt auf, daß Legierungen mit etwa 4 Gew.-% Kohlenstoff ein vergleichsweise niedrigschmelzendes Eutektikum bilden. Solche Legierungen nennt man Gußeisen. Im stabilen System entsteht ein Graphiteutektikum. Untereutektische Gußeisensorten enthalten weniger Kohlenstoff als dem Eutektikum entspricht; aus ihnen scheiden sich primäre γ-Kristalle aus*. Aus übereutektischen Gußeisensorten scheidet sich Primärgraphit mit

* Die linke Kante des Zustandsdiagrammes mit den Phasen α, γ und δ ist das Zustandsdiagramm des reinen Eisens. Wir haben es bereits in Abb. 2.1b kennengelernt.

dem Namen Garschaum aus. Auch das metastabile System zeigt ein Eutektikum. Das hier entstehende Gefüge heißt Ledeburit. Übereutektische Legierungen scheiden nach dem metastabilen System Primärzementit ab.

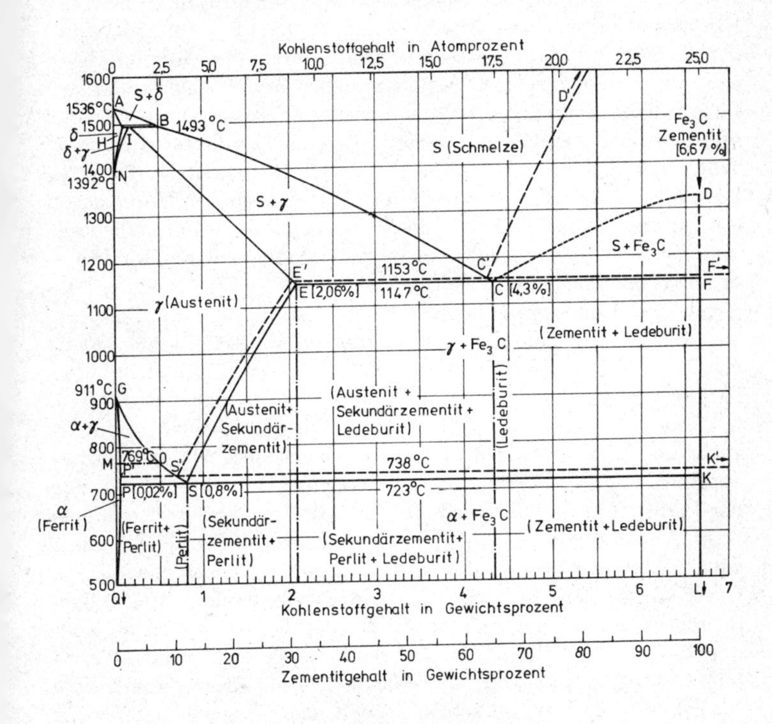

Abb. 2.13: Das Zustandsschaubild Eisen–Kohlenstoff. Metastabiles Schaubild ausgezogen, stabiles gestrichelt.

Ob Gußeisen grau erstarrt (also unter Graphitausscheidung nach dem stabilen System) oder weiß (nach dem metastabilen Sytem unter Zementitbildung), entscheidet nicht die Abkühlungsgeschwindigkeit allein. Man kann dies auch durch weitere Legierungszusätze beeinflussen. So begünstigt ein Zusatz an Silizium die graue Erstarrung, ein Zusatz von Mangan die weiße Erstarrung. Die Unterschiede zwischen dem stabilen und dem metastabilen System sind vor allem für die verschiedenen Gußeisensorten wichtig. Alles Folgende bezieht sich auf das metastabile Schaubild.

Die peritektische Reaktion zwischen δ-Eisen und Schmelze hat technisch keinerlei Bedeutung. Das liegt daran, daß alle kohlenstoffärmeren Legierungen bei weiterer Abkühlung zu homogenen γ-Mischkristallen werden. Dies betrifft alle Legierungen bis zu einer Konzentration von etwa 2 % Kohlenstoff. Diese Legierungen nennt man Stähle. Alle Stähle lassen sich also durch eine geeignete Glühung austenitisieren, d. h. in den homogenen γ-Mischkristall überführen. Kühlt man den Stahl dann wieder ab, so zerfällt der Austenit in Ferrit und Zementit. Dies ist die entscheidende Reaktion einer Wärmebehandlung von Stählen. Der hierfür wichtige Teil des Zustandsdiagrammes ähnelt der Abb. 2.3. Der einzige Unterschied ist, daß die γ-Phase keine Schmelze ist, sondern ein Kristall. Deshalb nennt man die Reaktion, in der der Austenit am Punkte S in Ferrit und Zementit zerfällt, eine eutektoide Umwandlung. Die zugehörige Temperatur bezeichnet man häufig mit A_1. Das entstehende Gefüge hat auch strukturmäßig Ähnlichkeit mit einem Eutektikum. Es wurde in Abb. 1.11 bereits gezeigt und hat den Namen Perlit.

Wiederum kann man nach ihrem Kohlenstoffgehalt übereutektoide und untereutektoide Stähle unterscheiden. Aus den untereutektoiden Stählen scheiden sich zunächst Ferritkristalle ab, ehe der Perlitpunkt erreicht wird. Die Temperatur des Ausscheidungsbeginns nennt man A_3. Aus übereutektoiden Stählen scheidet sich zunächst Zementit ab, den man Sekundärzementit nennt (im Gegensatz zu dem Primärzementit, der sich aus übereutektischen Schmelzen abscheidet). Das oberhalb der Perlittemperatur gebildete α-Eisen und die α-Eisenlamellen des Perlits enthalten etwa 0,02 Gew.-% Kohlenstoff. Mit sinkender Temperatur nimmt diese Löslichkeit ab. Deshalb scheidet auch das α-Eisen bei sinkender Temperatur weiter Zementit aus. Diese sehr feinen Zementitausscheidungen nennt man Tertiärzementit.

Thermodynamisch ist es ganz gleichgültig, ob der bei Raumtemperatur vorliegende Zementit primär, sekundär, tertiär, eutektoid (im Perlit) oder eutektisch (im Ledeburit) entstanden ist. Deshalb zeigt das Zustandsdiagramm zwischen dem α-Eisen und dem Zementit nur ein Zweiphasenfeld $\alpha + Fe_3C$. Da sich die verschiedenen Gefügebestandteile im Mikroskop jedoch deutlich unterscheiden, sind die Bereiche für ihr Auftreten in Abb. 2.13 mit angegeben.

Die einfachste Wärmebehandlung eines Stahles besteht darin, daß man ihn bis ins γ-Gebiet hinein erwärmt (Austenitisierungsglühung). Es ist üblich, hierzu die untere Grenze des γ-Feldes nur um etwa 50° zu überschreiten. Dabei lösen sich schon in wenigen Sekunden die meisten Zementitpartikel im γ-Gitter auf. Man muß jedoch einige Stunden warten, um zu erreichen, daß sich der Kohlenstoff völlig gleichmäßig im Gitter verteilt (durch Diffusion, vgl. Kap. 3). Dann läßt man den Stahl abkühlen, wobei er die perlitische Reaktion durchläuft. Diese Behandlung des Stahles nennt man normalisieren. Weitere Arten der Wärmebehandlung von Stählen werden im Kap. 4, Abschn. 3, behandelt.

Legierte Stähle, also solche, die nicht nur Verunreinigungen, Desoxydationsmittel und Kohlenstoff enthalten, sondern noch andere absichtlich hinzugefügte Elemente, ergeben mit Kohlenstoff ein ähnliches Zustandsschaubild wie das reine Eisen, solange der Legierungszusatz gering ist. Die Linien des Eisen-Kohlenstoff-Schaubildes verschieben sich nur etwas. Stärkere Legierungszusätze können sich auf zwei verschiedene Weisen auswirken: Aluminium, Silizium, Chrom, Molybdän, Wolfram, Vanadin und Phosphor schnüren das γ-Gebiet ab. Die α- und δ-Mischkristalle haben ein gemeinsames Phasenfeld und gehen z. B. bei 3% Si lückenlos ineinander über (Abb. 2. 14). Mangan, Nickel, Kobalt, Kupfer, Kohlenstoff und Stickstoff erweitern das γ-Feld (Abb. 2.13). Legierungen mit hohen Gehalten an Nickel oder Mangan sind sogar bis zur Raumtemperatur herab austenitisch (Abb. 2.15).

Die Elemente Chrom, Molybdän, Wolfram, Vanadin haben eine stärkere chemische Affinität zum Kohlenstoff als das Eisen. Stähle, die diese Elemente in größerer Konzentration enthalten, bilden deshalb harte Sonderkarbide, die z. B. in Werkzeugstählen höhere Härte und Schneidhaltigkeit bewirken.

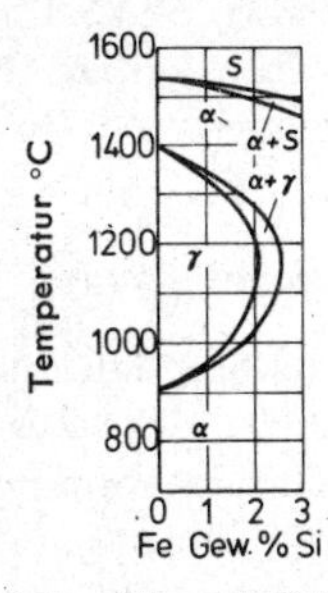

Abb. 2.14: **Eingeschnürtes γ-Feld.**

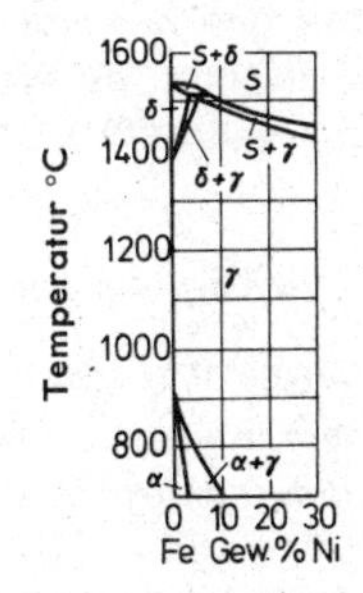

Abb. 2.15: **Erweitertes γ-Feld.**

Literatur:

D. Horstmann: Das Zustandsschaubild Eisen-Kohlenstoff und die Grundlagen der Wärmebehandlung der Eisen-Kohlenstofflegierungen. Stahleisen-Verlag, Düsseldorf 1961.

E. Houdremont: Handbuch der Sonderstahlkunde. Springer-Verlag und Stahleisen-Verlag, 3. Aufl. 1956.

2. ANHANG

Normung der Eisenwerkstoffe

Im Normblatt DIN 17006 ist die systematische Benennung von Stahl und Eisen angegeben. Kohlenstoff gilt nicht als Legierungselement. Man unterscheidet:

1. Unlegierte Stähle, denen nur zur Desoxydation weitere Elemente absichtlich zugesetzt sind (Si $\leq$ 0,5 Gew.-%; Mn $\leq$ 0,8 Gew.-%; Al oder Ti $\leq$ 0,1 Gew.-%; Cu $\leq$ 0,25 Gew.-%).
2. Niedrig legierte Stähle.
3. Hoch legierte Stähle, die mindestens ein Legierungselement mit mehr als 5 Gew.-% enthalten.

Benennung nach Eigenschaften

Unlegierte Stähle, die nicht für eine Wärmebehandlung bestimmt sind, bezeichnet man mit Buchstaben St und hängt eine Zahl an, die ein Zehntel der Mindestzugfestigkeit (in N/mm^2) beträgt. Bei allgemeinen Baustählen nach DIN 17100 setzt man häufig noch die Gütegruppe 1, 2 oder 3 dahinter, z.B. St 37–2. Statt der Gütegruppe kann man auch einen Gewährleistungs- der Prüfungsumfang mit den Zeichen .1 bis .8 angeben, z.B. St 35.8. Spezielle Kennzeichen gibt es für Dynamo- und Transformatorenstähle, Thermobimetalle (TB), Dauermagnetlegierungen und Relaiswerkstoffe (R).

Benennung nach chemischer Zusammensetzung

Unlegierte Stähle, die für eine Wärmebehandlung bestimmt sind, bezeichnet man nach dem Kohlenstoffgehalt. Schreibweise: C, dahinter der mittlere Kohlenstoffgehalt in Gewichtsprozent multipliziert mit hundert. C 15 enthält also 0,15% Kohlenstoff.
Es kann noch eingeschoben sein:

f = Stahl für **F**lamm- und Induktionshärtung, z. B. Cf 53.
k = Edelstahl mit **k**leinem Phosphor und Schwefelgehalt, z. B. Ck 22.
q = Vergütungsstahl, der zum Kaltstauchen bestimmt ist, z. B. Cq 35.

Bei Werkzeugstählen kann W1, W2, W3 oder WS angehängt werden (1., 2. bzw. 3. Güte oder für Sonderzwecke), z. B. C 100 W2. Bei unlegierten Stählen für **D**rähte wird C durch D ersetzt, z. B. D8. Unlegierte Stähle für Kesselbleche werden abweichend von der Systematik mit H I bis H IV bezeichnet. Betonstähle haben ebenfalls besondere Bezeichnungen.

Niedrig legierte Stähle kennzeichnet man vorweg durch den mit 100 multiplizierten Kohlenstoffgehalt. Dann folgen die chemischen Symbole der Legierungselemente, geordnet nach fallendem Gehalt, anschließend die Legierungskennzahlen in Reihenfolge der Symbole. Für die letzten Symbole können bei kleinem Gehalt die Kennzahlen wegfallen. Die Legierungskennzahl ist das Produkt aus Gewichtsprozent und einem Faktor. Dieser Faktor ist:

4 bei Cr, Co, Mn, Ni, Si, W;
10 bei Al, Be, Cu, Mo, Nb, Pb, Ta, Ti, V, Zr;
100 bei P, S, N, Ce.

Beispiel: 30 CrNiMo 8; 45 CrVMoW 5 8.

Hoch legierte Stähle kennzeichnet man mit einem X vor dem hundertfachen Kohlenstoffgehalt. Die Symbole der Legierungselemente werden wie bei den niedrig legierten Stählen angegeben. Darauf folgen die Gewichtsprozente, aber ohne Multiplikation (z. B. X 10 Cr Ni Ti 18 9). Bei Heizleiterlegierungen kann X und Kohlenstoffgehalt entfallen. Schnellarbeitsstähle bezeichnet man mit S und den Gewichtsprozenten der Legierungselemente in der Reihenfolge W, Mo, V, Co. Beispiel: S 18–1–2–5;

Benennung von Gußwerkstoffen

Man beginnt mit Kennbuchstaben mit folgender Bedeutung:
GS = Stahlguß,
GG = Gußeisen mit Lamellengraphit (Grauguß),
GGG = Gußeisen mit Kugelgraphit,
GGL = Gußeisen mit Lamellengraphit, legiert,
GTS = Nicht entkohlend geglühter (schwarzer) Temperguß,
GTW = Entkohlend geglühter (weißer) Temperguß.

Darauf folgt ein Zehntel der Mindestzugfestigkeit in N/mm², z.B. GS – 45. Bei hochwertigen Stahlgußsorten (z.B. für Wärmebehandlungen) hängt man C mit dem hundertfachen Kohlenstoffgehalt an, z.B. GS – C 25. Legierte Stahlsorten werden nach dem GS wie legierte Stähle bezeichnet, z.B. GS – 22 Mo 4.

Kennzeichnung zusätzlicher Merkmale

Kennbuchstaben für Erschmelzungsart sowie besondere Eigenschaften infolge der Herstellungsart werden vor die Werkstoffbenennung geschrieben, Buchstaben für den Behandlungszustand dahinter, vgl. Tab. 2.1.

Beispiele: A St 41; M 16 MnCr 5 G.

Tabelle 2.1

Erschmelzungsart	Bes. Eigenschaften	Behandlungszustand
B = Bessemerstahl	A = Alterungsbeständig	A = Angelassen
E = Elektrostahl (allgem.)	L = Laugenrißbeständig	B = Beste Bearbeitbarkeit
F = Flammofen	P = Schmiedbar	E = Einsatzgehärtet
J = Elektrostahl (Indukt.)	Q = Abkantbar	G = Weichgeglüht
LE = Elektrostahl (Lichtb.)	R = Beruhigt	H = Gehärtet
M = SM-Stahl	RR = Besonders beruhigt	HF = Oberfl. Flammengeh.
SS = Schweißstahl	S = Schmelzschweißbar	HJ = Oberfl. Induktionsgeh.
T = Thomasstahl	TT = Kaltzäh	K = Kaltverformt
TI = Tiegelstahl	U = Unberuhigt	N = Normalgeglüht
W = Windfrischstahl	WT = Wetterfest	S = Spannungsarmgeglüht
B = basisch } nur angehängt	Z = Ziehbar	SH = Geschält
Y = sauer } nur angehängt		U = Unbehandelt
Y = Sauerstoffblasstahl		V = Vergütet

Bei Feinblechen hängt man die Zahlen 01 bis 05 an, um die Oberflächenbeschaffenheit zu kennzeichnen. Dann können noch die Buchstaben g = glatt, m = matt oder r = rauh folgen, z. B. RRSt 14 05 m.

Einteilung nach Werkstoffnummern (DIN 17007)

Die Werkstoffnummer besteht aus 7 Ziffern. Die erste Stelle kennzeichnet die Werkstoffhauptgruppe:

0 = Roheisen und Ferrolegierungen,
1 = Stahl,
2 = Schwermetalle außer Eisen,
3 = Leichtmetalle,
4–8 = Nichtmetallische Werkstoffe,
9 = frei für interne Benutzung.

Die 2. und 3. Stelle geben die Sortenklassen an. Sie unterteilen die Werkstoffhauptgruppe 1 in Massen- und Qualitätsstähle einerseits und Edelstähle* andererseits, wobei beide Gruppen nach der Zusammensetzung und nach Eigenschaften weiter untergliedert sind.

Die 4. und 5. Ziffer sind Zählnummern für die Stähle einer Klasse, sie haben keine physikalische Bedeutung. Die 2. bis 5. Ziffer nennt man Sortennummer. Diese wird häufig allein angegeben. Die 6. Stelle gibt die Erschmelzungs- und Vergießungsart an, die 7. Stelle den Behandlungszustand.
Beispiele: 1.7214.04; 3.2581.44.

Ausländische Stahlnormen (z. B. AISI/SAE; ASTM) sind in Literaturangabe (3) und (4) erläutert.

Literatur:

(1) Normblatt DIN 17006, 17007. Auszug und Erläuterungen im
(2) DIN-Taschenbuch 4A.
Werkstoffnormen Stahl und Eisen. Beuth-Verlag, Berlin 1967.
(3) Stahl-Eisen-Liste. Stahl-Eisen-Verlag, Düsseldorf 1967.
(4) Stahlschlüssel. Stahlschlüssel-Verlag, Marbach/N. 1968.
(5) Wellinger-Gimmel: Werkstofftabellen der Metalle. A. Kröner-Verlag, Stuttgart 1963.

* Edelstahl enthält gegenüber dem Qualitätsstahl weniger P und S und weniger nichtmetallische Einschlüsse, er ist gleichmäßiger und hat eine bessere Oberfläche. Edelstahl ist nicht mit hochlegiertem Stahl gleichzusetzen, denn es gibt auch unlegierte Edelstähle (alle Ck-Stähle).

3. DIFFUSION

Bei allen Temperaturen oberhalb des absoluten Nullpunktes besitzen die Atome selbst in einem Festkörper eine gewisse Beweglichkeit. Das bedeutet, daß einige von ihnen ihre Gitterplätze verlassen und durch das Gitter wandern können. Diese Erscheinung nennt man Diffusion.

3.1 Das erste Ficksche Gesetz

Abb. 3.1 zeigt eine Schicht der Dicke Δx, an deren Grenzen die Konzentrationen c_1 und c_2 herrschen. Wir können uns die Schicht zum Beispiel als ein Blech der Dicke Δx vorstellen, das zwei Behälter voneinander trennt. Beide Behälter enthalten ein in dem

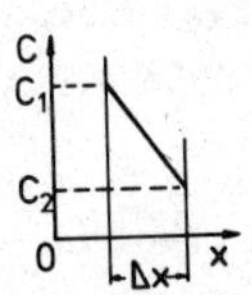

Abb. 3.1: Lineares Konzentrationsgefälle.

Blech lösliches Gas, und zwar ist im linken Behälter der Druck hoch, im rechten ist er niedrig. c_1 und c_2 sind die Konzentrationen, die sich im Gleichgewicht mit den unterschiedlichen Gasdrucken einstellen; dazwischen fällt die Konzentration im Blech linear ab. Unter diesen Umständen wird ein Strom von Gas durch das Blech „diffundieren". Seine Größe ist gegeben durch

$$\frac{1}{F}\frac{\mathrm{d}n}{\mathrm{d}t} = D \cdot \frac{c_1 - c_2}{\Delta x}. \tag{3.1}$$

Dies ist das erste Ficksche Gesetz, seine allgemeine Schreibweise lautet:

$$\frac{1}{F}\frac{\mathrm{d}n}{\mathrm{d}t} = -D\frac{\mathrm{d}c}{\mathrm{d}x}. \tag{3.2}$$

bzw.

$$j = -D \operatorname{grad} c. \tag{3.2a}$$

Darin ist F die Oberfläche der Trennwand, $\mathrm{d}n/\mathrm{d}t$ die Anzahl der in der Zeiteinheit durchtretenden Atome, und die Konstante D hat den Namen Diffusionskoeffizient. Das Minuszeichen bedeutet, daß die Atome in Richtung abnehmender Konzentration wandern. j nennt man den Teilchenstrom.

Mit diesem Gesetz läßt sich das Wachstum einer Zunderschicht auf einem Metall berechnen. Hierzu fassen wir die Schicht der Abb. 3.1 als eine Zunderschicht auf, die eine Metalloberfläche gleichmäßig bedeckt. Links von der Schicht sei das Metall, rechts von der Schicht die Atmosphäre. Ist eine solche Zunderschicht erst einmal gebildet, so kann eine weitere Reaktion nur dadurch stattfinden, daß Atome durch die Zunderschicht zum Reaktionspartner wandern. (Normalerweise wandern Metallionen zum Sauerstoff hin.) Das Wachstum der Schicht wird also durch den Diffusionsstrom bestimmt, es gilt

$$\frac{\mathrm{d}\Delta x}{\mathrm{d}t} \sim D \cdot \frac{c_1 - c_2}{\Delta x}. \tag{3.3}$$

Diese einfache Differentialgleichung läßt sich sofort integrieren; man erhält

$$(\Delta x)^2 \sim t \quad \text{oder} \quad \Delta x \sim \sqrt{t}\,. \tag{3.4}$$

Diese Gleichung regelt das Wachstum sehr vieler Schichten, sie heißt nach ihrem Entdecker das Tammannsche parabolische Anlaufgesetz. Dieses Gesetz gilt natürlich nicht, wenn eine Zunderschicht immer wieder vom Werkstoff abplatzt; in diesem Fall wächst der Materialverlust linear mit der Zeit. Umgekehrt bilden sich auf manchen Werkstoffen festhaftende Oxydschichten, die für die weitere Diffusion praktisch undurchlässig sind. Solche Stoffe nennt man zunderfest.

3.2 Der Diffusionskoeffizient

Der Diffusionskoeffizient hat die Dimension m^2/s. Dies ergibt sich aus Gl. (3.2), wenn man für n die Anzahl der Teilchen, für c die Anzahl der Teilchen pro m^3 einsetzt. Da die Diffusion ihre Ursache in der Wärmebewegung der Atome hat, hängt D empfindlich von der Temperatur ab; es gilt:

$$D = D_0 \cdot e^{-Q/RT} \tag{3.5}$$

Darin ist T die absolute Temperatur, R ist die Gaskonstante. Die Konstante Q bezeichnet man als Aktivierungsenergie. Abb. 3.2

zeigt eine graphische Darstellung der Gl. (3.5). Trägt man den Logarithmus des Diffusionskoeffizienten gegen den reziprokenWert der absoluten Temperatur auf, so liegen die Meßpunkte auf einer

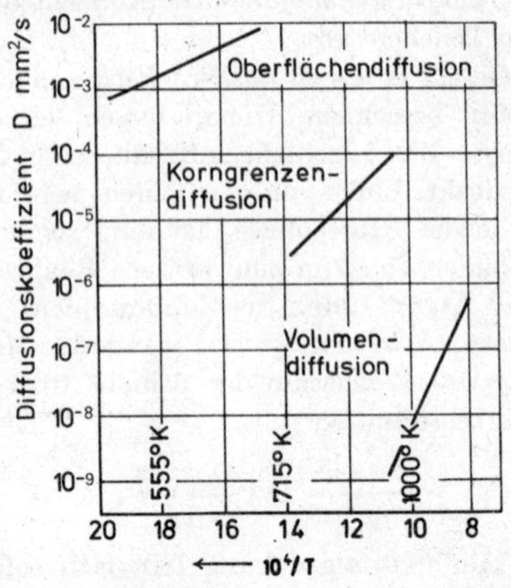

Abb. 3.2: **Selbstdiffusionskoeffizienten von Silber.**

Geraden. Die Gerade schneidet die Ordinate bei D_0; ihre Steigung gibt den Wert für Q. Die Tab. 3.1 gibt Werte D_0 und Q für die Diffusion verschiedener Atomsorten in verschiedenen Materialien.

Tabelle 3.1: Diffusion

Matrix	Wandernde Atome	$D_0 \frac{mm^2}{sec}$	$Q \frac{kJ}{mol}$
γ-Fe	C	20	138.2
γ-Fe	N	20	150.7
α-Fe	H	0.2	12.1
α-Fe	Fe	50	239.5
Al	Cu	65	135.2
Ag	Ag	46	184.6
Pd	H	1,5	28.5
Cu	Ni	230	235.3
Ni	Cu	40	257.9
Cu	Ag	·57	195.1
Cu	Au	3	178.4
Ag	Cu	52	183.8
Au	Cu	11	170.2

Die Geschwindigkeiten sehr vieler Festkörperreaktionen lassen sich durch Gleichungen nach der Art der Gl. (3.5) (Arrhenius-Gleichung) beschreiben, man kennzeichnet ihre Temperaturabhängigkeit dann sehr häufig durch die Angabe einer Aktivierungsenergie.

Bisher wurden Aktivierungsenergien meist in cal/mol angegeben, die Gaskonstante betrug 1.986 cal/mol K. Dies ist künftig unzulässig. Vermutlich wird sich die SI-Einheit J/mol einbürgern mit $R = 8{,}31434$ J/(mol K), wie sie in Tab. 3.1 benutzt wird.

3.3 Das zweite Ficksche Gesetz

Herrschen in einem Werkstoff Konzentrationsunterschiede von Ort zu Ort und werden keine neuen Atome durch die Oberfläche in den Werkstoff eingebracht, so führt die Diffusion zu einem Konzentrationsausgleich. Wir veranschaulichen uns dies in Abb. 3.3. Sie zeigt die Konzentration – etwa von Kohlenstoff in einem

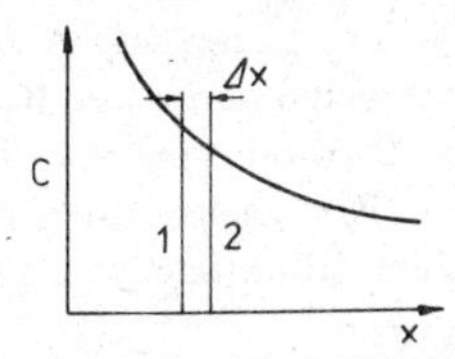

Abb. 3.3: Zur Ableitung des 2. Fickschen Gesetzes.

Stück Eisen – als Funktion des Ortes. Wir betrachten die nahe beieinander liegenden Querschnitte 1 und 2. Für sie gilt nach dem ersten Fickschen Gesetz:

$$\left(\frac{\mathrm{d}n}{\mathrm{d}t}\right)_1 = -F D_1 \left(\frac{\mathrm{d}c}{\mathrm{d}x}\right)_1 \tag{3.6}$$

und

$$\left(\frac{\mathrm{d}n}{\mathrm{d}t}\right)_2 = -F D_2 \left(\frac{\mathrm{d}c}{\mathrm{d}x}\right)_2 .$$

Da $\frac{\mathrm{d}c}{\mathrm{d}x}$ an den Stellen 1 und 2 etwas verschiedene Werte hat, sind auch die Ströme $\frac{\mathrm{d}n}{\mathrm{d}t}$ an beiden Stellen etwas verschieden. Für den Zuwachs der Teilchenzahl n in dem Volumen $F \cdot \Delta x$ ergibt sich

$$\Delta \frac{\mathrm{d}n}{\mathrm{d}t} = F \frac{\mathrm{d}}{\mathrm{d}x} \cdot \left(D \frac{\mathrm{d}c}{\mathrm{d}x}\right) \Delta x . \tag{3.7}$$

Setzt man voraus, daß D nicht von der Konzentration und also nicht vom Orte abhängt, so folgt hieraus das zweite Ficksche Gesetz:

$$\frac{\mathrm{d}c}{\mathrm{d}t} = D \cdot \frac{\mathrm{d}^2 c}{\mathrm{d}x^2} \tag{3.8}$$

bzw.

$$\frac{\mathrm{d}c}{\mathrm{d}t} = D \operatorname{div} \operatorname{grad} c. \tag{3.8a}$$

Diese Gleichung beschreibt die zeitliche Änderung der Konzentration, ausgehend von einer bekannten Anfangsverteilung. Leider ist ihre Diskussion mathematisch nicht einfach. Wir beschränken uns deshalb im folgenden auf einen sehr wichtigen Sonderfall. Zwei lange zylindrische Stäbe gleichen Querschnitts seien mit ihren Stirnseiten aneinander geschweißt. Beide bestehen aus Eisen, jedoch sind ihre Kohlenstoffgehalte c_1 und c_2 verschieden. Nach einiger Zeit wird sich dann eine Konzentrationsverteilung einstellen, wie in Abb. 3.4 wiedergegeben ist: An der Stelle $x = 0$, dem Ort der Schweißnaht, hat sich die mittlere Konzentration $(c_1 + c_2)/2$ eingestellt. Im großen Abstand von der Schweißnaht herrschen noch die ursprünglichen Konzentrationen c_1 und c_2. Dazwischen gibt es einen allmählichen Übergang. Die Gleichung dieser Kurve lautet,

$$c = \frac{c_1 + c_2}{2} - \frac{c_1 - c_2}{\sqrt{\pi}} \cdot \int\limits_0^{x/(2\sqrt{Dt})} e^{-\xi^2}\,\mathrm{d}\xi\,. \tag{3.9}$$

Durch Einsetzen kann man sich überzeugen, daß diese Funktion tatsächlich die Differentialgleichung (3.8) erfüllt.

Die Zahlenwerte der Gl. (3.9) hängen von Ort und Zeit nur über den Ausdruck $x/\sqrt{D \cdot t}$ ab. Dieser Ausdruck ist darum auch in Abb. 3.4 als Abszisse gewählt. Die eingetragene S-Kurve gibt also die Konzentrationsverteilung nach allen Glühzeiten wieder. Auf

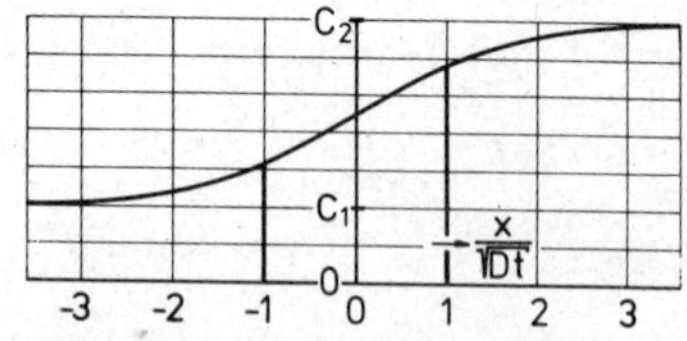

Abb. 3.4: Konzentrationsverteilung nach Diffusion: Ausgleich eines Konzentrationssprunges von c_1 auf c_2.

der Abszisse sind besonders markiert die Punkte -1 und $+1$. Dort ist

$$x = \sqrt{D \cdot t}\,. \tag{3.10}$$

Zwischen diesen beiden Punkten hat sich die ursprüngliche Konzentrationsdifferenz $c_1 - c_2$ etwa um die Hälfte verringert. Gl. (3.10) ist eine sehr wertvolle Faustformel, mit der man abschätzt, bis zu welcher Eindringtiefe ein Diffusionsvorgang im Material die Konzentration merklich ändert. Sie gibt einen ungefähren Anhaltspunkt für Glühzeiten, Glühtemperatur und Eindringtiefen auch dann, wenn die Geometrie anders ist. Als Beispiel betrachten wir Abb. 4.3:

Um die Kornseigerung zu beseitigen, muß der Diffusionsausgleich über ca. $x = 5\ \mu$m erfolgen. Wir ermitteln D, indem wir D_0 und Q aus Tab. 3.1 in Gl. (3.5) einsetzen, und finden bei 900° Glühtemperatur für Ni in Cu: $D = 1.7 \cdot 10^{-8}$ mm²/s (für Cu in Ni wäre D etwas größer). Die Glühzeit schätzen wir nach Gl. (3.10) ab: $t = x^2/D = 1.5 \cdot 10^3$ s oder 25 Minuten*.

Gl. (3.9) wird benutzt, um den Diffusionskoeffizienten experimentell zu bestimmen. Hierzu schweißt man zwei Stäbe bekannter Konzentrationen aneinander und glüht sie für eine bestimmte Zeit bei bekannter Temperatur. Danach schneidet man die Probe in dünne Scheiben, deren Konzentration man einzeln chemisch bestimmt. Auf diese Weise erhält man die Konzentration als Funktion des Ortes. Die erhaltene Kurve vergleicht man nun mit der Kurve der Abb. 3.4 und sieht zu, welcher Diffusionskoeffizient die beiden Kurven zur Übereinstimmung bringt.

Es ist nicht unbedingt nötig, daß sich das diffundierende Element von den Atomen der Matrix chemisch unterscheidet. Man kann zum Beispiel zwei Silberstäbe aneinanderschweißen, von denen der eine eine bestimmte Menge an radioaktivem Silber enthält. Auch diesen Körper kann man nach einer Diffusionsglühung in Scheiben schneiden und so ermitteln, welche Konzentrationsverteilung das radioaktive Silber angenommen hat. Wiederum erhält man eine Kurve wie in Abb. 3.4 und kann daraus entnehmen, mit welchem Diffusionskoeffizienten sich Silberatome in einer Silbermatrix bewegen. Diese Erscheinung nennt man Selbst-

* Nach dieser Zeit sind die Konzentrationsunterschiede noch nicht ausgeglichen, sondern nur auf weniger als die Hälfte zurückgegangen. Ein besserer Ausgleich würde höhere Temperaturen oder sehr lange Glühzeiten erfordern. Man hilft sich praktisch, indem man möglichst nicht den Gußblock glüht, sondern erst das kaltverformte Halbzeug, in dem die Diffusionswege kürzer sind.

diffusion; einige Koeffizienten der Selbstdiffusion sind in Tab. 3.1 ebenfalls angegeben.

Gl. (3.8) ist formal identisch mit der Wärmeleitungsgleichung. Dabei ist lediglich die Konzentration c durch die Temperatur T zu ersetzen, anstelle von D tritt die Temperaturleitfähigkeit a. Gl. (3.10) ermöglicht auch hier die Abschätzung einer Eindringtiefe und damit also etwa der Zeit, die zur Erwärmung oder Abkühlung eines Barrens erforderlich ist. Einige Werte für a gibt Tab. 3.2.

Tabelle 3.2: Temperaturleitfähigkeit (cm^2/s)

Fe (20 °C)	0,24	Al	0,97
Fe (1000 °C)	0,10	Cu	1,1
Pb	0,24	Glas	0,003
Zn	0,40		

3.4 Besonderheiten der Diffusion

Gl. (3.9) gilt streng genommen nur für die Einkomponentendiffusion. In unserem Beispiel bedeutet das, daß zwar die Kohlenstoffatome durchs Gitter wandern, daß aber die Eisenatome an ihren Plätzen bleiben. Schweißt man zwei Stäbe aus verschiedenen Metallen aneinander, z. B. aus Gold und Kupfer, so findet eine Zweikomponentendiffusion statt. Das bedeutet, daß sowohl Goldatome ins Kupfer diffundieren, als auch Kupferatome ins Gold. Auch hierdurch entsteht eine Konzentrationsverteilung, die der Abb. 3.4 ähnelt. Man kann also in ähnlicher Weise eine Eindringtiefe ermitteln und einen mittleren Diffusionskoeffizienten bestimmen. Diese Beschreibung ist nützlich, wenn sich beide Atome etwa mit der gleichen Geschwindigkeit bewegen können.

Zu Schwierigkeiten kommt es, wenn die beiden Atomsorten deutlich verschiedene Beweglichkeiten zeigen. Dies ist zum Beispiel im Messing der Fall. Schweißt man zwei Stäbe aus Kupfer und Zink aneinander, so können die Zinkatome die Schweißebene bedeutend leichter überschreiten und ins Kupfer eindringen, als umgekehrt die Kupferatome ins Zink wandern können. Dadurch können auf der zinkreichen Seite des Verbundkörpers Löcher entstehen. Diese Erscheinung nennt man den Kirkendall-Effekt; sie wird durch die Angabe eines mittleren Diffusionskoeffizienten nicht beschrieben.

Ähnlich wie durchs Gitter können Atome auch entlang einer Korngrenze wandern. Da an der Korngrenze der Gitteraufbau gestört ist, geht dies bedeutend leichter. Noch leichter geht eine Atomwanderung entlang der Oberfläche des Werkstoffes. Die Koeffizienten der Korngrenzendiffusion und der Oberflächendiffusion sind in Abb. 3.2 mit eingetragen. Man sieht, daß ihre Werte viel größer sind als die der Volumendiffusion. Freilich ist der Querschnitt der bevorzugten Diffusionswege an Korngrenzen und Oberflächen viel kleiner als der Querschnitt der Körner. Deshalb tragen Korngrenzen- und Oberflächendiffusion bei hohen Temperaturen nur wenig zum gesamten Materialtransport bei. Nur bei tiefen Temperaturen wird ihr Anteil merklich, weil, wie Abb. 3.2 zeigt, der Koeffizient der Volumendiffusion viel rascher mit der Temperatur abnimmt.

Literatur:

W. Seith: Diffusion in Metallen. Springer Verlag, Berlin 1955.

3. ANHANG

Sintern. Abb. 3.5a zeigt schematisch einen Körper, der durch das Zusammenpressen von kugelförmigen Teilchen entstanden ist. Glüht man einen solchen Körper, so setzen Diffusionsvorgänge ein, durch die die Teilchen des Ausgangsgefüges an ihren Berührungsstellen zusammenwachsen (Abb. 3.5b). Bei weiterer Glühung verbreitern sich die Nahtstellen zwischen den Körnchen des Ausgangsgefüges, die verbleibenden Hohlräume werden zu etwa kugelförmigen Poren abgerundet. Bei noch längerer Glühdauer schrumpfen diese Poren und können nach sehr langen Glühzeiten schließlich fast vollständig verschwinden. So kann man ein Werkstück herstellen, ohne das Material zuvor aufzuschmelzen. Man nennt dieses

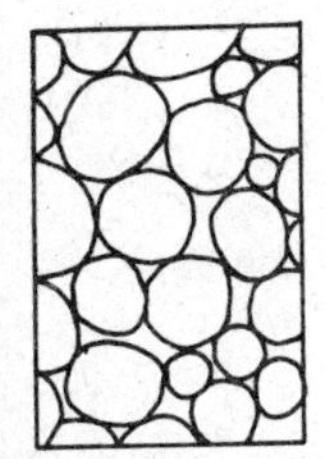
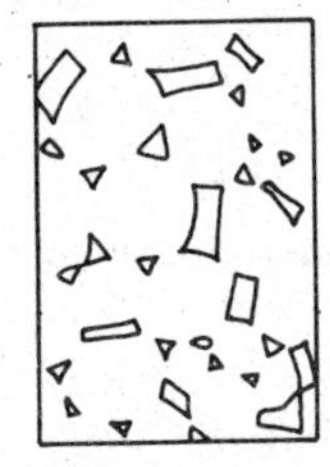
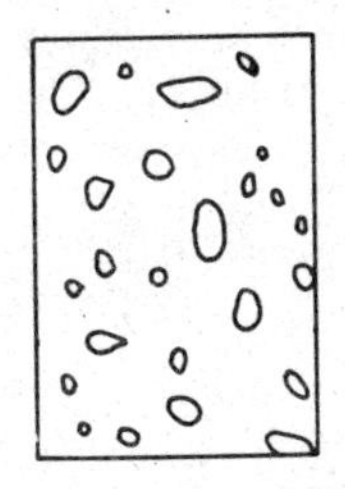
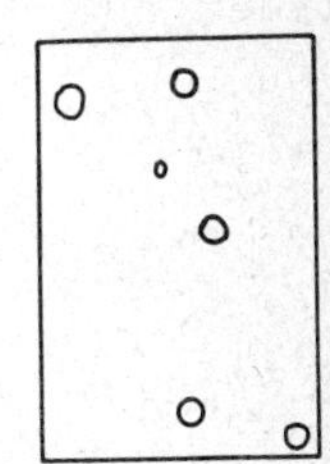

Abb. 3.5: Zusammensintern von runden Teilchen.

Verfahren „Sintern“. Schon in den ersten Stadien des Sintervorganges (Abb. 3.5b) steigen die mechanischen Festigkeitswerte sehr rasch, ohne daß sich dabei die Dichte des Werkstoffes wesentlich verändert. Die Dichte des Werkstoffes ändert sich erst merklich beim Dichtsintern, d. h. wenn nach längeren Glühzeiten die restlichen Poren verschwinden.

Sintern ist das geeignete Bearbeitungsverfahren für Werkstoffe mit sehr hohem Schmelzpunkt. Ein Beipiel sind die keramischen Werkstoffe. Dabei ist die verbleibende Porosität des Werkstoffes in vielen Fällen erwünscht (Ziegelstein, Glasfritten), wo nicht, kann die Oberfläche (Porzellangeschirr) durch einen geschmolzenen Überzug (Glasur) versiegelt werden.

Auch Hartmetalle (vgl. S. 177) werden durch Sintern hergestellt. Zur Herstellung solcher Körper (z. B. Schneidwerkzeuge) werden die Bestandteile (z. B. Wolframkarbid und Kobalt) als Pulver gemischt, in die geeignete Form gepreßt und anschließend gesintert. Wegen des hohen Schmelzpunktes der Karbide lassen sich solche Stoffe aus der Schmelze überhaupt nicht herstellen. Für die Maßhaltigkeit des Fertigproduktes ist es wichtig, daß beim Pressen der Vorformen ein Schwundmaß zugegeben wird, das den späteren Volumenverlust durch das Ausheilen der Poren bereits in Rechnung stellt. In der gleichen Weise werden heute auch komplizierte billige Massenteile (z. B. die Röllchen, an denen man Gardinen aufhängt) aus niedriger schmelzenden Metallpulvern gesintert. Die Porosität von Sinterkörpern wird planmäßig genutzt zur Herstellung von Filtern (Glasfritten) und Lagermetallen, deren Poren Schmiermittel aufnehmen können.

Das Sintern findet in der Regel bei erhöhten Temperaturen statt. Metalle können sich jedoch auch bei Raumtemperatur miteinander verbinden, wenn sie aneinander angepreßt und gleichzeitig miteinander plastisch verformt werden. Dieser Vorgang, der in seinem Mechanismus einiges mit dem Sintern gemeinsam hat, wird als Kaltpreßschweißen bezeichnet. Er spielt eine wichtige Rolle bei Reibung und Verschleiß.

Literatur:

R. Kieffer, F. Benesovsky: Hartmetalle, Springer-Verlag 1965.

4. KINETIK DER PHASENÄNDERUNGEN

Die in Kap. 2 beschriebenen Zustandsdiagramme geben die Struktur von Legierungen im Gleichgewicht an, d. h. also jeweils nach sehr langen Wartezeiten. In Wirklichkeit gehen die Wärmebehandlungen der Werkstoffe mit einer endlichen Geschwindigkeit vor sich. Darauf beruhen eine Reihe von Sondererscheinungen, die in diesem Kapitel besprochen werden sollen.

4.1 Erstarren aus der Schmelze

4.1.1 Keimbildung beim Erstarren

Abb. 4.1 zeigt schematisch die typische Struktur eines Gußblockes. Es lassen sich drei Zonen unterscheiden:

An der Kokillenwand wurde die Schmelze besonders rasch unter die Erstarrungstemperatur abgekühlt. Dort hat sich deshalb rasch eine große Zahl von Kristallkeimen gebildet. Beim Wachstum stoßen die aus diesen Keimen entstehenden Kristalle bald aufeinander und bilden ein dichtes Gefüge von etwa kugelförmigen Körnern (Speckschicht).

Etwas später hat sich die Kokille erwärmt, der Wärmeabfluß aus der Schmelze geht nun nicht mehr so rasch vor sich. Dementsprechend werden auch nur noch wenige Keime gebildet; es wachsen vielmehr bereits vorhandene Körner in Form langgestreckter

Abb. 4.1: Schnitt durch einen Gußblock mit Stengelkristallen (schematisch).

Stengelkristalle weiter. Die Längsachse dieser Kristalle fällt mit der Richtung des Wärmeflusses zusammen.

Bei weiter abnehmender Erstarrungsgeschwindigkeit kommt es schließlich in der Restschmelze im Inneren der Kokille erneut zu einer Keimbildung. Hier bildet sich also eine dritte Kristallzone, deren Kristalle wiederum etwa gleichachsig sind und feiner als die Stengelkristalle.

Kristallkeime können sich in der Schmelze spontan bilden, indem sich einige der Atome in geeigneter Anordnung zusammenlagern. Solche Kristallfragmente sind zunächst in jeder Schmelze vorhanden, sie können jedoch durch eine Überhitzung zerstört werden. Deshalb bilden überhitzte Schmelzen beim Erstarren gröbere Körner aus als solche, die nur knapp über den Schmelzpunkt erwärmt wurden. Die Keimbildung ist aber auch an der Oberfläche fester Körper erleichtert. Eine solche Fremdkeimbildung findet an der Kokillenwand statt; sie kann ferner an festen Teilchen stattfinden, die in der Schmelze suspendiert sind. Dies ist die Wirkungsweise der Kornfeinungsmittel, die technischen Schmelzen häufig zugesetzt werden, z. B. Al in Stahl, Ti in Aluminium. Diese Stoffe oxydieren in der Schmelze und bilden feine suspendierte Oxydteilchen.

4.1.2 Lunker

Bei der Erstarrung ändert sich sprunghaft das spezifische Volumen jedes Werkstoffes (vergl. Tab. 4.1); in der Regel nimmt die

Tabelle 4.1: Erstarrungskontraktion

Stahl	2,5–4%	Sn	2%
Cu	4%	Sb	–1%
Al	6%	Bi	–3%
Mg	4%	Ga	–3%
Zn	5%	Ge	–5%
Ag	3%	Si	–8%

Dichte etwas zu (Wasser bildet hiervon eine bekannte Ausnahme). Die Oberfläche einer ursprünglich mit Schmelze gefüllten Kokille fällt also beim Erstarren ein. Den entstehenden Hohlraum nennt man einen Lunker. Abb. 4.2 zeigt schematisch die trichterförmige Gestalt eines Lunkers, wie er bei der Abkühlung eines zylinderförmigen Blockes entsteht. Will man einen solchen Block durch Walzen oder Pressen verformen, so muß man den oberhalb der

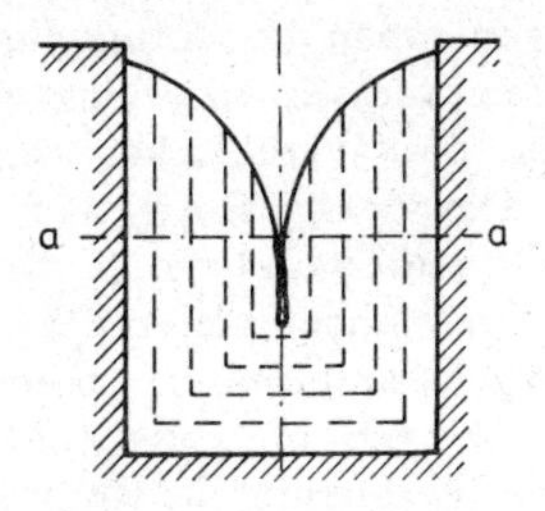

Abb. 4.2: **Schnitt durch einen Gußblock mit Lunker.**

gestrichelten Linie *aa* befindlichen Kopf des Blockes zuvor abschneiden und verwerfen. Selbst dann ist es jedoch möglich, daß der Fadenlunker im Inneren des restlichen Werkstückes bei der Verformung nicht verschweißt und später zu Materialschäden führt.

Die Lunkerbildung in einem Gußblock ist also schädlich. Beim Formguß vermeidet man sie, indem man aus einem Vorratsbehälter Schmelze nachfließen läßt. Durch geeignete Steuerung des Wärmeabflusses muß man dafür sorgen, daß bei fortschreitender Erstarrung die Schmelze stets die Verbindung zum Vorratsgefäß behält. Wird diese Verbindung unterbrochen, so können am Gußstück Lunker und Einfallstellen entstehen, die es unbrauchbar machen.

Auch durch die Wahl geeigneter Legierungen läßt sich die Bildung von Lunkern verhindern. Beim grauen Gußeisen zum Beispiel erleidet das Eisen eine Volumenkontraktion. Gleichzeitig scheidet sich jedoch Graphit aus, der eine Volumenerweiterung bewirkt. Dieser zweite Effekt ist der stärkere, so daß das Gußeisen bei der Erstarrung schwillt. Hierdurch wird die Gußform gut und genau ausgefüllt.

Sind die Primärkristalle nicht rund, sondern nadelig und verästelt (Dendriten, siehe S. 85), so ist die Restschmelze zwischen den Primärkristallen nicht mehr leicht beweglich. Es entsteht dann nicht ein großer zusammenhängender Lunker, sondern zahlreiche kleine Hohlräume von mikroskopischen Abmessungen (Mikrolunker). Dies ist zum Beispiel bei den Gußbronzen der Fall. Mikrolunker sind für manche Formgüsse (z. B. Standbilder!) unschädlich.

Bei Gußstücken, die anschließend warmverformt werden, können Mikrolunker häufig zugeschweißt werden und sind dann ebenfalls unschädlich.

4.1.3 Blockseigerung

Mit Seigerung bezeichnet man die Entmischung einer Legierung bei der Erstarrung. Wenn diese Entmischung Bereiche erfaßt, die mit den Abmessungen des Werkstückes vergleichbar sind, so spricht man von Blockseigerung. Ein einfaches Beispiel hierfür liegt vor, wenn die Primärkristalle spezifisch wesentlich leichter sind als die Schmelze. Sie können dann in der Schmelze aufsteigen und sich an der Oberfläche anreichern. Diesen Effekt nennt man Schwereseigerung. Sie wird z.B. in übereutektischem Gußeisen beobachtet, in dem bei der Erstarrung die Graphitkristalle als „Garschaum" nach oben schwimmen. Auch Hartbleilegierungen (aus Blei und Antimon) entmischen sich häufig durch Schwereseigerung, indem die zuerst gebildeten leichteren Antimonkristalle nach oben schwimmen.

Die Zustandsdiagramme des Kap. 2 zeigen, daß die Schmelze in der Regel eine andere Zusammensetzung hat als die erstarrten Kristalle, und zwar ist häufig die Schmelze an Verunreinigungen angereichert. Bei der Erstarrung schiebt also die Front der wachsenden Kristalle eine verunreinigte Restschmelze vor sich her. Diesen Effekt kann man ausnützen, indem man einen Stab zonenweise immer wieder in der gleichen Richtung aufschmilzt und erstarren läßt. Bei jedem Durchgang einer geschmolzenen Zone wird ein Teil der Verunreinigungen mit der Zone mitgeschleppt. Dieses „Zonenschmelzen" genannte Verfahren erlaubt die wirtschaftliche Herstellung von Werkstoffen außerordentlich hoher Reinheit. Es hat die kommerzielle Anwendung von Halbleitern in der Elektrotechnik erst ermöglicht. Auch in technischen Gußblöcken kann eine solche Entmischung stattfinden. Man erwartet dann, daß sich die Verunreinigungen im Inneren des Gußblockes ansammeln, wo die Schmelze zuletzt erstarrt. Diese Erscheinung nennt man „direkte Blockseigerung".

In manchen Fällen bleibt die verunreinigte Restschmelze nicht im Inneren des Gußblocks, sondern wird an seine Oberfläche transportiert. Dies kann z. B. dadurch geschehen, daß die außen zuerst erstarrten Schichten des Gußblockes bei weiterer Abkühlung schrumpfen. Die Restschmelze wird dann durch Poren und Spalten nach außen gedrückt, so daß sich die Verunreinigungen auf der

Außenhaut des Gußblockes wiederfinden. Diese Erscheinung wird als „umgekehrte Blockseigerung“ bezeichnet.

Zu besonders auffälligen Entmischungserscheinungen führt die Abscheidung von gelösten Gasen während der Erstarrung. Solange die Möglichkeit besteht, werden Gasblasen aus der Schmelze aufsteigen und in die Atmosphäre austreten, die Schmelze „kocht“. Können die Gasblasen eine bereits gebildete Speckschicht nicht mehr durchdringen, so bilden sie unterhalb der Speckschicht eine Zone von Poren. Auch solche mit Gas gefüllten Poren können bei einer späteren Warmverformung des Gußblockes unter Umständen wieder verschweißen. Sie können dann sogar erwünscht sein, weil das zusätzliche Volumen der Poren der Lunkerbildung entgegenwirkt. Schädlich sind die Poren vor allem dann, wenn später in sie eine an Verunreinigungen angereicherte Restschmelze eindringt. In Gußstahl können dies z. B. niedrigschmelzende Sulfide und Phosphide sein.

Poren, die solche Restschmelzen enthalten, schweißen bei der Warmverformung nicht zu, sondern bilden Phosphid- und Sulfidnester, die am fertigen Werkstück Schäden verursachen können. Man kann die Bildung solcher Gasblasen unterbinden, indem man die Gase nicht frei entweichen läßt, sondern im Werkstoff chemisch bindet. Diesem Zweck dienen z. B. Zusätze von Silizium oder Aluminium zum Stahl (beruhigter Stahl). Durch ihre Seigerungszone unterscheiden sich die unberuhigten Stähle auch in den späteren Stadien der Bearbeitung von den beruhigten Stählen.

4.1.4 Kornseigerung

Im kleineren Maßstab finden alle beschriebenen Entmischungserscheinungen auch an jedem einzelnen Kristall statt. Man spricht hier von Kornseigerung. Die zuerst gebildeten Primärkristalle sind in der Regel ziemlich rein. Sie sind von einer an Verunreinigungen angereicherten Restschmelze umgeben. Im Laufe der weiteren Erstarrung scheiden sich immer unreinere Metallschichten auf der Oberfläche des Kristalles ab. Bei sehr langsamer Erstarrung gleichen sich diese Konzentrationsunterschiede durch Diffusion, wie in Kap. 2 vorausgesetzt, aus. Unter den meisten technischen Abkühlungsbedingungen bleiben sie jedoch bestehen und führen also dazu, daß die Konzentration der erstarrten Kristalle von Ort zu Ort verschieden ist (Zonenmischkristalle). Beim Anätzen eines metallographischen Schliffes werden diese Konzentrationsunterschiede sichtbar, Abb. 4.3. Diese Erscheinung hat zwei interessante Folgen.

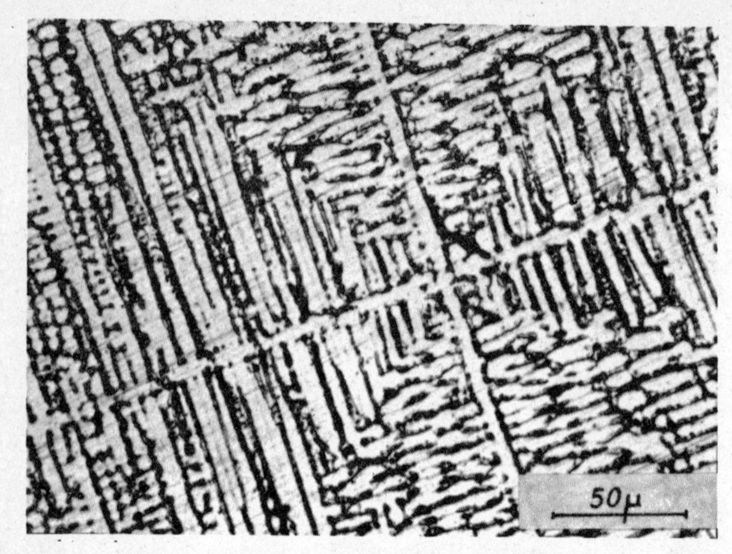

Abb. 4.3: Dendriten mit Kornseigerung (Cu mit 40% Ni).

In Abb. 2.3 ist eine Legierung der Zusammensetzung *A* angedeutet. Diese Legierung sollte bei einer Erstarrung nach dem Zustandsdiagramm zu homogenen α-Mischkristallen der Zusammensetzung *A* erstarren. Wenn sich jedoch Zonenmischkristalle bilden, dann sind diese im Mittel reicher an Pb als der Zusammensetzung entspricht. Entsprechend ist die Restschmelze reicher an Sn. Deshalb ist die Schmelze nicht aufgebraucht, wenn sie die Zusammensetzung von 49 At.-% Sn erreicht, sondern sie kann den eutektischen Punkt erreichen. Die Restschmelze erstarrt dann als Eutektikum, obgleich die Legierung *A* nach dem Zustandsdiagramm gar kein Eutektikum bilden sollte. Wir beobachten im Schliffbild ein „unerwartetes Eutektikum". Solche unerwarteten Phasen und Gefügebestandteile sind charakteristisch für eine schnelle Erstarrung.

Bei schneller Erstarrung ist auch die Schmelze nicht homogen, vielmehr sind Verunreinigungen bevorzugt vor der erstarrten Kristallfront angereichert. Dies ist in Abb. 4.4b angedeutet. Entsprechend verändert sich auch die Liquidustemperatur der Schmelze von Ort zu Ort (Abb. 4.4c). Bildet sich nun auf dem wachsenden Kristall durch Zufall eine kleine Spitze aus, so ragt diese in den Bereich erniedrigter Konzentration der Schmelze bzw. höherer Liquidustemperatur (Abb. 4.4a). Die Spitze findet also für ihr Wachstum günstigere Bedingungen als die übrige Kristallfront. Sie wird deshalb bevorzugt auswachsen. Diese Erscheinung begünstigt das Wachstum von nadelförmigen und verästelten Kristallen. Solche

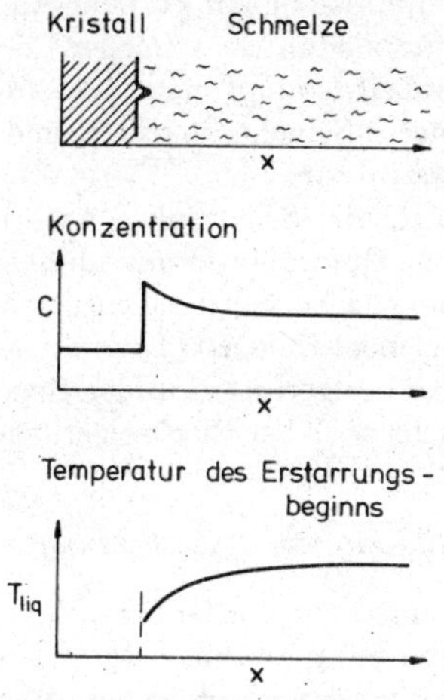

Abb. 4.4: a), b), c) **Anhäufung von Verunreinigungen vor der Erstarrungsfront. Zufällige Kristallspitze wächst bevorzugt.**

Kristalle lassen sich später im Schliff beobachten, man nennt sie Dendriten. Die Gestalt der Dendriten ist nicht zufällig, sondern spiegelt die Kristallachsen des wachsenden Kristalles wieder (die Achsen der Dendriten sind Richtungen größter Kristallwachstumsgeschwindigkeiten). Zwischen den Dendritenästen erstarrt später die Restschmelze. In dem in Abb. 4.3 gezeigten Beispiel ist die Restschmelze in der gleichen Orientierung erstarrt wie die Dendriten, der größte Teil der Abbildung stellt also einen Einkristall dar. In anderen Fällen können sich zwischen den Dendritenästen unerwartete Gefügebestandteile bilden.

Kornseigerung ist nicht der einzige Anlaß zur Bildung von Dendriten. Zufällige Vorsprünge eines Kristalles können auch dann bevorzugt wachsen, wenn die freiwerdende Erstarrungswärme durch die Schmelze abgeführt wird. So erklärt sich die Bildung von Dendriten auch in hochreinen Metallen.

Einen anderen Typ von Kornseigerung beobachtet man bei der peritektischen Erstarrung. In dem Zustandsdiagramm Abb. 2.5

müssen bei der peritektischen Temperatur die primär gebildeten β-Kristalle mit der Restschmelze reagieren, um die Phase α zu bilden. Diese Reaktion findet an der Oberfläche der Primärkristalle statt. Wenn die primären β-Kristalle rundum von einer α-Schicht bedeckt sind, verlangsamt sich die Reaktion erheblich. Sie kann dann nur noch fortschreiten, indem Pt- oder Ag-Atome durch die α-Schicht hindurchdiffundieren. Bei schneller Erstarrung bleibt für diese Diffusion keine Zeit, so daß man im Gefüge β-Kristalle beobachtet, die von einer α-Schicht umgeben sind. So etwas nennt man eine Umhüllungsstruktur.

Man kann versuchen, alle Seigerungen nachträglich am festen Werkstoff durch eine Homogenisierungsglühung zu beseitigen. Während dieser Glühung sollen sich die Konzentrationsunterschiede durch Diffusion ausgleichen. Eine Abschätzung nach Gl. (3.10) zeigt sofort, daß dies bei Kornseigerungen in der Regel in vernünftigen Zeiten möglich ist, nicht aber bei Blockseigerungen.

4.2 Bildung von Ausscheidungen

Abb. 4.5 zeigt die aluminiumreiche Seite des Zustandsdiagrammes Silber–Aluminium. Eingezeichnet ist eine Legierung mit 38 Gew.-% Silber. Diese Legierung besteht bei 530 °C aus homogenen

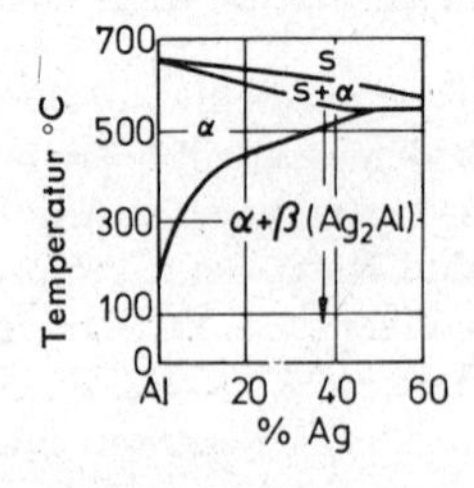

Abb. 4.5: Ausschnitt aus dem Al–Ag-Schaubild.

α-Mischkristallen. Bei der Abkühlung sollte sie in α- und β-Mischkristalle zerfallen. Schreckt man die Legierung jedoch rasch auf Zimmertemperatur ab, so bleibt für die Diffusion der Silber- und Aluminiumatome keine Zeit. Der homogene α-Mischkristall bleibt dann auch bei Raumtemperatur erhalten. Er ist jedoch nicht im thermodynamischen Gleichgewicht, sondern übersättigt und hat also eine starke Tendenz, in die Phasen α und β zu zerfallen.

4.2.1 Warmaushärtung

Bringt man den übersättigten Mischkristall auf eine erhöhte Temperatur, die aber immer noch unter der Löslichkeitsgrenze liegen soll (in unserem Beispiel also etwa auf 250 °C), so gewinnen die Atome genügend Beweglichkeit, um die Ausscheidung doch noch in Gang zu bringen. Da die Bildung von Ausscheidungen die Festigkeit eines Metalles wesentlich erhöht, läßt sich dieser Vorgang bequem z. B. an Härtemessungen verfolgen. Dazu glüht man eine Reihe Proben bei Temperatur des homogenen Mischkristalls, schreckt sie ab und glüht sie anschließend für verschiedene Zeiten bei einer bestimmten „Aushärtungstemperatur". Danach prüft man bei Raumtemperatur die Härte aller Proben. Es ergibt sich die in Abb. 4.6 gezeigte Kurve. Nach einer gewissen Anlaufzeit

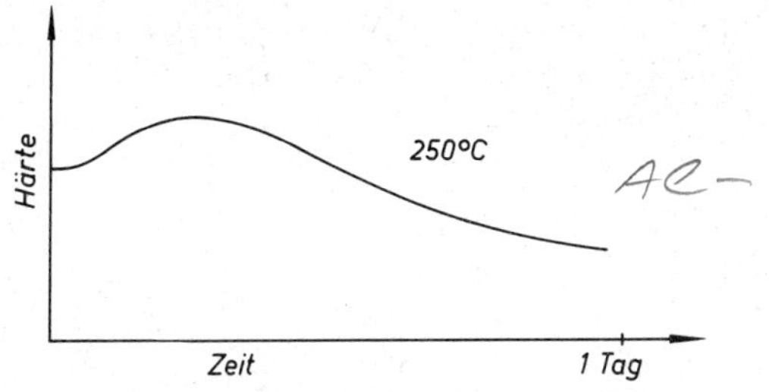

Abb. 4.6: Härteverlauf bei Warmaushärtung.

steigt die Härte der Probe, weil sich die Ausscheidungen einer zweiten Phase gebildet haben (die Anlaufzeit ist nötig, damit sich zuerst einmal Keime der zweiten Phase bilden können).

Nach längerer Glühzeit durchläuft die Härte ein Maximum. Etwa zu dieser Zeit hat sich die Gesamtmenge der Ausscheidungen gebildet, die nach dem Zustandsdiagramm zu erwarten waren. Bei noch längerer Glühung fällt die Härte dann wieder ab. Das bedeutet nicht, daß die Menge der Ausscheidungen wieder abnimmt. Es ist vielmehr so, daß die Ausscheidungen besonders wirksam die Festigkeit erhöhen, wenn sie fein verteilt sind (kritischer Dispersionsgrad). Jenseits des Maximums beginnen die Ausscheidungen zu größeren Teilchen zu koagulieren. Ihre Wirkung auf die Festigkeit nimmt dabei ab. Nach sehr langen Glühzeiten kann die Festigkeit der Legierung sogar unter den Ausgangswert absinken. Der übersättigte Mischkristall ist nämlich durch die gelösten Silberatome „lösungsgehärtet"; eine Legierung mit sehr groben Ausscheidungen ist dies nicht.

Dieses Verfahren, die Festigkeit eines Werkstoffes durch die nachträgliche Bildung von Ausscheidungen zu erhöhen, nennt man Warmaushärtung. Der Trick liegt darin, daß man durch die Wahl einer geeigneten Aushärtungstemperatur und -zeit das Maximum der Festigkeit ziemlich genau einstellen kann. Bei einer einfachen Abkühlung aus dem Mischkristallbereich kann man dies dagegen nicht, so daß man Festigkeitswerte jenseits des Maximums bekommt. Von Legierungen auf diesem Ast der Kurve sagt man, sie seien überaltert. Kennzeichen der Warmaushärtung ist die Bildung einer zweiten Phase, man spricht deshalb auch von einer zweiphasigen Entmischung. Die Teilchen der zweiten Phase lassen sich im Lichtmikroskop sichtbar machen.

4.2.2 Kaltaushärtung

Wählt man eine niedrigere Aushärtungstemperatur, in unserem Beispiel etwa 75 °C, so ergibt sich ein anderer Härteverlauf. Er ist in Abb. 4.7 skizziert. Die Härte steigt relativ rasch auf einen erhöhten Wert an und bleibt dann konstant. Die Höhe dieses

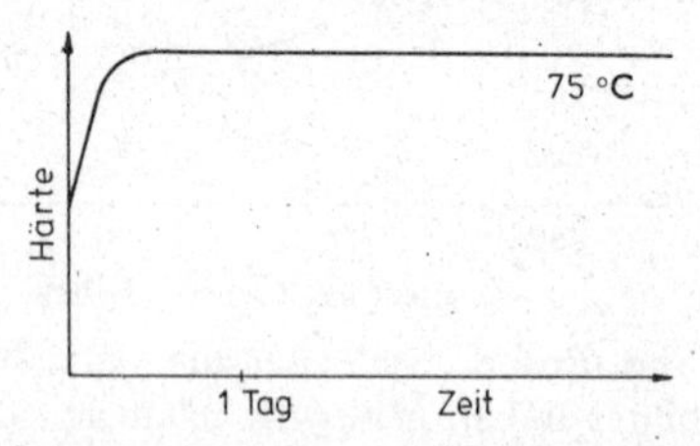

Abb. 4.7: Härteverlauf bei Kaltaushärtung.

Plateaus hängt von der Temperatur ab; die erreichbare Härte ist um so höher, je niedriger die Auslagerungstemperatur gewählt wurde. Diesen Vorgang nennt man Kaltaushärtung. Ein kaltausgehärteter Werkstoff zeigt unter dem Mikroskop keine Teilchen einer zweiten Phase. Auch hier hat jedoch eine Entmischung stattgefunden. Die Ag-Atome haben sich in bestimmten „Zonen" angereichert, ohne ein neues Kristallgitter zu bilden. Man spricht deshalb auch von einer einphasigen Entmischung.

Bei mittleren Temperaturen (in unserem Beispiel von 100 bis 230° C) können sich Kalt- und Warmaushärtung überlagern. Die Aushärtungskurve hat dann die in Abb. 4.8 gezeigte Gestalt. Man unterscheidet deutlich die beiden Bereiche der Kalt- und Warmaushärtung, die nacheinander einsetzen. In das Bild sind zwei Aushärtungskurven eingetragen, die zwei verschiedenen Aushärtungs-

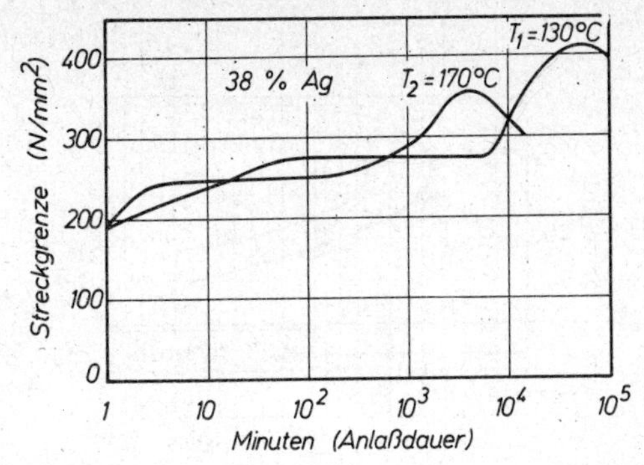

Abb. 4.8: Überlagerung von Kalt- und Warmaushärtung bei einer Al–Ag-Legierung.

temperaturen entsprechen. Bei der tieferen Temperatur ist der Diffusionskoeffizient niedriger. Deshalb setzt die Kaltaushärtung etwas langsamer ein, führt dann aber zu höheren Festigkeiten. Auch der Beginn der Warmaushärtung und die Erreichung des Maximums sind zu längeren Zeiten verschoben.

Ganz ähnlich wie die Al–Ag-Legierungen verhalten sich die Al–Cu-Legierungen, nur ist der erforderliche Kupferzusatz geringer (maximale Löslichkeit 5,7 Gew.-% Cu). Das System Aluminium-Kupfer ist die Grundlage vieler aushärtender Aluminiumlegierungen (z. B. Dural). Auch zahlreiche andere Legierungen lassen sich auf diese Weise aushärten. Voraussetzung ist jedesmal, daß ein Mischkristallbereich existiert, dessen Löslichkeit für ein oder mehrere Zusatzelemente mit sinkender Temperatur abnimmt. Ausgehärtete Legierungen spielen in der Technik eine große Rolle. Sie dürfen niemals bei Temperaturen verwendet werden, die für eine Warmaushärtung in Frage kämen; bei solchen Temperaturen würden sich nämlich im Laufe der Zeit die Ausscheidungen vergröbern, so daß die Festigkeit des Werkstoffes abnähme.

4.3 Umwandlung der Stähle

4.3.1 Der Perlitzerfall im isothermen ZTU-Schaubild

Von besonderer technischer Bedeutung ist der zeitliche Ablauf von Umwandlungsreaktionen in Stählen. Man veranschaulicht ihn gewöhnlich in Zeit-Temperatur-Umwandlungsschaubildern oder kurz *ZTU*-Diagrammen. Abb. 4.9 zeigt ein solches Diagramm für den Perlitzerfall eines Kohlenstoffstahles, der genau die eutektoide Zusammensetzung hat. Es ist so zu lesen:

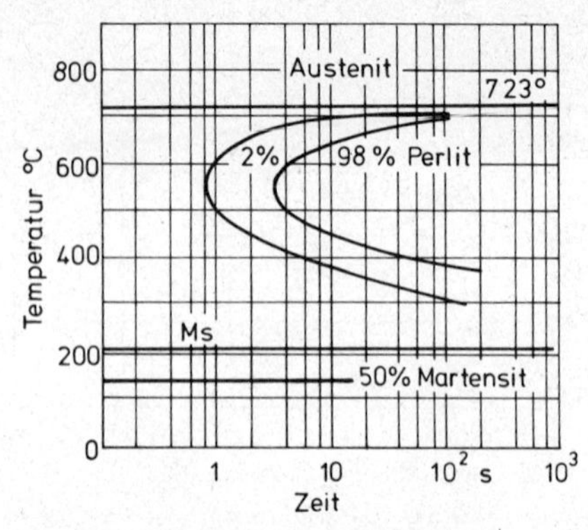

Abb. 4.9: Isothermes *ZTU*-Schaubild eines unlegierten perlitischen Stahles (schematisch).

Der Stahl wird zunächst im γ-Gebiet geglüht (austenitisiert, etwa 10 min bei 800 °C). Dann wird er rasch auf eine niedrigere Temperatur gebracht, die in Abb. 4.9 als Ordinate eingetragen ist, und dort gehalten. Der Perlitzerfall findet nun bei konstanter Temperatur statt (isothermes *ZTU*-Schaubild). Man liest aus dem Diagramm ab, daß er z.B. bei 550 °C nach 0,8 s zu 2% und nach 3 s zu 98% abgelaufen ist. Bei einer niedrigeren Temperatur sind die Zeiten größer, weil die zur Reaktion erforderliche Diffusion langsamer geht. (Die Diffusion bestimmt auch den Streifenabstand im Perlit. Deshalb entsteht bei höheren Temperaturen grobstreifiger, bei tieferen Temperaturen sehr feinlamellarer Perlit.)

Aber auch bei höheren Temperaturen biegen die Kurven zu größeren Zeiten ab. Das liegt daran, daß dicht unter der Temperatur des Perlitpunktes die treibende Kraft für die Reaktion nur sehr klein ist, so daß Keimbildung und -wachstum verlangsamt werden. So ergibt sich also eine für *ZTU*-Schaubilder typische *C*-förmige Kurve, die bei der Gleichgewichtstemperatur eine horizontale Tangente hat, weil sich bei dieser Temperatur überhaupt kein Perlit bildet (und darüber erst recht nicht).

Da bei der Abkühlung von Stählen gewöhnlich mehrere Reaktionen ablaufen können, sind vollständige isotherme *ZTU*-Schaubilder gewöhnlich komplizierter als Abb. 4.9. Abb. 4.10 zeigt ein Beispiel für den Stahl 35 Cr4.

Dieser Stahl enthält weniger Kohlenstoff, als dem eutektoiden Punkt entspricht. Deshalb beginnt die Umwandlung mit der Ausscheidung von Ferrit, und zwar bereits über der Temperatur des eutektoiden Zerfalls, die hier 740 °C beträgt. (In einem übereutektoiden Stahl wäre der Kurve der beginnenden Perlitbildung eine andere Kurve vorgelagert, die die Bildung von Sekundärzementit anzeigt, vgl. 2.8.) Beide, Ferrit und Sekundärzementit, scheiden sich bevorzugt auf den Grenzen der Austenitkörner ab. So läßt sich ein grobes Austenitgefüge auch nach der Umwandlung erkennen, vgl. Abb. 1.10. Die weiteren Einzelheiten der Abb. 4.10 werden in den nächsten Abschnitten besprochen.

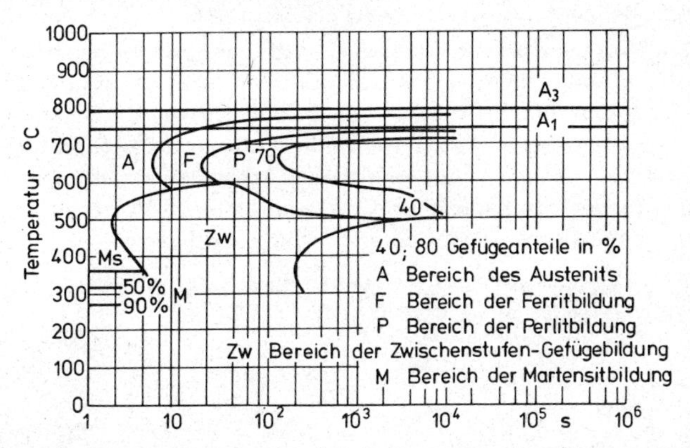

Ab. 4.10: Isothermes *ZTU*-Schaubild eines Stahles 35 Cr 4 (0,35% C; 1,11% Cr; 0,65% Mn; 0,23% Si). Austenitisierung: 5 min bei 850 °C.

4.3.2 Martensit

Anders als ein Mischkristall aus Aluminium und Kupfer läßt sich eine Legierung aus γ-Eisen und Kohlenstoff nicht auf Raumtemperatur unterkühlen. Die Umwandlung des kubisch-flächenzentrierten γ-Kristalles in raumzentrierten α-Kristall findet vielmehr auch dann statt, wenn wegen der schnellen Abkühlung keine Diffusion möglich ist. Diese diffusionslose Umwandlung nennt man martensitische Umwandlung, den entstehenden Gefügebestandteil Martensit.

Bei dieser Reaktion wechseln nicht einzelne Atome durch Diffusionssprünge ihre Gitterplätze, sondern das ganze Gitter wird durch einen gemeinsamen „Umklappvorgang" in die neue Kristallstruktur überführt.

Martensit ist also im wesentlichen ein α-Mischkristall, der an Kohlenstoff übersättigt ist. Der gelöste Kohlenstoff bewirkt, daß das Gitter nicht genau kubisch-raumzentriert ist, sondern eine kleine tetragonale Verzerrung aufweist.

Bei der Umklappreaktion werden die entstehenden Martensitkristalle auch makroskopisch gegen das Austenitgitter verzerrt. Martensitkristalle können deshalb nicht sehr groß werden, weil sonst die elastische Energie im Werkstoff allzu stark anwachsen würde. Um die Spannungen möglichst niedrig zu halten, nehmen Martensitkristalle eine typisch lanzettförmige Gestalt an, die im Schliff als „Nadel" erscheint (Abb. 4.11). Zwischen den Martensitnadeln befindet sich in der Regel Restaustenit.

Die Martensitbildung setzt bei einer bestimmten Temperatur, der Martensittemperatur, sofort ein. Bei weiterem Warten entsteht kein weiterer Martensit. Deshalb ist die Kurve der beginnenden Martensitbildung in Abb. 4.10 eine horizontale Gerade. Kühlt man den Werkstoff weiter ab, so entsteht mehr Martensit dergestalt, daß zu jeder Temperatur eine bestimmte Menge Martensit gehört, die sich mit der Auslagerungszeit nicht mehr ändert.

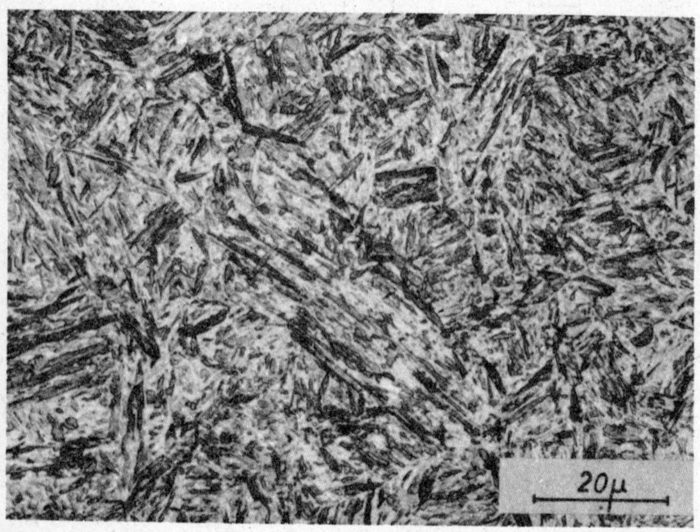

Abb. 4.11: Martensit (42 Cr Mo 4, gehärtet von 850° in Öl).

4.3.3 *Zwischenstufengefüge*

Beim perlitischen Zerfall müssen Kohlenstoff- und Eisenatome beide diffundieren. Bei der Martensitreaktion diffundieren weder

Kohlenstoff noch Eisen. Dazwischen ist ein Temperaturbereich, in dem eine dritte Reaktion abläuft. Bei diesen Temperaturen sind die Eisenatome praktisch unbeweglich, aber der Kohlenstoff kann aus dem Gitter herausdiffundieren und Zementit bilden. Das kohlenstoffarme γ-Gitter klappt dann in die α-Phase um. Das entstehende Gefüge ähnelt unter dem Mikroskop einem angelassenen Martensit. Es wird als Zwischenstufengefüge bezeichnet. Abb. 4.10 zeigt die Umwandlungskurven auch für die Zwischenstufenreaktion; weil hier die Diffusion (nämlich des Kohlenstoffs) eine entscheidende Rolle spielt, haben auch diese Kurven die typische C-förmige Gestalt.

4.3.4 Kontinuierliches ZTU-Schaubild

Die Abb. 4.9 und 4.10 sind isotherm zu lesen. Sie beschreiben also das Verhalten von Proben, die zuerst bei einer hohen Temperatur homogenisiert sind, danach sehr schnell auf eine bestimmte Temperatur T gebracht und bei dieser Temperatur T gehalten werden. Diese Bilder beschreiben also nicht den praktisch sehr wichtigen Fall, daß die Temperatur mit der Zeit abfällt. Um diesen Fall zu diskutieren, benutzt man eine etwas abgewandelte Darstellung, das kontinuierliche ZTU-Schaubild. Abb. 4.12 zeigt das zu Abb. 4.10 gehörende kontinuierliche ZTU-Schaubild. Die

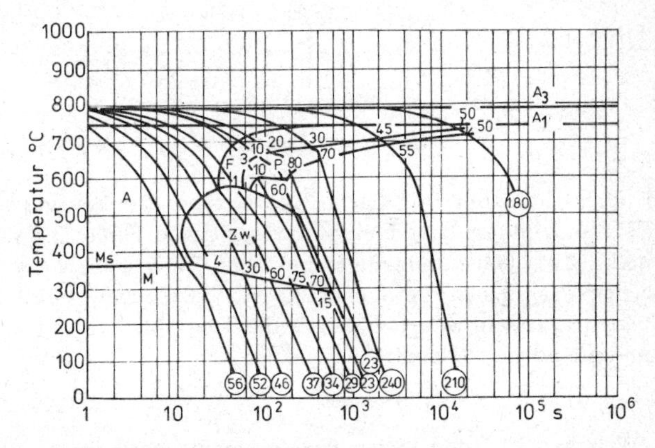

Abb. 4.12: Kontinuierliches ZTU-Schaubild des gleichen Stahles wie in Abbildung 4.11. Zahlen: Gefügeanteil in %. Zahlen am Ende der Abkühlungskurven bezeichnen die Härte: Für langsame Abkühlung Vickershärte HV (große Kreise), für schnelle Abkühlung Rockwellhärte HRc (kleine Kreise), vergl. S. 100.

eingetragenen Umwandlungslinien haben die gleiche Bedeutung, sie sind nur etwas verzerrt. Ferner ist eine Schar von Abkühlungskurven eingetragen, die verschieden raschen Abkühlungen des Werkstoffes entsprechen.

Solche verschiedenen Abkühlungskurven finden sich in ein und demselben Werkstück in verschiedener Tiefe unter der Oberfläche. Wirft man einen glühenden Stahl in Wasser, so ist die Abkühlung an der Oberfläche außerordentlich rasch; in der Tiefe des Metallstückes wird sie dann jedoch immer langsamer. Man kann sich diese Verhältnisse an einem sehr einfachen Versuch veranschaulichen: dem Stirnabschreckversuch (Jominy-Test). Hierzu wird eine zylindrische Probe austenitisiert (d. h. im γ-Gebiet geglüht) und dann von der Stirnseite her mit Wasser abgeschreckt (vgl. Abb. 4.13). Anschließend wird die Probe längs angeschliffen. Auf der Schlifffläche findet man nun in verschiedener Tiefe hinter

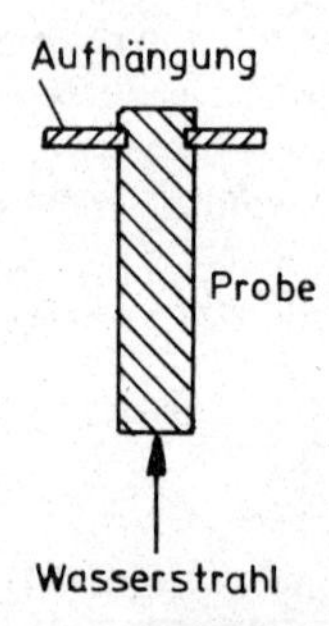

Abb. 4.13: Jominy-Test.

der abgeschreckten Stirnfläche alle Gefüge des kontinuierlichen *ZTU*-Schaubildes: Zuerst eine martensitische Schicht, dann eine Schicht Zwischenstufengefüge und schließlich lamellaren Perlit, der zuerst fein-, später groblamellar ist. Verschiedene Stähle unterscheiden sich sehr deutlich durch die Tiefe, bis zu der ein Härtevorgang eindringt (Einhärtungstiefe).

Literatur:

F. Wever, A. Rose: Atlas zur Wärmebehandlung der Stähle. Stahleisen-Verlag, Düsseldorf 1958.

E. Houdremont: Handbuch der Sonderstahlkunde. Springer-Verlag, Berlin 1956.

4. ANHANG

Härten und Vergüten. Einen Stahl, der in der beschriebenen Weise abgeschreckt ist, nennt man gehärtet. Martensitisches Gefüge ist außerordentlich hart. Leider ist es auch sehr spröde und rißanfällig. Man kann die Rißgefahr verringern, ohne die Härte wesentlich zu ändern, indem man Martensit bei z. B. 200 °C anläßt. Hierbei beginnt der Martensit, in α-Eisen und Zementit zu zerfallen. Im Lichtmikroskop bleibt die martensitische Struktur scheinbar erhalten; man bemerkt lediglich, daß der ursprünglich weiße Martensit dunkler wird.

Läßt man den abgeschreckten Stahl oberhalb von 400 °C an, so schreitet der Zerfall des Martensits weiter fort. Der Stahl büßt dann merklich an Härte ein, gewinnt dafür aber erheblich an Zähigkeit. Diese Behandlung nennt man Vergüten.

Wie in Abschn. 4.3.4 erläutert, kann man ein großes Werkstück nicht vollständig in Martensit umwandeln, sondern nur bis zu einer gewissen Härtungstiefe. Darin muß nicht immer ein Nachteil liegen: Oft ist es erwünscht, die Oberfläche eines Werkstückes möglichst hart zu halten, um es gegen Abrieb und Verschleiß zu schützen, während das Innere des Werkstückes eine größere Zähigkeit behält.

Die Dicke der gehärteten Schicht kann man zunächst durch die Abkühlungsgeschwindigkeit regeln. Diese läßt sich leicht verringern, indem man statt in Wasser in Öl, oder im Luftstrom, oder in einem Bad höherer Temperatur (Warmbadhärten) abschreckt. Erhöhen läßt sie sich dagegen meist nicht, weil sonst durch die schroffe Abkühlung Härterisse entstehen. Selbst das Abschrecken in Wasser verbietet sich aus diesem Grunde bei vielen hochlegierten Stählen und selbst bei niedriglegierten dann, wenn das Werkstück starke Querschnittsunterschiede, Bohrungen usw., aufweist.

Wünscht man die Einhärtungstiefe zu erhöhen, so muß man Stähle wählen, denen Ni, Mn, Mo oder Cr zulegiert ist. Diese Zusätze (und viele andere) machen den Stahl reaktionsträger und erhöhen also die Einhärtungstiefe. Kobalt wirkt entgegengesetzt, es beschleunigt den Zerfall des Austenits in Perlit, dem man beim Härten zuvorkommen muß.

Um harte Oberflächenschichten zu erzeugen, kann man andererseits durch starke Wärmezufuhr lediglich eine Außenschicht des Werkstückes austenitisieren, die man dann sofort abschreckt (Oberflächenhärten; nach der Erwärmungsart unterscheidet man z. B. Induktionshärtung und Flammhärtung). Dabei bleibt das Werkstückinnere ungestört und läßt sich also je nach Vorbehandlung einstellen.

Eine sehr dünne, harte Oberflächenschicht erhält man auch, wenn man dort die chemische Zusammensetzung des Stahles ändert, indem man zusätzliche Elemente (vor allem Kohlenstoff und Stickstoff) von außen eindiffundieren läßt (Einsatzhärtung).

Zum Aufkohlen glüht man das fertig bearbeitete Werkstück aus kohlenstoffarmem Stahl in einem festen, flüssigen oder gasförmigen kohlenstoffhaltigen Medium bei ca. 900 °C. Der Kohlenstoff kommt über die Gasphase an die Werkstoffoberfläche und diffundiert von dort aus ein. Beim Abschrecken bildet sich dann der Martensit in der aufgekohlten Randschicht.

Zum Nitrieren glüht man das Werkstück z. B. in Ammoniakgas. Der eindiffundierende Stickstoff bildet mit dem Eisen Nitride, besonders wenn Nitridbildner, z. B. Chrom, vorhanden sind; außerdem geht der Stickstoff wie Kohlenstoff in Lösung. Nitrierter Stahl härtet auch ohne Abschreckung. Bei 500 °C beträgt die Einsatzdauer ca. 10 Stunden je 0,1 mm Härtetiefe. Eine Kombination beider Verfahren, das Karbonitrieren, erzielt man z. B. beim Glühen in Zyanidschmelzen.

Literatur:

K. Daeves: Werkstoffhandbuch Stahl und Eisen. Stahleisen-Verlag, Düsseldorf 1965.

5. PLASTISCHE VERFORMUNG

5.1 *Phänomene*

5.1.1 Der Zugversuch

Einen Zugversuch macht man gewöhnlich an einer zylinderförmigen Probe, die verdickte Enden hat (Abb. 5.1). Diese Enden spannt man in die Einspannköpfe einer Zerreißmaschine. Wenn

Abb. 5.1: Zugprobe.

man die Maschine anstellt, entfernen sich die beiden Einspannköpfe mit konstanter Geschwindigkeit von einander. Gleichzeitig zeigt ein Zeiger die Kraft an, die die Maschine dazu aufbringen muß. Trägt man die Kraft P gegen den Weg der Einspannköpfe ΔL auf, so erhält man ein Diagramm wie in Abb. 5.2. Da die Absolutwerte von P und ΔL von der ursprünglichen Gestalt der Probe abhängen, ist es üblich, die Längenänderung auf die ursprüngliche Probenlänge L_0 zu beziehen. Man wählt deshalb als Einteilung für die Abszisse $\varepsilon = \Delta L / L_0$. ε nennt man Dehnung. Die an der Maschine wirkende Kraft P bezieht man auf den ursprünglichen Querschnitt der Probe F_0. In dem im Maschinenbau üblichen Sprachgebrauch bezeichnet man den Quotienten P/F_0 mit dem Buchstaben σ und nennt ihn Spannung*. Die so beschriftete Darstellung (Abb. 5.2) nennt man das Spannungs-Dehnungs-Diagramm des Werkstoffes.

Die Spannungs-Dehnungs-Kurve der Abb. 5.2 läßt mehrere Bereiche erkennen. Zu Anfang steigt die Spannung sehr steil mit der Dehnung an. Unterbricht man dort irgendwo den Versuch und entlastet die Probe wieder, so nimmt sie ihre ursprüngliche Gestalt wieder an. Man nennt eine solche reversible Formänderung elastisch.

* Dies weicht von dem Sprachgebrauch der Physik und der Mechanik ab, siehe weiter unten.

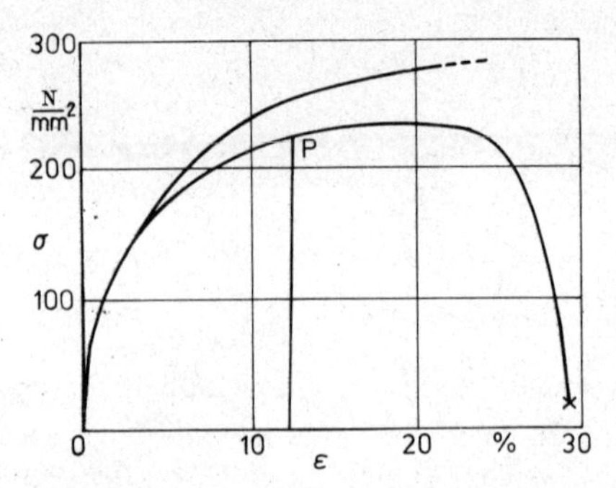

Abb. 5.2: **Spannungs-Dehnungs-Diagramm von Kupfer (obere Kurve: wahre Spannungs-Dehnungs-Kurve vergl. S. 99).**

Im elastischen Bereich sind die Spannungen den Dehnungen proportional. Es gilt das Hookesche Gesetz, das man für den Zugversuch* schreibt:

$$\sigma = E \cdot \varepsilon \tag{5.1}$$

Die Konstante E hat den Namen Elastizitätsmodul, kurz E-Modul oder auch Young-Modul. Zahlenwerte hierfür sind in Tab. 1.1 angegeben. Gleichzeitig nimmt der Querschnitt der Probe elastisch ab, hierfür gilt

$$\varepsilon_{\text{quer}} = \frac{\mu \cdot \sigma}{E}\,. \tag{5.2}$$

μ heißt die Poissonzahl oder Querkontraktionszahl und hat für alle Metalle etwa den Wert 0,3.

Im weiteren Verlauf der Spannungs-Dehnungs-Kurve steigt die Spannung schwächer mit der Dehnung an. Unterbricht man hier den Versuch, z. B. beim Punkte P, und entlastet, so zeigt sich, daß die Probe eine bleibende Dehnung erfahren hat. Eine solche Verformung nennt man plastische Verformung. Das Ansteigen der Kurve bedeutet in diesem Bereich, daß mit zunehmender plastischer Verformung immer größere Spannungen aufgebracht werden müssen, um die Probe weiter zu verformen. Der Werkstoff wird also durch plastische Verformung fester. Man bezeichnet diese den meisten Werkstoffen gemeinsame Erscheinung als Verfestigung.

---

* Das Hookesche Gesetz gilt auch für andere Verformungsarten. Besonders wichtig ist die Schreibweise $\tau = G \cdot \gamma$. Darin ist τ eine Schubspannung, γ ein Scherwinkel und G der Schubmodul. Auch für ihn sind Werte in Tab. 1.1 angegeben.

Zwischen den Bereichen der elastischen und der plastischen Verformung muß es einen Punkt geben, an dem die plastische Verformung einsetzt. Diesen Punkt nennen wir die Streckgrenze. Da die Kurve an dieser Stelle meist abgerundet ist, muß man eine Konvention vereinbaren, wo dieser Punkt genau liegen soll. Es ist üblich, als Streckgrenze diejenige Spannung zu bezeichnen, an der eine bestimmte bleibende Verformung bereits erfolgt ist, z. B. um 0,2 oder 0,02 %. Man spricht dementsprechend von einer 0,2- und einer 0,02-Grenze.

Im weiteren Verlauf durchläuft die Spannungs-Dehnungs-Kurve ein Maximum, fällt wieder ab und endet dann. Die Spannung am Maximum nennt man die Zugfestigkeit σ_B. Die zugehörige Dehnung heißt Gleichmaßdehnung δ_g. Der Abfall nach dem Maximum bedeutet nicht, daß sich der Werkstoff wieder entfestigt; er hängt vielmehr damit zusammen, daß sich die Probe an einer Stelle einschnürt und schließlich bricht. Diese Erscheinung soll erst in Kap. 7 näher besprochen werden.

Spannt man die im Punkte P entlastete Probe wieder ein und belastet sie erneut, so reicht ihr elastischer Bereich etwa bis zum Punkt P. Danach verformt sie sich weiter so wie eine Probe, die nicht zwischendurch entlastet wurde. Die Spannungs-Dehnungs-Kurve läßt sich also auch auffassen als der geometrische Ort der Streckgrenzen verschiedener Proben des gleichen Werkstoffes nach unterschiedlicher Vorverformung.

Zur genaueren Diskussion der Werkstoffeigenschaften ist es zweckmäßig, andere Koordinaten für die Abb. 5.2 zu wählen. Man bezieht dazu die Kraft P auf den jeweiligen Querschnitt der Probe F. Dies ist dann die Spannung im Sinne der Physik und der Mechanik. Als Abszisse wählt man zweckmäßig $\varphi = \ln \frac{L}{L_0} = \int \mathrm{d}L/L$. φ nennt man die natürliche Dehnung. Bei kleiner Verformung gilt $\varphi \approx \varepsilon$. In diesen Koordinaten nennt man die Spannungs-Dehnungs-Kurve die wahre Spannungs-Dehnungs-Kurve. Sie ist in Abb. 5.2 mit eingetragen. Die wahre Spannungs-Dehnungs-Kurve der meisten Werkstoffe zeigt kein Maximum und keinen Abfall bis zum Bruch.

Ähnlich wie den Zugversuch kann man mit einer gedrungenen zylindrischen Probe einen Stauchversuch ausführen. Hierbei ist es stets üblich, die wahre Spannungs-Dehnungs-Kurve aufzutragen. Sie sieht ganz ähnlich aus wie die obere Kurve in Abb. 5.2.

Literatur:

Handbuch der Werkstoffprüfung, Bd. II: Die Prüfung metallischer Werkstoffe. Herausg. E. Siebel. Springer-Verlag, 2. Aufl., 1955.

5.1.2 Härtemessung

Unter den zahlreichen weiteren Verfahren zum Studium des plastischen Verhaltens eines Werkstoffes ist besonders wichtig die Messung seiner Härte.

Ein sehr altes Verfahren zur Feststellung der Härte besteht darin, daß man prüft, welches von 10 ausgewählten Mineralien einen Werkstoff gerade noch zu ritzen vermag. So erhält man eine sehr grobe Einstufung, die in der Mineralogie heute noch eine Rolle spielt (Mohssche Härteskala).

In der Technik ist es dagegen heute üblich, zur Härtemessung einen Probekörper mit einer bestimmten Kraft in die polierte Oberfläche des Werkstoffes einzudrücken. Anschließend vermißt man unter dem Mikroskop den entstandenen Eindruck. Man dividiert dann die Prüflast durch die Oberfläche des Eindruckes und nennt den Quotienten die Härte.

Bei der Härteprüfung nach Brinell ist der Eindringkörper eine Kugel, der Eindruck etwa eine Kugelkalotte. Die Brinell-Härte ist also:

$$HB = \text{Kraft/Kalottenfläche} = P/0{,}5 \cdot \pi \cdot D\left(D - \sqrt{D^2 - d^2}\right). \qquad (5.3)$$

Darin ist D der Durchmesser der Prüfkugel, d der im Mikroskop vermessene Durchmesser des Eindrucks.

Bei der Härtemessung nach Vickers ist der Eindringkörper eine vierseitige Diamantpyramide, deren gegenüberliegende Flächen einen Winkel von 136° einschließen. Die Vickers-Härte ist dann:

$$HV = P \cdot 1{,}8544/d^2. \qquad (5.4)$$

Darin ist d die vermessene Diagonale des Härteeindruckes. Die Kraft P wurde bisher in kp gemessen. Künftig wird sie in N zu messen sein. Dafür wird in die Gleichungen (5.3) und (5.4) zusätzlich der Faktor 0.102 aufgenommen, so daß sich an den Härtewerten zahlenmäßig nichts ändert. Man schreibt dann 130 HB statt, wie bisher, HB = 130 kp/mm².

Einem etwas anderen Prinzip folgt die Härtemessung nach Rockwell. Auch hierbei dringt ein Prüfkörper (Stahlkugel oder Diamantkegel) in die Metalloberfläche ein. Vermessen wird dabei jedoch nicht die Fläche des Eindruckes, sondern die Tiefe, um die der Prüfkörper in die Metalloberfläche eindringt.

Die Härtemessung hat große praktische Bedeutung, weil sie schnell und billig durchzuführen ist. Theoretisch ist sie dagegen schwer zu erfassen, weil die plastische Verformung unter dem Prüfkörper sehr kompliziert ist. Deshalb sind die nach verschiedenen Verfahren gewonnenen Härtewerte des gleichen Werkstoffes auch nicht ohne weiteres einander proportional. Man kann sie nur mit Näherungsformeln ineinander umrechnen.

Auch zu den im Zugversuch gemessenen Werten besteht keine einfache Beziehung. Die Brinellhärte von Stählen beträgt oft etwa ein Drittel der Zugfestigkeit (in N/mm^2).

Literatur:

DIN 51200, 50150 (Allgemeines), 50351, 50132 (Brinell), 50133 (Vickers), 50103 (Rockwell).

5.1.3 Geschwindigkeitsabhängigkeit der Fließspannung

Verformt man metallische Werkstoffe bei Raumtemperatur, so hängt die Fließspannung nur schwach von der Verformungsgeschwindigkeit ab. Man beschreibt diese Abhängigkeit in der Regel durch eine Gleichung der Form

$$\sigma = A\,\dot{\varphi}^m. \tag{5.5}$$

Darin ist $\dot{\varphi}$ die Verformungsgeschwindigkeit, m ist eine ziemlich kleine Zahl (für Stahl wird $m = 0{,}1$, für Aluminium $m = 0{,}05$ angegeben). Das bedeutet, daß sich die Fließspannung nur um den Faktor 2^m ändert, wenn man die Verformungsgeschwindigkeit verdoppelt. (Bei Aluminium wären das 3,5 %, bei Stahl 6 %.) Aus diesem Grunde werden bei den Zugversuchen metallischer Werkstoffe keine bestimmten Verformungsgeschwindigkeiten vorgeschrieben. Eine typische Verformungsgeschwindigkeit kommerzieller Maschinen wäre etwa 0,04 % s^{-1}.

Dies ist jedoch nicht bei allen Stoffen so. So sind z. B. in Flüssigkeiten die Spannungen den Verschiebungsgeschwindigkeiten proportional. Die Konstante m der Gl. (5.5) hat hier also den Wert 1. Die Proportionalitätskonstante A nennt man die Zähigkeit der Flüssigkeit. Ein solches plastisches Verhalten nennt man viskos. Viskosität ist nicht auf Flüssigkeiten beschränkt, sondern findet sich auch in festen Stoffen. Sogar Metalle können sich – besonders bei hohen Temperaturen, geringen Spannungen und geringen Verformungsgeschwindigkeiten – viskos verformen. Bei allen Werkstoffen, deren Fließspannung stärker von der Verformungsgeschwindigkeit abhängt als die der reinen Metalle (hierzu gehören vor allem auch die Kunststoffe!), gehört also zur Angabe der Fließspannung unbedingt auch die Angabe der benutzten Verformungsgeschwindigkeit. Dies gilt auch für metallische Werkstoffe, die bei höheren Temperaturen verformt werden. (Für Stoffe mit niedrigem Schmelzpunkt wie Blei oder Zinn ist freilich schon Raumtemperatur eine „Warmverformungstemperatur" vgl. S. 125.)

In den Prüfmaschinen üblicher Bauart bewegen sich die Einspannköpfe mit konstanter Geschwindigkeit gegeneinander. Da sich während des Versuchs die Probenlänge ändert (sie wird beim Zugversuch länger, beim Stauchversuch kürzer), ändert sich also auch während des Versuchs die Verformungsgeschwindigkeit. Legt man Wert darauf, die Probe bei konstanter Geschwindigkeit zu verformen (etwa, um die Gl. (5.5) experimentell zu prüfen), so muß man eine besondere Maschine benutzen. Solche Maschinen, in denen die Vorschubgeschwindigkeit der Probenköpfe in geeigneter Weise geregelt ist, nennt man Plastometer.

5.1.4 Kriechen und Spannungsrelaxation

Als Kriechen bezeichnet man die Verformung eines Werkstoffes unter konstanter Spannung. Da sich experimentell eine konstante Spannung nicht so leicht herstellen läßt, bezeichnet man mit dem gleichen Wort auch die Verformung einer Probe unter konstanter Last. Dieser Versuch ist sehr einfach durchzuführen: Man hängt einfach ein Gewicht an eine Zugprobe und beobachtet durch ein Mikroskop, wie sich die Länge der Probe im Laufe der Zeit ändert. An metallischen Werkstoffen werden solche Kurven typischerweise im Bereich höherer Temperatur aufgenommen. Sie haben häufig eine Gestalt wie in Abb. 5.3, Kurve *a*.

Diese Kurve läßt sich in vier Bereiche unterteilen. Teil 1 ist die spontane Dehnung, zu der in dem in Abb. 5.3 gewählten Zeitmaß-

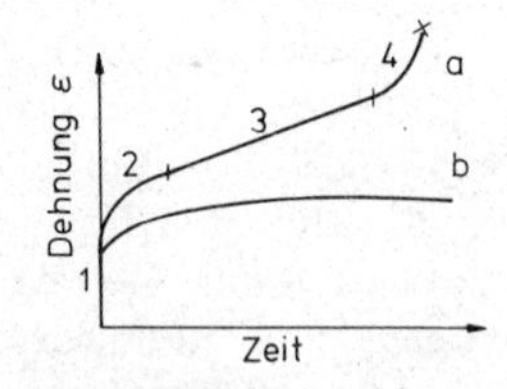

Abb. 5.3: Kriechkurven.
a) bei höherer Last; b) bei niedrigerer Last.

stab keine merkliche Zeit erforderlich ist. Sie ist zum Teil elastisch, zum Teil kann sie plastisch sein und stellt sich sofort bei der Belastung der Probe ein. Es folgt ein Bereich 2, der Übergangskriechen genannt wird. Während des Übergangskriechens verformt sich die Probe mit abnehmender Verformungsgeschwindigkeit. Den Bereich 3 nennt man das stationäre Kriechen. Hier ist die Dehnung der Verformungszeit proportional, d. h. die Verformungsgeschwindigkeit ist konstant. Das stationäre Kriechen, auch der Metalle, ist häufig viskos. Die Steigung der Kurve in diesem Bereich hängt empfindlich von der Temperatur ab. Den Teil 4 nennt man das beschleunigte Kriechen. Es hängt in der Regel damit zusammen, daß sich die Probe einschnürt. Damit nehmen die wahren Spannungen rasch zu. Das beschleunigte Kriechen führt bald zum Bruch der Probe.

Stationäres oder gar beschleunigtes Kriechen von Werkstücken ist im Maschinenbau in der Regel unzulässig. Dagegen kann ein gewisses Übergangskriechen für manche Bauteile in Kauf genommen werden. Bei niedrigen Spannungen zeigen viele Werkstoffe das Verhalten der Kurve *b* in Abb. 5.3. Der Werkstoff zeigt also in den experimentell realisierbaren Zeiten lediglich Übergangskriechen. Dies kann soweit gehen, daß die Kurve schließlich fast horizontal verläuft: Die Verformung scheint zum völligen Stillstand zu kommen. Die höchste Spannung, bei der ein solches Verhalten noch beobachtet wird, nennt man die Dauerstandfestigkeit des Werkstoffes.

Um den Werkstoff besser auszunutzen, konstruiert man häufig so, daß die Dauerstandfestigkeit überschritten wird und fordert lediglich, daß die Dehnungen in einer bestimmten Zeit — etwa 100000 Stunden — einen bestimmten vorgegebenen Wert nicht überschreiten. Die höchste nach dieser Definition zulässige Spannung nennt man die Zeit-Dehngrenze.

Die Spannung, die innerhalb einer vorgegebenen Zeit gerade noch nicht zum Bruch der Probe führt, nennt man die Zeitstandfestigkeit.

Einen recht ähnlichen Versuch kann man durchführen, indem man nicht die Spannung, sondern die Dehnung des Werkstoffes konstant hält. Hierzu spannt man einen Probestab so ein, daß er z. B. unter Längsspannungen steht. Seine Länge ist dann:

$$L = L_0 \cdot (1 + \varepsilon_{\text{plast.}} + \varepsilon_{\text{elast.}}) \,. \tag{5.6}$$

Hält man diese Länge konstant, so setzen mit der Zeit (besonders bei höheren Temperaturen) Kriechvorgänge ein, durch die die plastische Dehnung auf Kosten der elastischen Dehnung wächst. Da die Spannung nur der elastischen Dehnung proportional ist (vgl. Gl. (5.1)), sinkt also die Spannung als Funktion der Zeit. Das ist in Abb. 5.4 schematisch dargestellt. Man nennt diese Erscheinung Spannungsrelaxation. Da die Verformungsgeschwindigkeiten mit sinkender Spannung rasch abnehmen, haben Spannungsrelaxationskurven stets die in Abb. 5.4 gezeigte Gestalt. Der Abfall der Kurve wird mit zunehmender Zeit immer flacher, so daß

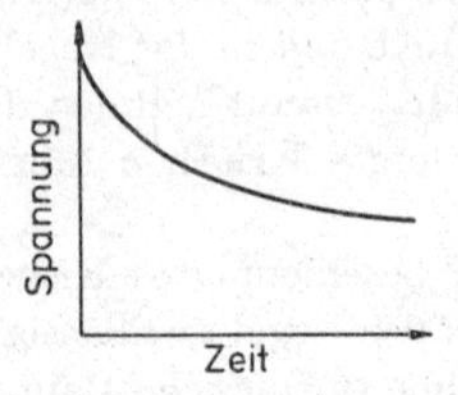

Abb. 5.4: Spannungsrelaxation.

sich schließlich nicht mehr recht entscheiden läßt, ob die Kurve in eine Horizontale einmündet oder weiter abfällt. Eine große praktische Bedeutung hat die Spannungsrelaxation z. B. im Spannbeton. Dort werden Stahlstäbe unter Längszugspannungen eingelagert. Ihre Länge wird durch den umgebenden Beton konstant gehalten, ihre Spannung nimmt mit der Zeit ab. Es kommt also darauf an, ob nach einigen Jahrzehnten die Längsspannung immer noch groß genug ist, um dem Verbundwerkstoff die gewünschten Eigenschaften zu geben.

5.1.5 Eigenspannungen

In den bisher beschriebenen Beispielen werden die Spannungen stets von außen an den Werkstoff angelegt, etwa durch eine Zerreißmaschine. Solche Spannungen nennt man äußere Spannungen. Abb. 5.5 zeigt ein Werkstück, das aus einem elastisch gebogenen Balken *a* besteht, dessen Enden durch eine Verbindungssehne *b* zusammengehalten werden. An diesem Körper wirken keine äußeren Kräfte. Trotzdem steht er unter Spannungen, die sich sofort zeigen, wenn man die Sehne *b* durchschneidet. Solche inneren Spannungen eines Werkstückes nennt man Eigenspannungen.

Die Eigenspannungen des Werkstückes in Abb. 5.5 sind über große Bereiche des Körpers konstant; z. B. steht die Sehne *b* auf ihrer ganzen Länge unter der gleichen Zugspannung. Solche Eigenspannungen nennt man Eigenspannungen erster Art. Die Eigenspannungen erster Art entstehen sehr häufig bei der plastischen

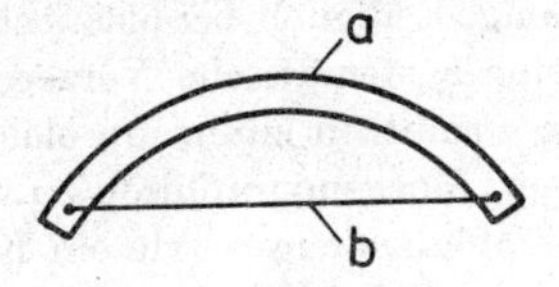

Abb. 5.5: Eigenspannungen.

Verformung eines Werkstoffes oder bei ungleichmäßiger Erwärmung und Abkühlung. Sie können zu unerwünschten Formänderungen eines Werkstückes Anlaß geben (Verziehen und Verwerfen). Auch die Korrosionsbeständigkeit eines Werkstoffes und seine Anfälligkeit gegen Bruch kann durch Eigenspannungen deutlich verschlechtert werden. Deshalb versucht man, etwa an einem geschweißten Bauteil, die Eigenspannungen nachträglich durch eine Glühung zu beseitigen. Man nützt hier den Effekt der Spannungsrelaxation aus. Eine solche Glühung nennt man Spannungsarmglühen. Kurven nach Art der Abb. 5.4 erlauben eine Abschätzung, wie weit die Eigenspannungen eines Körpers bei einer nachträglichen Glühung abgebaut werden.

Es gibt auch Eigenspannungen, die in ihrer Reichweite etwa den Körnern eines Vielkristalles entsprechen. Solche Eigenspannungen nennt man Eigenspannungen zweiter Art. Sie finden sich z. B. regelmäßig in solchen Vielkristallen, deren Kristalle eine Anisotropie des thermischen Ausdehnungskoeffizienten zeigen, z. B. im Zink.

Eigenspannungen dritter Art haben Reichweiten, die man in Atomabständen messen muß. Beispiele dafür werden wir im Abschn. 5.4 kennenlernen.

Literatur:

E. Siebel: Handbuch der Werkstoffprüfung. Springer-Verlag, Berlin 1958.

5.2 Kristallographie der Gleitung

In einem amorphen Körper ändert sich bei einer plastischen Verformung die Anordnung aller Atome, vgl. hierzu Abb. 5.6a und b. Röntgenstrukturaufnahmen zeigen, daß dies in einem Kristall nicht so ist. Von gewissen Störungen abgesehen, zeigt ein plastisch verformter Kristall nach der Verformung die gleiche Kristallstruktur wie vor der Verformung. Lediglich bei elastischer Verformung des Gitters ergibt sich eine systematische Verzerrung (vgl. die Abb. 5.6c und d), die man ausnützen kann, um elastische Spannungen, z. B. Eigenspannungen, röntgenographisch zu messen.

Es gibt nur wenige Möglichkeiten, wie ein Kristall seine äußere Form ändern kann, ohne die Nachbarschaftsverhältnisse seines Gitters zu stören. Die wichtigste davon ist die kristallographische Gleitung.

Ein Vergleich von Abb. 5.6c mit e zeigt, wie das gemeint ist. Der Kristall hat seine äußere Gestalt verändert, die Anordnung der Atome in seinem Inneren ist jedoch die gleiche geblieben. Das ist möglich, weil Teile des Kristalles auf Gitterebenen immer um ganzzahlige Gitterschritte vorgerückt sind. An der Oberfläche des Kristalles sind dadurch Gleitstufen entstanden.

An wirklichen verformten Kristallen lassen sich solche Gleitstufen oft mit dem bloßen Auge, stets jedoch im Mikroskop beobachten. Wenn die Orientierung des Kristalles bekannt ist, läßt sich aus der Lage und der Orientierung der Gleitstufen ermitteln, in

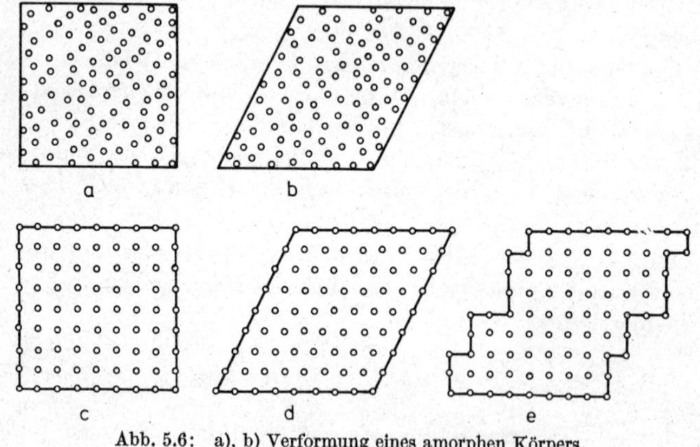

Abb. 5.6: a), b) Verformung eines amorphen Körpers.
c), d), e) Verformung eines Kristalls.

welchen kristallographischen Ebenen und in welchen kristallographischen Richtungen die Gleitung stattgefunden hat. Solche Untersuchungen haben ergeben, daß es für jedes Metall bestimmte Gleitsysteme gibt; d. h. daß bestimmte kristallographische Ebenen als Gleitebenen und bestimmte kristallographische Richtungen als Gleitrichtungen bevorzugt werden. Es sind stets Ebenen und Richtungen, in denen die Atome besonders dicht gepackt sind. Tab. 5.1 zeigt die Gleitsysteme der wichtigsten Metalle.

Tabelle 5.1: Gleitsysteme einiger Metalle

Metall	Gleitebene	Gleit-richtung	Anzahl von Gleitsystemen
kub. fz: Cu, Al, Ni, Pb, Au, Ag, γ-Fe	$\{111\}$	$\langle 1\bar{1}0\rangle$	12
kub. rz: α-Fe, W, Mo, β-Messing	$\{110\}$	$\langle \bar{1}11\rangle$	12
α-Fe, W, Mo, Na	$\{211\}$	$\langle \bar{1}11\rangle$	12
α-Fe, K	$\{321\}$	$\langle \bar{1}11\rangle$	24
Hex. dichteste Kp: Cd, Zn, Mg, Ti, Be	$\{0001\}$	$\langle 11\bar{2}0\rangle$	3
Ti, Mg	$\{10\bar{1}1\}$	$\langle 1\bar{2}10\rangle$	6
Ti	$\{10\bar{1}0\}$	$\langle 1\bar{2}10\rangle$	3

Ein kubisch-flächenzentrierter Kristall hat vier (111)-Ebenen, in jeder dieser Ebenen drei [110]-Richtungen. Es stehen ihm also zur Verformung zwölf Gleitsysteme zur Verfügung. Diese Gleitsysteme werden im allgemeinen nicht alle betätigt. Bei einem freien Einkristall wird im Zugversuch vielmehr in der Regel nur ein einziges Gleitsystem betätigt. Es ist das Gleitsystem, auf das die größte Schubspannung wirkt. Man nennt dies Einfachgleitung. Nur, wenn auf zwei oder mehrere Gleitsysteme die gleiche Schubspannung wirkt, werden sie gleichzeitig betätigt (Vielfachgleitung).

Nach dem Vorangegangenen leuchtet es ein, daß es für die Streckgrenze von Einkristallen nicht darauf ankommt, mit welcher Normalspannung an dem Kristall gezogen wird, sondern darauf, ob in dem betätigten Gleitsystem die zum Beginn der Abgleitung erforderliche kritische Schubspannung erreicht wird. Dies ist der Inhalt des Schmidschen Schubspannungsgesetzes. Zwei Einkristalle aus dem gleichen Material, aber mit verschiedener Orientierung, haben also die gleiche kritische Schubspannung; ihre im Zugversuch gemessenen Streckgrenzen unterscheiden sich jedoch um einen Orientierungsfaktor:

$$\mu = \cos\lambda \cdot \cos\varphi \,. \tag{5.7}$$

Darin ist φ der Winkel zwischen Gleitebenennormale und Zugrichtung, λ der Winkel zwischen Zugrichtung und Gleitrichtung.

Literatur:

E. Schmid, W. Boas: Kristallplastizität. Springer-Verlag, Berlin 1935.

5.3 *Verformung eines Vielkristalls*

Bei der Verformung eines Vielkristalls beobachtet man in der Regel, daß sich jedes einzelne Korn genauso verformt wie das gesamte Gefüge. Die Verformung ist also homogen (vgl. Abb. 5.7). Dies

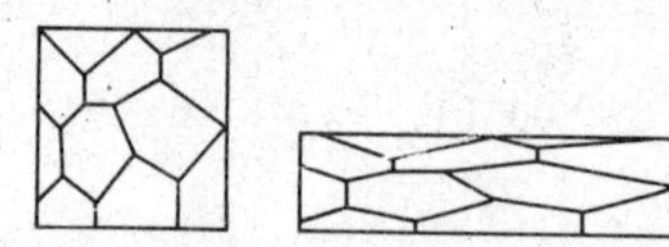

Abb. 5.7: Homogene Verformung eines Gefüges.

führt im allgemeinen zu einem Gefüge aus langgestreckten Körnern, das im Mikroskop leicht als Verformungsgefüge anzusprechen ist.

Die Forderung nach Kompatibilität (d. h. danach, daß der Zusammenhang mit allen Nachbarkörnern gewahrt bleibt), läßt sich gewöhnlich nicht erfüllen, wenn im Kristall nur ein Gleitsystem betätigt wird. Deshalb verformen sich die Körner in einem Vielkristall in der Regel durch Vielfachgleitung. Auch hier gibt es natürlich Körner, die für eine Verformung günstig und andere, die für eine Verformung ungünstig orientiert sind. Die Frage nach einem Orientierungsfaktor im Vielkristall ist jedoch viel komplizierter als im Einkristall.

Im Vielkristall können die Körner ferner an ihrer Oberfläche keine ausgeprägten Gleitstufen ausbilden. Dies führt dazu, daß die Abgleitung in der Nähe der Korngrenzen behindert ist. In einem feinkörnigen Gefüge ist dieser Effekt ausgeprägter als in einem grobkörnigen, deshalb sind feinkörnige Metalle in der Regel fester als grobkörnige. Quantitativ wird dieser Zusammenhang beschrieben durch die Petch-Gleichung:

$$\sigma = \sigma_0 + k_y \cdot d^{-1/2}. \tag{5.8}$$

Darin ist d die mittlere Korngröße, k_y eine Konstante (ca. 23 N/mm$^{-3/2}$ für Eisen, 1,7 N/mm$^{-3/2}$ für Aluminium).

5.4 Versetzungen

Versucht man, die kritische Schubspannung aus den Bindungskräften der Atome zu berechnen, so erhält man etwa 1/30 des Schubmoduls. Die tatsächlich am Einkristall beobachteten Fließspannungen liegen um zwei bis drei Größenordnungen niedriger. Das liegt daran, daß die Abgleitung in Wirklichkeit nicht auf der ganzen Gleitebene gleichzeitig erfolgt, sondern schrittweise nacheinander. Wir veranschaulichen uns dies an der Abb. 5.8. Das gezeichnete Viereck soll einen Schnitt durch einen Kristall darstellen, und zwar liegt seine Gleitebene in der Papierebene. Darin ist eine geschlossene Kurve gezeichnet. Außerhalb dieser Kurve hat noch keine Gleitung stattgefunden, dagegen hat innerhalb der Kurve bereits eine Gleitung stattgefunden. Dies ist durch den hineingezeichneten Pfeil angedeutet. Diesen Pfeil nennt man den Burgers-Vektor b. Er zeigt in Gleitrichtung, seine Länge ist ein ganzzahliges Vielfaches von Gleitschritten. Im einfachsten Fall ist die Länge von b gerade ein Gleitschritt. Außerhalb und innerhalb der geschlossenen Kurve passen also die beiden Kristallhälften oberhalb und unterhalb der Gleitebene genau aneinander. Lediglich entlang der Grenzlinie ist der Kristall gestört. Diese Grenzlinie hat den Namen Versetzung.

Versetzungen sind außerordentlich wichtige Gitterfehler. Ihr Studium bildet einen bedeutenden Zweig der Festkörperphysik. Wir erkennen in Abb. 5.8, daß Versetzungslinien niemals im Gitter enden können, sondern höchstens an der Oberfläche des Kristalles. Versetzungslinien sind stets durch einen Burgers-Vektor charakterisiert. Die Versetzung der Abb. 5.8 liegt in einer Gleit-

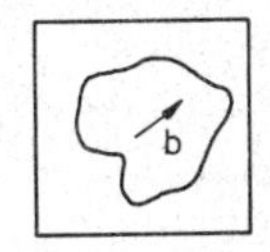

Abb. 5.8: Versetzungsring mit Burgers-Vektor.

ebene und hat als Burgers-Vektor eine Gleitrichtung. Solche Versetzungen sind gleitfähig. Es gibt auch nichtgleitfähige Versetzungen.

Legt man an den Kristall eine Schubspannung in Richtung des Burgers-Vektors, so hat der Versetzungsring die Tendenz, sich auszubreiten. Kehrt man die Richtung der Schubspannung um, so wird der Versetzungsring schrumpfen. Im Extremfall kann der Versetzungsring völlig verschwinden oder aber beim Ausbreiten durch die Oberfläche des Kristalles austreten und dort eine Gleitstufe bilden. Aber auch wenn dies nicht möglich ist, wie z. B. im Vielkristall, führt die Bewegung von Versetzungen zu einer Abgleitung des Kristalls, also zu einer plastischen Verformung.

Die Anordnung der Atome in der Umgebung einer Versetzung ist kompliziert. Das Prinzip kann man sich jedoch am Beispiel des kubisch-primitiven Gitters veranschaulichen, in dem (100) die Gleitebene und [100] die Gleitrichtung ist. (Es ist allerdings kein Metall bekannt, das in diesem Gitter kristallisiert!) Abb. 5.9 zeigt in diesem Gitter einen Querschnitt durch die Versetzungslinie, und zwar dort, wo die Versetzungslinie senkrecht auf dem Burgers-Vektor steht. Man erkennt deutlich die Natur der Gitterstörung an der Grenze zwischen abgeglittenem und noch nicht abgeglittenem Bereich: Der Kristall enthält in seiner oberen Hälfte eine Halbebene zuviel. Ihre untere Kante fällt mit der Versetzungslinie zusammen. Im großen Abstand von der Versetzungslinie erscheint das Gitter überall ungestört; nur an der Kante der eingeschobenen Halbebene ist das Gitter stark verzerrt (Eigenspannungen 3. Art). Man symbolisiert eine Versetzung durch das eingezeichnete Symbol. Es soll die Gleitebene und das Ende der eingeschobenen Halbebene

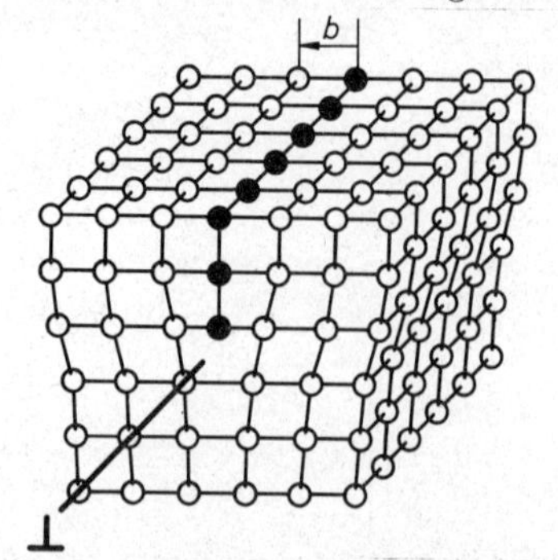

Abb. 5.9: **Atomanordnung um eine Stufenversetzung.**

bedeuten. Bei der plastischen Verformung wandert diese Störung – je nach dem Vorzeichen der angelegten Spannung – nach rechts oder nach links. Eine Versetzung mit der in Abb. 5.9 gezeigten Struktur nennt man eine Stufenversetzung. Abb. 5.10 zeigt die Struktur der Versetzung an einer Stelle, wo die Versetzungslinie dem Burgers-Vektor parallel läuft. Hier sind die Gitterebenen so

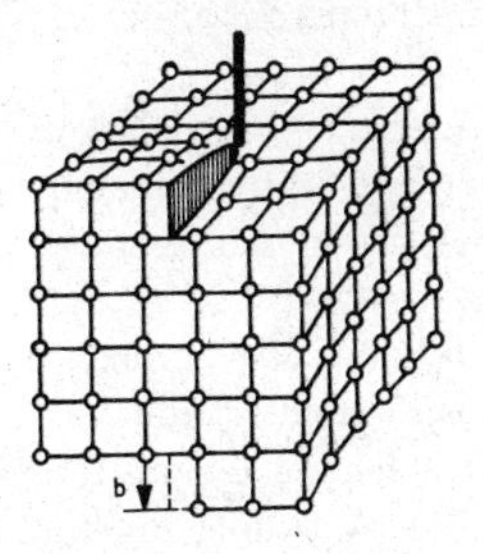

Abb. 5.10: Atomanordnung um eine Schraubenversetzung.

verzerrt, daß sie die Versetzungslinie auf einer Schraubenfläche umlaufen. Dieser Typ der Versetzung heißt deswegen Schraubenversetzung.

Versetzungslinien, die mit dem Burgers-Vektor einen beliebigen Winkel bilden, haben eine kompliziertere Struktur, die zwischen den extremen Fällen der Stufen- und der Schraubenversetzung liegt.

Literatur:

A. Seeger: Theorie der Gitterfehlstellen. Handbuch der Physik (S. Flügge) Band VII, Teil 1, S. 383–665. Springer-Verlag, Berlin 1955.

5.5 Versetzungsdichte und Fließspannung

Man könnte meinen, ein Metall sei um so weicher, je mehr Versetzungen es enthielte, und die Verfestigung rühre daher, daß sich der Vorrat an Versetzungen mit steigender Verformung erschöpft. Das Gegenteil ist jedoch der Fall. Die Festigkeit eines Metalls steigt mit wachsender Versetzungsdichte. Gut ausgeglühte Metalle in denen nur 10^7 bis 10^8 Versetzungen pro cm^2 sind*, sind wesentlich weicher als stark verformte Metalle, die 10^{11} oder

* Man gibt Versetzungsdichten in der Anzahl pro cm^2 an. Darunter kann man sich die Anzahl der Durchstoßpunkte von Versetzungslinien durch eine Schnittfläche von 1 cm^2 Oberfläche vorstellen. Man begeht aber auch keinen großen Fehler, wenn man sich darunter in cm die Gesamtlänge der Versetzungslinien in einem cm^3 vorstellt.

sogar 10^{12} Versetzungen pro cm^2 enthalten können. Der Zusammenhang zwischen Versetzungsdichte und Fließspannung ist gegeben durch

$$\sigma = A \cdot G \cdot b \cdot \sqrt{\varrho}\,. \tag{5.9}$$

Darin ist ϱ die Versetzungsdichte, G der Schubmodul, b der Burgers-Vektor und A eine Konstante, deren Wert zwischen 0,2 und 0,4 liegt.

Während der Verformung müssen also im Material Versetzungen entstehen, es muß daher Versetzungsquellen geben. Eine solche Versetzungsquelle, die nach ihren Entdeckern Frank und Read benannt ist, zeigt schematisch die Abb. 5.11. Wieder bedeutet die Papierebene eine Gleitebene. Darin liegt ein Stück einer Versetzungslinie. An beiden Enden endet die Versetzung natürlich nicht, sondern sie läuft senkrecht ins Gitter hinein und soll dort nicht gleitfähig sein. Unter der Wirkung einer äußeren Spannung beult sich die Linie aus, wie Abb. 5.11b und c zeigt. Die Form der Ausbeulung ist dadurch bestimmt, daß die Versetzung von ihren Endpunkten nicht weglaufen kann. In Abb. 5.11c stehen sich zwei Teile der Versetzungslinie einander gegenüber. Sie laufen aufeinander zu und können sich dort auslöschen, vergl. Abb. 6.5a. Dann entsteht die in Abb. 5.11d gezeigte Situation: Die Quelle hat einen

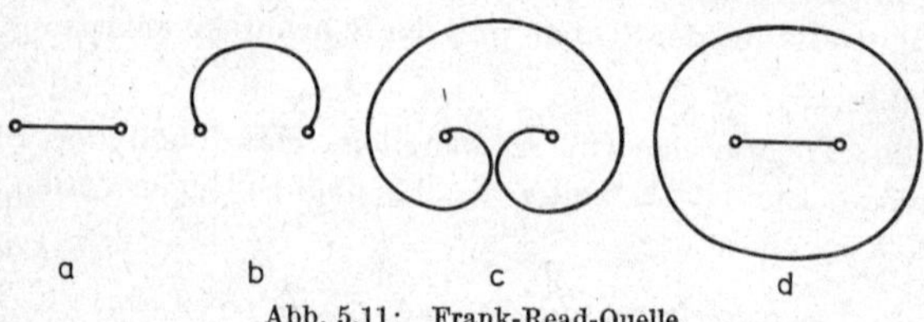

Abb. 5.11: Frank-Read-Quelle.

vollständigen Versetzungsring abgespalten, der sich nun weiter ausbreiten kann; ferner ist die Quelle in ihrem alten Zustand wiederhergestellt und kann erneut betätigt werden.

Unter der Wirkung einer geeigneten Schubspannung kann eine solche Quelle Tausende von Versetzungsringen emittieren. Dies erklärt, warum man Gleitstufen häufig mit sichtbarem Licht nachweisen kann: Jede einzelne Versetzung erzeugt zwar nur einen Gleitschritt von 1 Atomabstand. Einige tausend Versetzungen hintereinander können jedoch eine Gleitstufe erzeugen, die mehrere μ hoch ist. Diese Höhe entspricht dann mehreren Lichtwellenlängen (Wellenlängen des sichtbaren Lichts ungefähr 0,6 μ).

Gl. (5.9) gilt nur, wenn den Versetzungen bei ihrer Bewegung im Gitter keine größeren Reibungskräfte entgegenstehen. Diese Bedingung ist in technischen Metallen in der Regel erfüllt. In den Kristallen der Halbleiter und Nichtleiter dagegen erfahren Versetzungen oft erhebliche Reibungskräfte. Dann gilt Gl. (5.9) nicht.

Gl. (5.9) ist ferner auch nicht erfüllt, wenn der Kristall überhaupt keine Versetzungen enthält. Es ist neuerdings gelungen, versetzungsfreie Kristalle zu züchten. Solche Kristalle zeigen die theoretische Schubfestigkeit von ca. $G/30$. Freilich sind diese Kristalle sehr klein, sie sind einige Millimeter lang und einige hundertstel Millimeter dick und heißen deshalb Haarkristalle oder Whiskers. Man bemüht sich, Verbundwerkstoffe herzustellen, in denen solche Whiskers eingebettet sind. So gelingt es, Werkstoffe extrem hoher Festigkeit zu erzeugen. Vorläufig sind diese Werkstoffe allerdings sehr teuer, was ihre Anwendung auf experimentelle Zwecke (Raumfahrt!) beschränkt.

Literatur:

A. SEEGER: Kristallplastizität. Handbuch der Physik (S. Flügge) Band VII, Teil 2, S. 1–210, Springer-Verlag, Berlin 1958.

A. H. COTTRELL: Dislocations and Plastic Flow in Crystals. Clarendon Press, Oxford 1953.

5. ANHANG

Die ausgeprägte Streckgrenze. Bei manchen Werkstoffen, insbesondere bei Stählen, die Stickstoff oder Kohlenstoff gelöst enthalten, weicht die Spannungs-Dehnungs-Kurve von dem in Abb. 5.2 gezeigten Typ ab. Sie hat dann die Gestalt der Abb. 5.12. Hier geht die elastische Verformung nicht allmählich in die plastische Formänderung über, so daß es schwierig wäre, eine Streckgrenze zu definieren; vielmehr tritt eine „ausgeprägte" Streckgrenze auf. Am Ende der elastischen Geraden, bei der Spannung der oberen Streckgrenze σ_0, beginnt plötzlich die plastische Verformung, wodurch die Spannung auf einen niedrigeren Wert, die untere Streckgrenze σ_u, zusammenbricht. Bei dieser niedrigeren Spannung verformt sich eine Probe eine Zeitlang ohne merkliche Spannungsänderung. Danach verläuft die Fließkurve genauso wie in Abb. 5.2.

Bei der Spannung der unteren Streckgrenze verformt sich nicht die ganze Probe gleichmäßig. Es verformt sich vielmehr zunächst

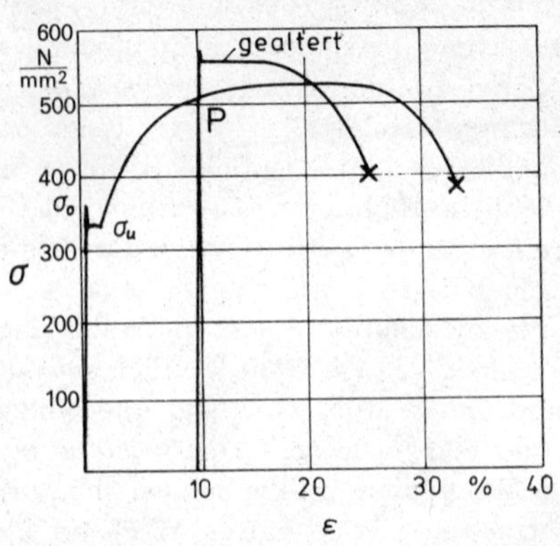

Abb. 5.12: **Ausgeprägte Streckgrenze und Reckalterung am Spannungs-Dehnungs-Schaubild eines unlegierten Stahles.**

nur ein kleiner Teil der Probe, und zwar um einen endlichen Betrag, den man die Lüders-Dehnung nennt. Anschließend dehnt sich die Probe, indem der verformte Teil auf Kosten des unverformten wächst. Man kann die Ausbreitung des verformten Teiles, des „Lüders-Bandes", in der Regel mit dem bloßen Auge verfolgen. Die normale Gleichmaßdehnung der Probe beginnt, wenn das Lüders-Band die gesamte Probe überstrichen hat. Deshalb ist die Länge des horizontalen Teiles der Fließkurve in Abb. 5.12 gerade gleich der örtlichen Lüders-Dehnung.

Unterbricht man den Versuch (wie in Abb. 5.2) im Punkte P, entlastet die Probe und belastet sie dann wieder, so mißt man, bis auf kleine Korrekturen, die gleiche Fließkurve wie ohne eine solche Unterbrechung. Lagert man dagegen die Probe einige Tage bei Raumtemperatur oder einige Stunden bei 100 °C, ehe man den Versuch fortsetzt, so zeigt sich, daß das Material erneut eine ausgeprägte Streckgrenze erhalten hat. Dies ist in Abb. 5.12 angedeutet. Man sagt, das Material habe eine Reckalterung erfahren.

Eine durch Reckalterung überhöhte Streckgrenze ist in vielen Fällen unerwünscht, weil solche Werkstoffe zu inhomogener Verformung neigen. Treten z. B. beim Tiefziehen von Blechen (Autokarosserien!) Lüders-Bänder auf, die dort Fließlinien genannt werden, so stellen sie Oberflächenfehler dar, die das Werkstück unbrauchbar machen.

Man hilft sich, indem man das Blech unmittelbar vor dem Tiefziehen noch einmal walzt, wobei nur eine ganz kleine Dickenabnahme (z. B. um 1 %) erforderlich ist. Durch diesen Dressierstich oder Nachwalzstich wird die ausgeprägte Streckgrenze zerstört. Man muß das dressierte Material nun bald weiterverarbeiten, weil sich sonst die ausgeprägte Streckgrenze durch Alterung wieder neu bildet.

Die Erklärung für diese Erscheinung liefert die Versetzungstheorie. Die Kohlenstoff- oder Stickstoffatome sitzen im Eisengitter auf Zwischengitterplätzen, d. h. in den Lücken zwischen den Eisenatomen. Sie sind jedoch für diese Lücken zu groß, so daß in ihrer Umgebung starke Druckspannungen herrschen. Diese Druckspannungen und die mit ihnen verbundene Energie können erheblich vermindert werden, wenn sich das Fremdatom in der Nähe einer Versetzung aufhält. Abb. 5.9 zeigt, daß es an einer Stufenversetzung unterhalb der eingeschobenen Halbebene eine Stelle gibt, an der das Gitter stark aufgeweitet ist. Wenn sich die Fremdatome dort anlagern, so kostet dies wesentlich weniger Energie als sonst irgendwo im Gitter. Die Reckalterung besteht darin, daß die Zwischengitteratome zu diesen bevorzugten Stellen an der Versetzungslinie hindiffundieren. Der dabei entstehende Energiegewinn läßt sich auch so interpretieren, als ob zwischen Versetzungen und Zwischengitteratomen eine anziehende Kraft bestünde.

Wird an ein solches gealtertes Material eine Schubspannung angelegt, so findet bei der normalen Streckgrenze des Werkstoffes keine Verformung statt, weil alle Versetzungen verankert sind. Die Verformung beginnt erst bei einer wesentlich höheren Spannung, der oberen Streckgrenze. Erst hier stehen genug Versetzungen zur Verfügung, sei es, daß sie sich von den Fremdatomwolken losreißen, sei es, daß sie durch die Betätigung von Quellen neu gebildet werden. Dies geschieht an irgendeiner Stelle im Werkstoff, die dadurch zum Keim des Lüders-Bandes wird. Diese Stelle verformt sich zunächst allein und verfestigt sich dabei.

Die Spannungsfelder der Versetzungen, die sich in den Körnern des Lüders-Bandes aufstauen, sorgen nun dafür, daß auch in benachbarten, noch unverformten Körnern das Fließen einsetzt. Es handelt sich hierbei um Eigenspannungen zweiter Art, die sich der angelegten äußeren Spannung überlagern. Darum ist zur Ausbreitung des Lüders-Bandes eine niedrigere Spannung, die untere Streckgrenze σ_u, erforderlich. Jedes Korn des Lüders-Bandes verformt sich zunächst so weit, bis es sich auf die Spannung der unteren Streckgrenze verfestigt hat. Hierdurch ist die Lüders-Dehnung bestimmt.

Bei hohen Temperaturen können die an einer Versetzung angelagerten Fremdatome mit der Versetzung mitwandern. Dann erscheint keine ausgeprägte Streckgrenze. Es gibt jedoch einen mittleren Temperaturbereich, in dem die Beweglichkeit der Fremdatome gerade ausreicht, um noch mit der Versetzung mitzukommen. Dann müssen die äußeren Kräfte nicht nur die Versetzung, sondern auch die Fremdatome mit durchs Gitter schleppen. Dadurch erhöht sich die Fließspannung. Kohlenstoff- und stickstoffhaltige Stähle besitzen deshalb eine sehr merkwürdige Abhängigkeit der Fließspannung von der Temperatur, die in Abb. 5.13 gezeigt ist. Während bei den meisten Metallen die Fließspannung mit

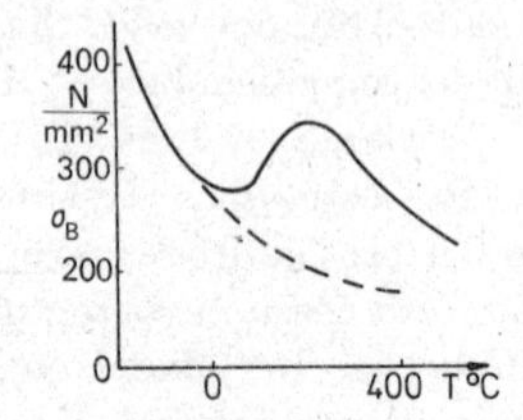

Abb. 5.13: Zugfestigkeit eines Kohlenstoffstahles über der Temperatur. Gestrichelt: reinstes Eisen.

der Temperatur monoton abnimmt, zeigen solche Stähle ein Maximum, dessen genaue Lage von der Verformungsgeschwindigkeit abhängt. Dort nimmt auch die Duktilität des Materials merklich ab. Da das Fließspannungsmaximum etwa bei den Temperaturen liegt, bei denen Stähle blau anlaufen, bezeichnet man dieses Verhalten der Stähle als „Blausprödigkeit". Es handelt sich um eine dynamische Reckalterung.

6. ERHOLUNG UND REKRISTALLISATION

6.1 Definitionen

Nach einer plastischen Verformung ist ein Werkstoff gewöhnlich verfestigt. Auch zeigt er ein Verformungsgefüge, d. h. die Körner haben sich gestreckt oder sie sind – nach sehr starker Verformung – überhaupt nicht mehr im Mikroskop zu erkennen. Auch alle anderen physikalischen Eigenschaften haben sich geändert. So ist der elektrische Widerstand merklich erhöht, die Dichte hat ein wenig abgenommen (um 2 oder 3 ‰).

Die Ursache für alle diese Erscheinungen liegt in der erhöhten Versetzungsdichte. Die Versetzungen machen das Metall fester, sie weiten das Gitter auf und streuen die Elektronen beim Stromdurchgang.

Zur Verformung des Metalles ist eine erhebliche mechanische Arbeit aufgewendet worden (sie entspricht dem Flächeninhalt unter der Verfestigungskurve in der Abb. 5.2). Diese Arbeit wird größtenteils in Wärme umgesetzt. Ein kleiner Teil (einige %) bleibt jedoch im Material als latente Energie. Sie hat ihren Sitz in den Spannungsfeldern der Gitterfehler. Verformtes Material ist also energiereicher als unverformtes und hat deshalb die Tendenz, in den energieärmeren unverformten Zustand zurückzukehren. Dies ist möglich, wenn man den Werkstoff bei einer geeigneten Temperatur glüht. Man nennt dies Weichglühen*.

Nach dem Weichglühen beobachtet man häufig, daß das Verformungsgefüge verschwunden ist. An seine Stelle ist ein neues Gefüge aus etwa gleichachsigen Körnern getreten. Da man früher annahm, daß die Kristallnatur der Körner bei der Verformung zerstört würde, hat man für diese Erscheinung den Namen Rekristallisation geprägt. Abb. 6.1a zeigt schematisch ein Verformungsgefüge, Abb. 6.1c das daraus durch Rekristallisation entstandene

---

* Bei Stählen wird das Wort „Weichglühen“ noch in einem zweiten Sinn verwendet, nämlich für Glühungen in der Nähe der eutektoiden Temperatur A_1 (entweder knapp unter A_1 oder um A_1 pendelnd). Hierbei werden die Zementitlamellen zu rundlichen Ausscheidungen eingeformt. Der Stahl wird dadurch weicher, auch wenn er zuvor nicht kalt verfestigt war.

neue Gefüge. Abb. 6.1b zeigt das Gefüge, das entsteht, wenn man die Rekristallisation nicht vollständig ablaufen läßt. Man erkennt eine Reihe neuer Körner sowie Reste des Verformungsgefüges. Man

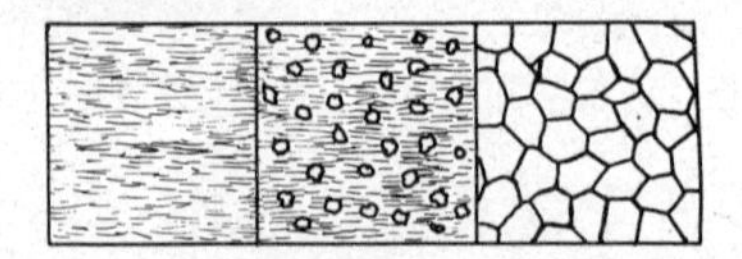

Abb. 6.1: a) Verformungsgefüge (schematisch); b) Beginnende Rekristallisation; c) Vollständige Rekristallisation.

kann also einen Rekristallisationsgrad R definieren, der den Volumenanteil der neu gebildeten Körner angibt. Man könnte erwarten, daß das Metall um so weicher ist, je größer der Rekristallisationsgrad ist. Hierzu betrachten wir Abb. 6.2. Auf der Abszisse ist der Rekristallisationsgrad R aufgetragen, auf der Ordinate ein Erweichungsgrad Eg, den wir so definieren:

$$E_g = \frac{H_h - H}{H_h - H_w} . \tag{6.1}$$

Darin bedeutet H die Härte des teilweise rekristallisierten Materials. H_h und H_w sind die Härten des verformten und des vollständig rekristallisierten Materials. Wie die Abb. 6.2 zeigt, ist für Kupfer der Erweichungsgrad dem Rekristallisationsgrad gerade proportional.

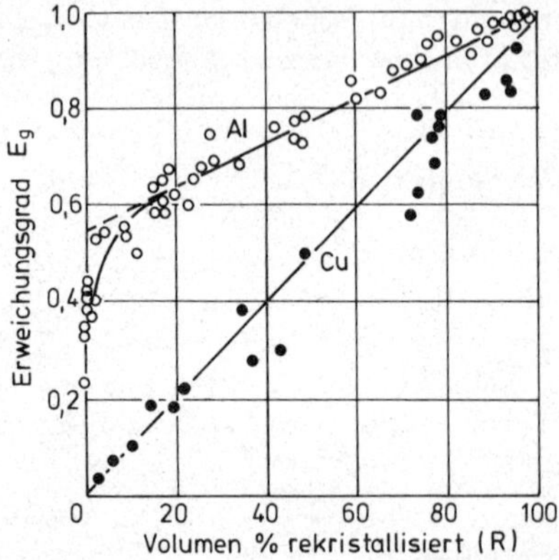

Abb. 6.2: Der Erweichungsgrad als Funktion des Rekristallisationsgrades.

Bei der Durchführung dieser Härtemessungen ist die Prüflast so gewählt worden, daß der Härteeindruck über viele Körner mittelt. Man kann auch so vorgehen, daß man eine sehr kleine Prüflast wählt (unter 2 N). Dann ist ein Härteeindruck kleiner als ein Korn. Man nennt dieses Meßverfahren Mikrohärteprüfung. Mikrohärtemessungen an teilrekristallisiertem Kupfer zeigen, daß die neuen Körner bereits weich sind, während das restliche Verformungsgefüge seine Verfestigung behält. Im teilrekristallisierten Zustand liegen also zwei Zustände des Werkstoffes, weich und hart, nebeneinander vor. In Abb. 6.2 haben die großen Härteeindrücke über beide Gefügebestandteile gemittelt.

Abb. 6.2 zeigt außerdem gleichartige Messungen an Aluminiumproben. Auch hier nimmt der Erweichungsgrad mit dem Rekristallisationsgrad zu. Die ganz andere Kurvenform rührt daher, daß sich das Aluminium bereits erheblich erweicht, ehe eine Rekristallisation sichtbar wird. Es gibt also beim Weichglühen einen zweiten Mechanismus, der das Material erweicht, ohne daß eine Gefügeänderung sichtbar wird. Diesen Vorgang nennt man Erholung.

Erholung und Rekristallisation sind beides Vorgänge, die beim Weichglühen stattfinden können. Bei der Erholung ist im Lichtmikroskop gewöhnlich keine Veränderung zu erkennen. Bei der Rekristallisation bildet sich, im Mikroskop sichtbar, ein Gefüge aus neuen Körnern. Die neu ins Gefüge wachsenden Körner sind von Großwinkelkorngrenzen umgeben. Deswegen lautet eine präzisere Definition der Rekristallisation: Rekristallisation ist ein Vorgang, bei dem Großwinkelkorngrenzen das Gefüge überstreichen.

6.2 Das Rekristallisationsdiagramm

Abb. 6.3 zeigt, wie der Rekristallisationsgrad mit der Glühzeit wächst. Die Rekristallisationsgeschwindigkeit ist zunächst klein, steigt dann stark an und nimmt wieder ab, während der Rekristallisationsgrad asymptotisch den Wert 1 erreicht. Einen solchen *S*-förmigen Verlauf haben wir bereits in dem Anfangsteil der Kurve in Abb. 4.6 für die Ausbildung von Ausscheidungen kennengelernt.

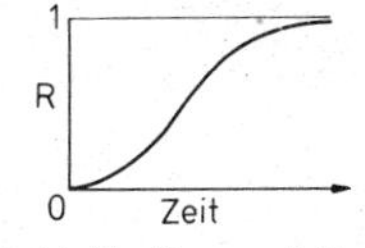

Abb. 6.3: Rekristallisationsgrad über der Glühzeit.

Er ist typisch für alle Vorgänge, die mit Keimbildung und Keimwachstum verbunden sind. Die langsame Anlaufgeschwindigkeit spiegelt die Zeit wieder, die erforderlich ist, damit sich überhaupt erst einmal Keime der neuen Phase oder, wie hier, der neuen Körner bilden können. Dann geht die Reaktion rasch voran, bis sie ihre Sättigung erreicht.

Die Rekristallisation kommt zunächst zum Stillstand, wenn die neu gebildeten Körner aneinanderstoßen und das ganze verformte Gefüge zwischen sich aufgezehrt haben. Bis hierhin nennt man den Vorgang Primärrekristallisation. Welche Korngröße zu diesem Zeitpunkt erreicht ist, ergibt sich aus dem Wettlauf zwischen Keimbildung und Kornwachstum. Bei geringer Keimbildungsgeschwindigkeit und hoher Wachstumsgeschwindigkeit entsteht ein grobes Korn. Beide Geschwindigkeiten hängen empfindlich von der Temperatur ab. Da aber beide mit steigender Temperatur wachsen, ändert sich die resultierende Korngröße nur relativ wenig mit der Temperatur. Auch die vorangegangene Verformung hat einen Einfluß auf die Endkorngröße.

Diese Zusammenhänge sind in Abb. 6.4 dargestellt. Hier ist die Korngröße aufgetragen als Funktion von vorangegangener Verformung und Glühtemperatur. Die Glühzeit ist konstant gehalten, sie beträgt in diesem Beispiel 2 Stunden. Man sieht, daß für einen gegebenen Verformungsgrad die Korngröße mit der Temperatur etwas zunimmt. Für eine gegebene Glühtemperatur nimmt die Korngröße mit dem Verformungsgrad ab. Unterhalb einer gewissen Temperatur beobachtet man überhaupt keine Rekristallisation. Diese Temperatur nennt man die Rekristallisationstemperatur des

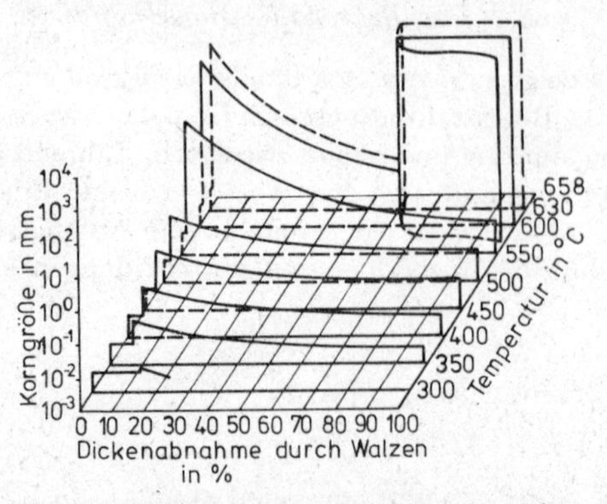

Abb. 6.4: Rekristallisationsschaubild für Aluminium.

Werkstoffes. Sie liegt bei etwa 40% der Schmelztemperatur, wenn man für beide die absolute Temperaturskala (°K) benutzt. Unterhalb eines gewissen kritischen Verformungsgrades findet ebenfalls keine Rekristallisation statt. Die Rekristallisationstemperatur ist deshalb, strenggenommen, eine Funktion des Verformungsgrades.

Abb. 6.4 nennt man ein Rekristallisationsdiagramm. Es gestattet, die Glühzeiten so zu wählen, daß man eine gewünschte Korngröße erhält. In der Regel versucht man, ein möglichst feines Korn zu erzielen. Man muß dazu die Temperatur so niedrig wählen, daß gerade eine vollständige Rekristallisation möglich ist.

6.3 Spätstadien der Rekristallisation

Nach Abschluß der Primärrekristallisation haben die Körner den weichgeglühten, energiearmen Zustand erreicht. Wenn die entstandene Matrix jedoch feinkörnig ist, so kann sie ihre Energie weiter verringern, indem sie gröbere Körner bildet. Die Korngrenzen haben nämlich, ähnlich wie eine freie Oberfläche, eine spezifische Energie (einige 100 erg/cm^2) und beim Übergang von einer feinkörnigen zu einer grobkörnigen Matrix nimmt die gesamte Fläche der Korngrenzen und damit ihre gesamte Energie ab.

Eine solche Kornvergrößerung kann dadurch erfolgen, daß kleine Körner von ihren größeren Nachbarn aufgezehrt werden. Diesen Vorgang nennt man das normale Kornwachstum. Es setzt sofort ein, wenn die neuen Körner aneinanderstoßen, also in der Regel schon vor Abschluß der Primärrekristallisation. Die beiden Vorgänge sind mithin nicht scharf voneinander zu trennen. Das Rekristallisationsdiagramm in Abb. 6.4 beschreibt also nicht streng den Abschluß der Primärrekristallisation; es ist vielmehr so, daß bei der vorgegebenen Glühzeit, zumal bei höheren Temperaturen, bereits das normale Kornwachstum begonnen hat. Dies ist ein Hauptgrund dafür, daß bei höheren Temperaturen größere Körner beobachtet werden. Das Zeitgesetz für diesen Vorgang lautet,

$$d = k \cdot \sqrt{t} \tag{6.2}$$

Darin ist k eine Konstante. Nach Gl. (6.2) brauchte man nur lange genug zu glühen, um jeden Werkstoff in einen Einkristall zu überführen. Das ist praktisch nicht möglich. Das normale Kornwachstum kommt vielmehr zum Stillstand, wenn erstens die Körner die Abmessung des Werkstückes erreichen (Blechdicke, Drahtdurchmesser) oder wenn zweitens die Körner eine Größe erreichen, die durch Menge und Verteilung der Ausscheidungen einer zweiten Phase gegeben ist, nach der Formel

$$f \approx r/R. \qquad (6.3)$$

Darin bedeutet f den Volumenanteil der Ausscheidungen, r den mittleren Radius der Ausscheidungen, R den mittleren Radius der Körner. (Bei gegebener Menge der Ausscheidungen ist also eine feinverteilte zweite Phase viel wirksamer zur Begrenzung der Korngröße als wenige grobe Ausscheidungen.) Das normale Kornwachstum kann drittens zum Stillstand kommen, wenn eine besonders scharfe Rekristallisationstextur (vgl. S. 126) erreicht ist.

Wird das normale Kornwachstum aus einem der genannten Gründe unterbrochen, so kann sich das Gefüge trotzdem weiter vergröbern. Dies geschieht dadurch, daß einzelne, außerordentlich große Körner das gesamte Gefüge aufzehren. Diesen Vorgang nennt man Grobkornbildung oder Sekundärrekristallisation. Sie ist der Grund, warum nach Abb. 6.4 bei hohen Verformungsgraden und Temperaturen besonders große Körner auftreten.

Das normale Kornwachstum ist im Mikroskop nicht sonderlich auffällig. Man kann es nur durch sorgfältige Korngrößenmessungen verfolgen. Eine einsetzende Sekundärrekristallisation ist jedoch auf den ersten Blick zu erkennen: Man sieht einzelne, sehr große Körner inmitten einer sonst feinkörnigen Matrix. Mitunter nehmen diese großen Körner ihren Ausgang von Stellen, an denen die Primärmatrix beschädigt wurde (Kratzer, Schnittkanten von Blechen!). In diesen Fällen spricht man von erzwungener Sekundärrekristallisation.

Es gibt auch eine tertiäre Rekristallisation. Sie kann nach der sekundären Rekristallisation einsetzen. Dabei wachsen z. B. in Blechen sehr große Körner, die so orientiert sind, daß Flächen niedriger Oberflächenenergie mit der Blechoberfläche zusammenfallen.

Literatur:

P. A. Beck: Annealing of Cold Worked Metals. Phil. Mag. Supp. Vol. 3, p. 245–324, Jahrgang 1954.

6.4 Erholung

Die Erholung kann bereits bei niedrigeren Temperaturen einsetzen als die Rekristallisation. In den meisten Metallen können bereits bei Raumtemperatur Punktfehler (Leerstellen und Zwischengitteratome) ausheilen. Das hat auf die mechanische Eigenschaften wenig Einfluß, jedoch nimmt dabei der elektrische Widerstand merklich ab. Die Erholung des elektrischen Widerstandes setzt also viel schneller ein als die Erholung der mechanischen Eigenschaften.

Zur Erholung der mechanischen Eigenschaften muß, wie bei der Rekristallisation, die Versetzungsdichte verringert werden. Dies geschieht in der Regel nicht dadurch, daß die Versetzungen in ihre Quellen zurücklaufen. So würde nämlich die vorangegangene plastische Verformung rückgängig gemacht. Ein solches „Rückkriechen" wird nur in speziellen Laborversuchen in größerem Maße beobachtet. Wichtiger ist dagegen, daß sich gekrümmte Versetzungslinien gerade ziehen und benachbarte Versetzungen entgegengesetzten Vorzeichens sich auslöschen. In Abb. 6.5a sind zwei solcher Versetzungen dargestellt. Bei der linken ist eine zusätzliche Halbebene von oben, bei der rechten von unten eingeschoben. Beide Versetzungen haben die gleiche Gleitebene. Wenn sie sich treffen, bilden die beiden Halbebenen zusammen eine neue Gitterebene, beide Versetzungen sind dabei verschwunden. Diese Art der Auslöschung kann bereits während der Verformung stattfinden. Abb. 6.5b zeigt ebenfalls zwei Versetzungen entgegengesetzten Vorzeichens, aber auf verschiedenen Gleitebenen. Der Abstand zwischen beiden Gleitebenen soll nur einige Atomdurchmesser betragen. Diese beiden Versetzungen können sich nicht ohne weiteres

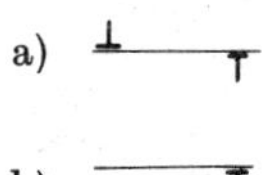

Abb. 6.5: Klettern von zwei entgegengesetzten Versetzungen in eine Gleitebene.

auslöschen. Eine von ihnen müßte dazu eine Bewegung ausführen, die sie aus ihrer Gleitebene herausführt. Das ist durch einfache Abgleitung nicht möglich. Eine solche Bewegung ist dagegen möglich, wenn sich Punktfehler im Material befinden. Wenn sich z. B. eine Reihe von Leerstellen an die rechts im Bild befindliche Stufenversetzung anlagert, so wird dadurch die eingeschobene Halbebene um einen Atomschritt verkürzt. Die Versetzung wandert deshalb einen Atomschritt nach unten. Durch mehrere solche Schritte kann sie bis auf die Gleitebene der unteren Versetzung gebracht werden. Dann können sich die beiden Versetzungen auslöschen.

Diese Art der Versetzungsbewegung nennt man Klettern. Im Gegensatz zum Gleiten ist das Klettern von Versetzungen ein Vorgang, der Diffusion (hier von Leerstellen) benötigt und der deshalb nur bei höheren Temperaturen ablaufen kann.

Das Klettern von Versetzungen spielt auch eine Rolle in einem weiteren wichtigen Erholungsvorgang. Abb. 6.6a zeigt eine typische Versetzungsstruktur nach plastischer Verformung. Auf gewissen Gleitebenen (denjenigen, in denen eine Quelle betätigt wurde) finden sich viele Versetzungen gleichen Vorzeichens hintereinander aufgestaut. Alle Versetzungen haben oberhalb der Gleitebene ihre eingeschobenen Halbebenen und daher Gebiete großer Druckspannungen, unterhalb der Gleitebene haben sie alle Zugspannungen. Alle diese Spannungen überlagern sich, so daß ein energetisch sehr ungünstiger Zustand herrscht. Viel günstiger ist die in Abb. 6.6b gezeigte Anordnung. Die Zahl der Versetzungen ist hier zwar die gleiche, sie sind jedoch so angeordnet, daß jeweils das Druckspannungsgebiet einer Versetzung in das Zugspannungsgebiet der nächsten Versetzung hineinreicht. Auch diese Umordnung ist nur möglich, wenn die Versetzungen die Möglichkeit haben, durch Klettern ihre Gleitebene zu verlassen.

Die Gleitebenen, die in Abb. 6.6a durch die Aufstauungen der Versetzungen gekrümmt sind, bilden in Abb. 6.6b geradlinige Polygonzüge. Daher hat diese Erscheinung den Namen Polygonisation bekommen. Die Versetzungsanordnungen der Abb. 6.6b trennen Gitterbereiche, die etwas gegeneinander desorientiert sind. (In Wirklichkeit betragen solche Desorientierungswinkel einige Minuten oder höchstens einige Grad.) Die Versetzungsanordnungen sind also Kleinwinkelkorngrenzen; die versetzungsfreien Bereiche zwischen ihnen sind Subkörner. Dieser Erholungsvorgang führt also dazu, daß sich in den verformten Körnern Subkörner bilden.

Auch diese Subkörner können bei weiterer Glühung wachsen. Hierfür gelten ganz ähnliche Gesetzmäßigkeiten wie für das normale Kornwachstum. Mit steigender Subkorngröße steigt dabei

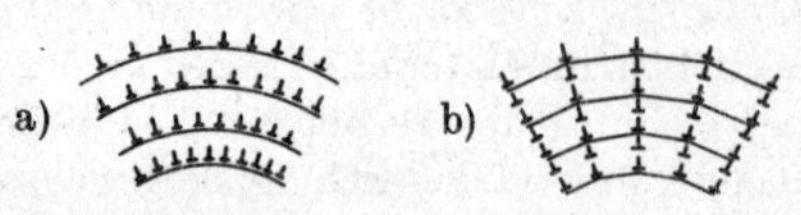

Abb. 6.6: **Kristallerholung.**
a) Gleitebenen durch aufgestaute Versetzungen gekrümmt.
b) Versetzungen zu Kleinwinkelkorngrenzen umgeordnet (Polygonisation).

auch die Desorientierung zwischen benachbarten Subkörnern. Das kann so weit führen, daß schließlich ein Gefüge entsteht, das im Mikroskop von einem rekristallisierten Gefüge überhaupt nicht zu unterscheiden ist: Es besteht ebenfalls aus neuen Körnern, die durch Großwinkelkorngrenzen voneinander getrennt sind. Diesen Vorgang nennt man Rekristallisation „in situ".

In praktischen Fällen ist es nicht immer einfach, zwischen Rekristallisation in situ und echter Rekristallisation klar zu unterscheiden. Die Kinetik beider Vorgänge ist freilich völlig verschieden. Abb. 6.7 zeigt, wie sich bei der Erholung der Erweichungsgrad

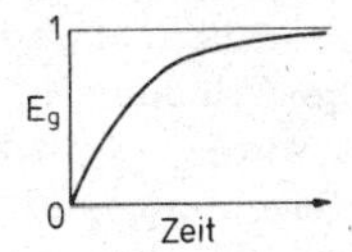

Abb. 6.7: Erweichungsgrad über der Glühzeit bei Kristallerholung.

mit der Zeit ändert. Da keine Keimbildung erforderlich ist, beobachtet man keine S-Kurve wie in Abb. 6.3, sondern die Erholung setzt sofort mit einer endlichen Geschwindigkeit ein, die im weiteren Verlauf des Vorganges abnimmt (vgl. hierzu die Kinetik von Warm- und Kaltaushärtung!).

Erzeugt man Mikrohärteeindrücke in einer teilweise erholten Matrix, so kann man nicht, wie in einem teilrekristallisierten Gefüge, harte und weiche Stellen unterscheiden. Alle Mikrohärteeindrücke sind vielmehr gleich groß, sie liegen zwischen den Werten für das harte und für das weiche Material.

6.5 Warm- und Kaltverformung

Beim Weichglühen eines verformten Metalles treten Erholung und Rekristallisation miteinander in Wettbewerb, um die latente Energie des Gefüges abzubauen. Bei niedrigen Temperaturen und sehr kurzen Glühzeiten ist dabei die Erholung im Vorteil. Die Rekristallisation setzt erst bei höheren Temperaturen und nach einer Anlaufzeit ein, dann aber führt sie im allgemeinen zu einem vollständigeren Abbau der latenten Energie als die Erholung.

In der technischen Praxis werden Metalle häufig bei höheren Temperaturen verformt. Man unterscheidet Kaltverformung und Warmverformung. Als Grenze zwischen beiden Bereichen hat man die Rekristallisationstemperatur festgelegt; das bedeutet, daß Eisen bei 300 °C kaltverformt wird, während Blei bei Raumtemperatur warmverformt wird.

Bei hohen Temperaturen sind metallische Werkstoffe in der Regel weicher als bei tiefen Temperaturen; man braucht also zu ihrer Verformung wesentlich geringere Kräfte*. Der Hauptgrund hierfür ist offensichtlich, daß das Material bereits während der Verformung wieder weichgeglüht wird, so daß sich keine starke Verfestigung aufbauen kann.

Es ist noch nicht völlig klar, welcher der beiden Entfestigungsmechanismen – dynamische Erholung oder dynamische Rekristallisation – die Gestalt der Warmfließkurve entscheidend bestimmt. Sicher ist, daß dynamische Erholung stattfindet. Aber auch dynamische Rekristallisation wurde – vor allem bei hohen Temperaturen und geringen Verformungsgeschwindigkeiten – einwandfrei nachgewiesen. Die relative Bedeutung beider Mechanismen ist wahrscheinlich von Metall zu Metall verschieden und hängt außerdem von der Temperatur und der Verformungsgeschwindigkeit ab.

Hohe Verformungsgrade werden nicht immer, wie beim Strangpressen, dem Werkstoff in einem einzigen Arbeitsgang aufgeprägt, sondern häufig, wie beim Walzen, in vielen kleinen Stichen. Zwischen zwei Stichen liegt dann eine Pause, die – z. B. in kontinuierlichen Walzstraßen – nur einige hundertstel Sekunden zu betragen braucht, die aber auch viele Sekunden oder auch einige Minuten dauern kann. Auch in Werkstoffen, in denen während der Verformung nur Erholung stattfindet, kann während dieser Pausen Rekristallisation einsetzen. Das gleiche gilt für die Abkühlungszeit des Werkstückes nach Abschluß der Verformung. Warmverformte Werkstoffe zeigen also in der Regel ein rekristallisiertes Gefüge, ohne daß man jedoch daraus schließen kann, daß diese Rekristallisation bereits während der Verformung stattgefunden hat.

6. ANHANG

Verformungs- und Glühtexturen. Während einer plastischen Verformung ändern die Kristallite eines Vielkristalls ihre Orientierungen in einer Weise, die dem Verformungsvorgang angepaßt ist. Deshalb haben verformte Werkstücke stets eine ausgeprägte Ver-

* Ferner sind Metalle bei hohen Temperaturen in der Regel auch duktiler, ertragen also höhere Verformungen bis zum Bruch.

formungstextur. Abb. 6.8 zeigt z. B. die [111] – Polfigur eines kaltgewalzten Aluminiumbleches.

Eine ähnliche Textur zeigen Bleche aus Gold, Nickel, Kupfer und rostfreiem Stahl. Eine etwas abweichende Textur zeigen Silber und die kubisch flächenzentrierten Legierungen wie z. B. α-Messing.

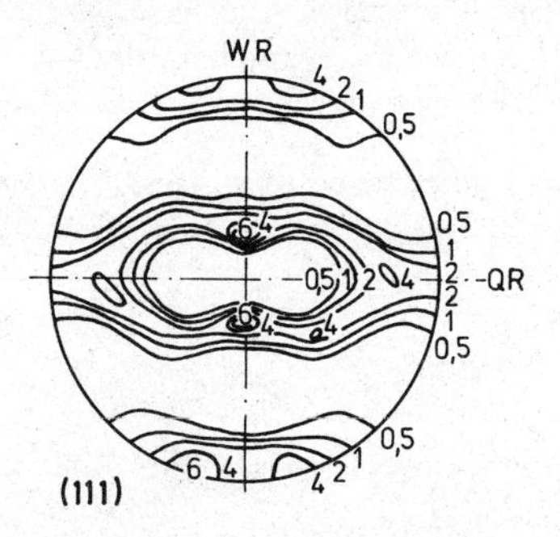

Abb. 6.8: **Polfigur der (111)-Ebenen eines kaltgewalzten Aluminiumbleches.**

Die kubisch raumzentrierten und die hexagonalen Metalle zeigen andere typische Walztexturen. In ähnlicher Weise gibt es charakteristische Verformungstexturen, die sich beim Drahtziehen, Pressen, Stauchen, Scheren und anderen Verformungsarten einstellen. Nicht immer ist es einfach, sie kristallographisch zu beschreiben. Dagegen ist das Bild ihrer Polfiguren stets typisch und einprägsam.

Bei einer Erholungsglühung bewegen sich im Metall Versetzungen. Die Orientierungen der Kristallite ändern sich dabei, wie Abb. 6.6 veranschaulicht, nicht wesentlich. Deshalb bleibt nach einer Erholungsglühung oder Rekristallisation in situ die Verformungstextur im Werkstoff erhalten.

Bei einer Rekristallisation wird das Gefüge von wandernden Großwinkelkorngrenzen überstrichen. Man kann sich leicht klarmachen, daß sich dadurch an jeder Stelle im Gefüge die Orientierung vollständig ändert. Deshalb führt eine Rekristallisation in der Regel zu einer völlig abweichenden Textur, der Rekristallisationstextur*. Die Orientierung der Ideallagen der Rekristallisationstexturen hängt in komplizierter, aber gesetzmäßiger Weise von der Geometrie der Verformungstextur ab. Die Gründe hierfür sind noch nicht restlos erforscht. Die in Abb. 1.10 gezeigte Würfellage

---

* Es gibt allerdings Beispiele, in denen (gewissermaßen zufällig!) die Rekristallisationstextur der Verformungstextur ähnelt.

ist eine typische Rekristallisationstextur der kubisch flächenzentrierten Metalle, die sich z. B. in Walzblechen aus Kupfer, Aluminium, Nickel und Gold nach einer Rekristallisationsglühung einstellt.

Wegen der damit verbundenen Anisotropie sind ausgeprägte Texturen für die Weiterverarbeitung von Werkstoffen häufig unerwünscht. Abb. 6.9 zeigt ein Näpfchen, das aus einer Blechronde mit ausgeprägter Textur tiefgezogen wurde. Der obere Rand des

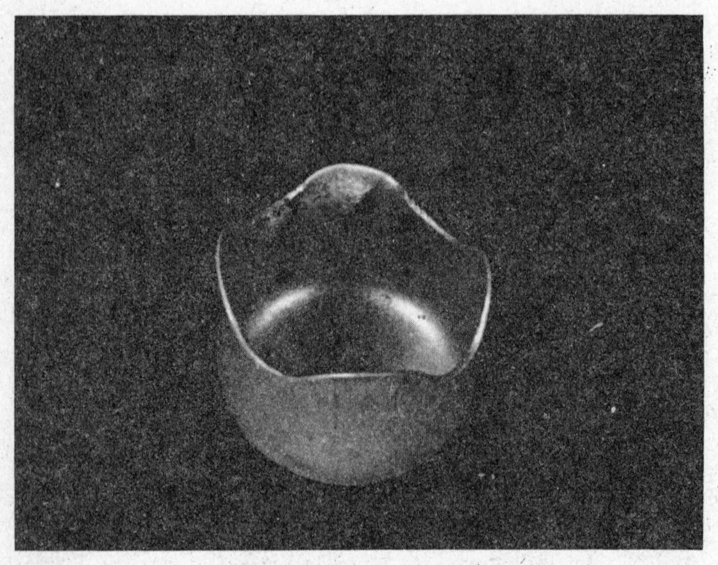

Abb. 6.9: Zipfelbildung beim Tiefziehen.

Näpfchens ist nicht glatt, sondern zeigt vier Zipfel. Diesen vier Zipfeln entspricht eine unterschiedliche Wandstärke des Näpfchens. Solche Zipfel entstehen unter 0° und 90° zur Walzrichtung, wenn das Blech eine ausgeprägte Würfellage zeigt; sie stehen unter 45° zur Walzrichtung, wenn das Blech die in Abb. 6.8 gezeigte Textur besitzt. Beides ist natürlich unerwünscht; deshalb müssen bei der Herstellung von Tiefziehblechen Verformungen und Glühbehandlungen so gewählt werden, daß das fertige Blech eine möglichst schwach ausgeprägte Textur erhält.

In anderen Fällen versucht man, die durch die Textur erzeugte Anisotropie technisch zu nutzen. So wäre z. B. für die Fertigung von

Transformatoren technisch besonders günstig, wenn die Kristallite so orientiert wären, daß Richtungen leichtester Magnetisierbarkeit in die Richtung des magnetischen Flusses zeigen. Beim Eisen sind die Richtungen leichtester Magnetisierbarkeit die Würfelkanten. Die Würfellage wäre deshalb in den für Transformatoren verwendeten Eisen-Silizium-Blechen ideal. Lange Zeit gelang es jedoch nicht, diese Texturen planmäßig zu züchten. Man erzielte zunächst einen Teilerfolg, als es gelang, durch Sekundärrekristallisation die in Abb. 6.10

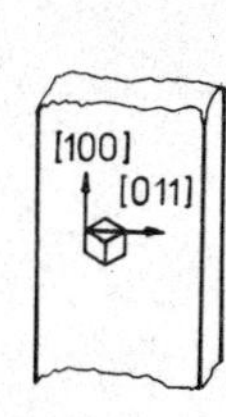

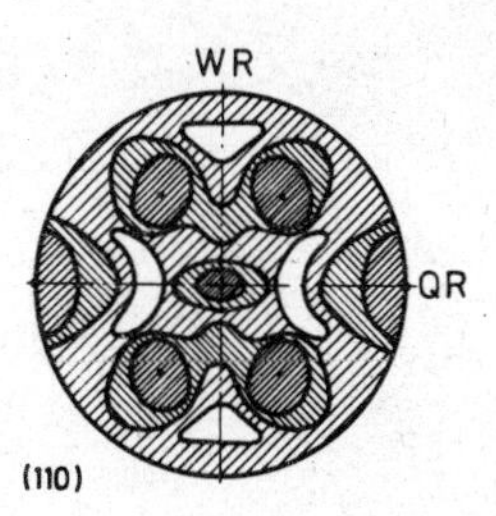

Abb. 6.10: Polfigur der (110)-Ebenen und mittlere Lage der Elementarzelle bei Goss-Textur.

gezeigte Gosslage zu erzeugen. Hier liegt eine [100]-Richtung in Walzrichtung, eine [011]-Richtung in Querrichtung. Abb. 6.11 zeigt schematisch einen aus solchem Blech gestanzten Transformatorkern.

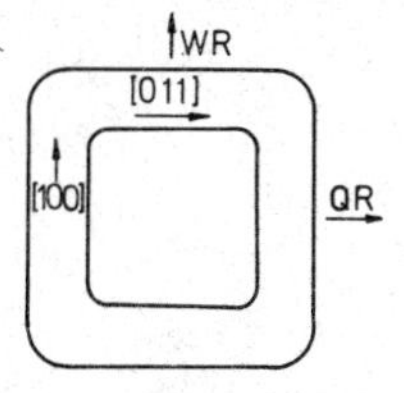

Abb. 6.11: Transformatorkern mit Goss-Textur.

matorkern. Er hat wenigstens auf einem Teil seines Umfanges die Richtung günstiger Magnetisierbarkeit.

Neuerdings ist es gelungen, auch die Würfellage in Transformatorenblechen zu erzeugen. Man benutzt hierzu die Tertiärrekristallisation. Es ist schwierig, die dafür richtige Ofenatmosphäre einzustellen, denn die Oberflächenenergie der verschiedenen Körner hängt u. a. von der Art der an der Blechoberfläche adsorbierten Fremdatome ab. Solche Bleche sind natürlich sehr grobkörnig, aber das ist für ihre magetischen Eigenschaften sogar wünschenswert. Mechanisch sind sie ja keinen größeren Beanspruchungen ausgesetzt.

Literatur:

G. WASSERMANN, J. GREWEN: Texturen Metallischer Werkstoffe. Springer-Verlag, Berlin 1962.

7. ZERSTÖRUNG VON WERKSTOFFEN

7.1 *Bruch bei einsinniger Belastung*

7.1.1 *Verformungsbruch*

Die anhand von Abb. 5.2 diskutierte Zugprobe verformt sich gleichmäßig bis zum Maximum der Lastdehnungskurve. Um das zu verstehen, stellen wir uns vor, daß ein Teil der Probe zufällig etwas stärker verformt wäre als der Rest. An dieser Stelle ist der Querschnitt der Probe nun etwas kleiner geworden als anderswo, dafür ist dort das Material auch etwas stärker verfestigt. Für den weiteren Verlauf des Versuches kommt es nun darauf an, ob die Verfestigung des Werkstoffes groß genug ist, um diese Querschnittsabnahme zu kompensieren. Im Bereich der Gleichmaßdehnung ist dies der Fall; deshalb werden dort zufällige Schwankungen des Verformungsgrades von selbst wieder ausgeglichen. Jenseits des Maximums der Lastdehnungskurve ist die Materialverfestigung zu schwach, um die geometrische Entfestigung auszugleichen. Dadurch konzentriert sich nun die ganze weitere Formänderung der Probe auf den Bereich, der einmal durch eine zufällige Schwankung etwas stärker verformt ist: die Probe schnürt sich an dieser Stelle ein. Der Querschnitt wird dort immer geringer und die Probe kann schließlich zu zwei Spitzen ausgezogen werden. In dieser „idealplastischen" Weise brechen z. B. erwärmte Glasstäbe, manche Kunstfasern und manche hochreinen Metalle (Aluminium, Blei).

In technischen Werkstoffen kommt es in der Regel jedoch nicht so weit. Solche Proben schnüren sich nur um einen gewissen endlichen Betrag ein, den man Brucheinschnürung Ψ nennt. Es gilt

$$\Psi = (F_0 - F_B)/F_0 \,. \qquad (7.1)$$

Darin ist F_B der kleinste Querschnitt der Probe in der Einschnürung nach dem Bruch. Tab. 7.1 zeigt die Einschnürungswerte verschiedener Werkstoffe. Dort sind ferner Werte für die Gleichmaßdehnung δ_g und die Bruchdehnung δ der gleichen Werkstoffe angegeben. Die Bruchdehnung ist definiert als

$$\delta = (L_B - L_0)/L_0 \,. \qquad (7.2)$$

Tabelle 7.1: Verformungswerte

Werkstoff	ε (Gleichmaß) %	ε (Bruch) %	Ψ (Bruch) Einschnürung	σ (Bruch) N/mm²
(1) X 12 CrNi 18 8	60	73	1,5	600
(2) Ck 22	20	32	1,5	550
(3) GG	0,7	0,7	0	250
(4) Cu	22	58	2,5	230
(5) Al	28	55	4	60
(6) Pb	28	47	3,7	15
(7) PVC	3	28	1,1	60
(8) Glas 20 °C	0,08	0,08	0	50
(9) Glas ca. 600 °C	∞	∞	∞	0

(1) – (7) Meßwerte; (7) bei 18°, $\dot{\varepsilon}$: ca. 0,3/min;
(1) – (6) bei 18 °C, $\dot{\varepsilon}$: 0,1 bis 0,3/s

Sie setzt sich aus der Gleichmaßdehnung δ_g und der lokalen Einschnürdehnung δ_e zusammen.

Abb. 7.1 zeigt genauer die Gestalt des typischerweise bei Metallen auftretenden Verformungsbruches: Die beiden Hälften der Zug-

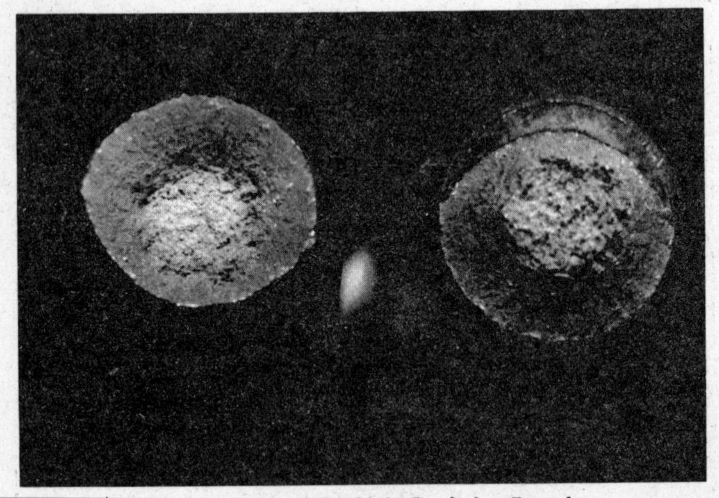

Abb. 7.1: Tasse und Kegel beim Bruch einer Zugprobe.

probe haben sich längs einer Bruchfläche getrennt, die im wesentlichen senkrecht zur Richtung der Zugspannung verläuft. Auf der einen Probenhälfte geht diese Bruchfläche am Rand in einen Kegel über. Auf der anderen Probenhälfte, der Tasse, ist sie von einem scharfkantigen Grat umgeben. Die Innenseite des Grates ist um 45° gegen die Probenachse geneigt und glatt. Die Bruchfläche selbst ist rauh und hat ein samtmattes Aussehen.

Die Entstehung dieser Bruchflächen beginnt im Inneren der Probe in der Nähe der Probenachse. Dort herrscht, während sich die Einschnürung bildet, ein komplizierter Spannungszustand, vor allem ein starker allseitiger (hydrostatischer) Zug. Unter diesen Zugspannungen öffnen sich im Werkstoff Poren. Jede einzelne Pore ist in Richtung der Hauptzugachse gelängt (Abb. 7.2). Bei weiterer Verformung wachsen diese Poren seitlich zusammen und bilden so

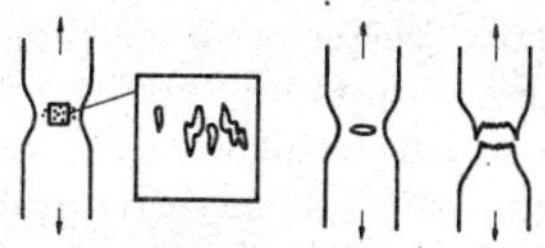

Abb. 7.2: Porenbildung in der Einschnürung.

die Bruchfläche. Aus dieser Entstehungsgeschichte wird das zerklüftete, samtmatte Oberflächenbild des typischen Verformungsbruches verständlich. Während die Bruchfläche von innen nach außen wächst, hält nur ein Werkstoffring abnehmender Dicke die Probe außen zusammen.

Man muß nun bedenken, daß auch die Zugmaschine während des Zerreißversuches unter Spannungen steht. Sie hat eine elastische Energie gespeichert, die umso größer ist, je „weicher“ die Maschine ist. Im weiteren Verlaufe des Versuches kommt der Zeitpunkt, in dem die elastische Energie der Maschine ausreicht, den restlichen Querschnitt der Probe adiabatisch auseinanderzureißen. So entsteht der Grat als ein reiner Scherbruch. Kleine Proben in sehr harten Maschinen bilden deshalb keinen Grat aus.

7.1.2 Sprödbruch und Mischbruch

Wie Tab. 7.1 zeigt, gibt es auch Werkstoffe, die mit sehr geringer Brucharbeit brechen. Solche Werkstoffe nennt man spröde. Wie beim Verformungsbruch bildet sich auch beim Sprödbruch eine Bruchfläche aus, die ungefähr senkrecht zur größten Normalzugspannung im Werkstoff verläuft. Sie sieht jedoch anders aus. In

Gläsern ist die Bruchfläche glatt und oft muschelförmig gekrümmt. In kristallinen Stoffen folgt der Sprödbruch in der Regel kristallographisch ausgezeichneten Spaltebenen. In einem Vielkristall ändert sich natürlich die Orientierung dieser Ebenen von Kristall zu Kristall; man erkennt auf der Bruchfläche bereits mit dem bloßen Auge das Glitzern der spiegelnden Spaltflächen.

Mitunter verläuft der Sprödbruch nicht intrakristallin, also durch die Körner hindurch, sondern interkristallin, d. h. auf den Korngrenzen entlang. Das ist besonders dann der Fall, wenn die Korngrenzen mit den Ausscheidungen einer spröden zweiten Phase belegt sind, die dann auch das Aussehen der Bruchfläche bestimmt (Rotbrüchigkeit, Schwarzbrüchigkeit usw.).

Die Fläche unter der Spannungsdehnungs-Kurve in Abb. 5.2 stellt eine Arbeit dar. Man nennt sie die Brucharbeit. Die Brucharbeit ist groß, wenn die Fließspannung hoch ist und wenn der Werkstoff eine merkliche Verformung bis zum Bruch erfährt, d. h. also beim Verformungsbruch. Beim Sprödbruch ist die Brucharbeit dagegen klein. Mechanisch beanspruchte Werkstoffe sollen eine möglichst hohe Brucharbeit zeigen. Eine grobe Abschätzung der Brucharbeit gewinnt man, wenn man die Zugfestigkeit σ_B mit der Bruchdehnung δ multipliziert.

Ein besseres Verfahren zur Messung der Brucharbeit ist der Kerbschlagversuch. Die Anordnung hierzu ist in Abb. 7.3 skizziert. Man verwendet vierkantige Proben, die, wie Abb. 7.3a zeigt, eine Kerbe enthalten. Diese Proben zerschlägt man mit einem Pendelhammer. Der Hammer wird um einen bestimmten

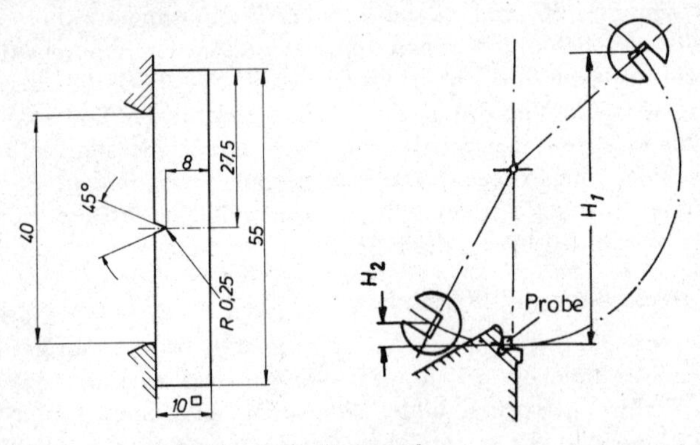

Abb. 7.3: Kerbschlagversuch.
a) Form der ISO-Spitzkerbprobe b) Schlaghammer.

Betrag ausgelenkt und fallengelassen. Er durchschlägt die Probe; ein Schleppzeiger zeigt an, wie weit er danach noch ausschlägt. Die Differenz der Pendelhöhen vor und nach dem Versuch gibt direkt die Kerbschlagarbeit an (in Joule). Sie ist klein bei spröden Werkstoffen und groß bei duktilen oder zähen Werkstoffen. Verwendet man eine andere Probenform als die in Bild 7.3a gezeigte ISO-Spitzkerbprobe, so ist dies extra anzugeben.

Je nach der Temperatur kann der gleiche Werkstoff spröde oder duktil brechen. Dies zeigt Abb. 7.4 am Beispiel einiger Kohlenstoffstähle. Aufgetragen ist die Kerbschlagarbeit als Funktion

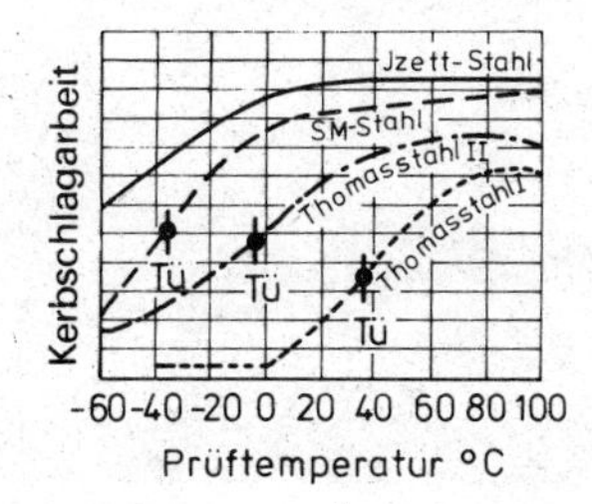

Abb. 7.4: **Zur Definition der Übergangstemperatur.**

der Temperatur. Sie ist klein bei tiefen und hoch bei hohen Temperaturen. Dazwischen läßt sich eine Übergangstemperatur definieren, die für jeden Werkstoff charakteristisch ist. Besonders wichtig ist diese Erscheinung bei Stählen, denn ihre Übergangstemperaturen liegen in der Regel nahe der Raumtemperatur (zwischen -100 und $+100$ °C). Es kann deshalb vorkommen, daß Stahlkonstruktionen (Brücken, Schiffe) in der Kälte plötzlich zerbrechen. Gelegentliche Überlastungen werden bei normalen Temperaturen durch kleine plastische Verformungen aufgefangen; in kalten Wintern entsteht dann bei den gleichen Überlastungen ein spröder Bruch.

Abb. 7.5 zeigt eine Kerbschlagprobe, die in der Nähe der Übergangstemperatur zerschlagen wurde. Unten im Bild sieht man die an der Probe angebrachte Kerbe. Der Rest ist Bruchfläche; sie stellt einen sogenannten Mischbruch dar. Die Mitte der Bruchfläche, der sogenannte kristalline Fleck, ist ein glitzernder Sprödbruch. Er ist umgeben von einem Saum mit matter Verformungsbruchfläche. Ein Mischbruch ist also zum Teil duktil, zum Teil spröde.

Die Neigung zum Sprödbruch wird nicht nur durch Kälte verstärkt, sondern auch dadurch, daß der Werkstoff grobkörnig ist,

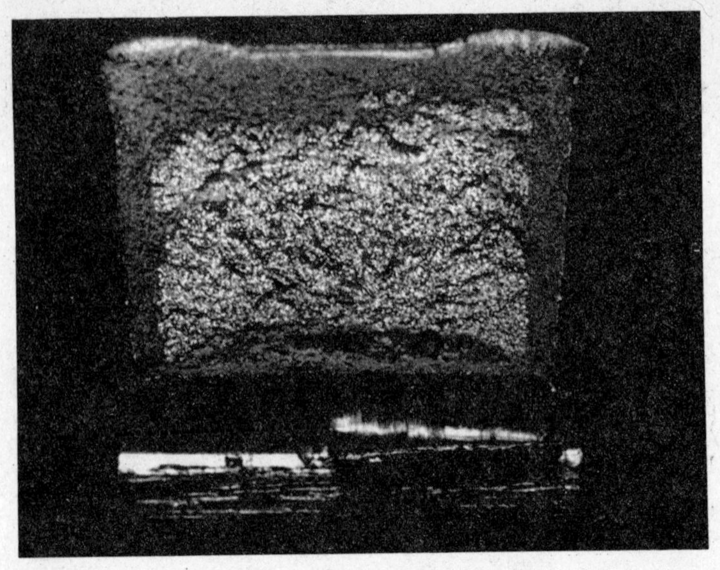

Abb. 7.5: Mischbruch einer Kerbschlagprobe.

ferner durch hohe Beanspruchungsgeschwindigkeit (Schlag) und durch dreiachsigen Zug, z. B. im Grunde von Kerben. Der Kerbschlagversuch prüft den Werkstoff also unter besonders ungünstigen Bedingungen, die der Konstrukteur nach Möglichkeit vermeidet.

Die Bruchspannung σ_B, bei der ein Bauteil bricht, hängt nicht nur von den Werkstoffeigenschaften ab, sondern auch von der Länge c von Anrissen, die es in größeren Konstruktionen praktisch immer gibt; es gilt

$$\sigma_B = \frac{K_c}{\sqrt{\pi c}}. \tag{7.3}$$

K_c ist eine Werkstoffkonstante mit dem Namen „Rißzähigkeit". Die Wirkung von Spannung und Rißlänge faßt man zusammen zu einer „Spannungsintensität" K

$$K = \sigma \sqrt{\pi c}. \tag{7.4}$$

Ein Werkstück bricht also, wenn $K \geq K_c$. Der Faktor π gilt, wenn die Spannung einen ebenen Riß aufweitet. Für andere Geometrien gelten andere Faktoren; mit diesem Gebiet beschäftigt sich die Bruchmechanik.

Literatur:

E. J. Pohl: Das Gesicht des Bruches metallischer Werkstoffe. Allianz Vers. AG, München.

A. S. Tetelman, A. J. McEvily: Bruchverhalten technischer Werkstoffe, Verlag Stahleisen m.b.H., Düsseldorf 1971.

7.2 Dauerbruch

7.2.1 Erscheinungsbild des Dauerbruchs

Auch Zugspannungen, die unterhalb der Zugfestigkeit liegen, ja sogar solche, die unterhalb der Streckgrenze liegen, können ein Werkstück zum Bruch bringen; dann nämlich, wenn die Last nicht einmal aufgebracht wird, sondern periodisch immer wieder. Einen auf diese Weise entstandenen Bruch nennt man Dauerbruch. In der Praxis treten Dauerbrüche z. B. an schwingenden und umlaufenden Maschinenteilen auf. Abb. 7.6 zeigt das Bild eines Dauerbruchs. Die Bruchfläche besteht aus zwei Teilen: dem eigentlichen Dauerbruch, der durch eine Schar konzentrischer Linien gekennzeichnet ist und einem Restbruch, der als Verformungs-, Spröd- oder Mischbruch ausgebildet sein kann.

Der Dauerbruch entsteht aus einem Anriß. Von da aus breitet sich der Bruch allmählich über den Querschnitt aus. Die Ausbreitungsgeschwindigkeit läßt sich anhand der im Bilde ebenfalls deutlich sichtbaren Rastlinien abschätzen. Jede solcher Rastlinien entspricht einer Ruhezeit des beanspruchten Teils. Eine Probe, die nach ununterbrochener Wechselbelastung zu Bruch gegangen ist, zeigt keine Rastlinien. Der Dauerbruch der Abb. 7.6 hat sich relativ langsam ausgebreitet. Das erkennt man auch daran, daß die Oberfläche glatt ist.

Der Bruch in Abb. 7.6 hat seinen Ausgang nicht von einem, sondern von mehreren Anrissen genommen. Diese Anrisse liegen etwa, aber nicht genau, in der gleichen Ebene. Deshalb haben sich zwischen den Anrissen Stufen gebildet, als sie zu einer gemeinsamen Bruchfläche zusammenwuchsen. Diese Stufen, die radial ins Innere der Bruchfläche ragten, sind in Abb. 7.6 ebenfalls deutlich zu erkennen. Solche Stufen sind typisch für Dauerbrüche, die von mehreren Anrissen gleichzeitig ausgegangen sind.

Während sich der Dauerbruch ausbreitet, nimmt der tragende Querschnitt des Werkstückes immer weiter ab. Schließlich ist der restliche Querschnitt nicht mehr imstande, die angelegte Last zu tragen und bricht auch. Am relativen Flächenanteil dieses Gewaltbruches kann man erkennen, ob die Nennspannung im Werkstück hoch oder niedrig war. Im Beispiel der Abb. 7.6 nimmt der Gewaltbruch nur einen kleinen Teil des Probenquerschnittes ein. Die Nennspannung war hier also niedrig.

Abb. 7.6: Bruchfläche eines Dauerbruches (Kolbenstange eines Dampfhammers). Mit frdl. Gen. der Allianz-Versicherungs-AG.

7.2.2 Der Dauerschwingversuch

Der Dauerschwingversuch dient dazu, Dauerbrüche im Labor zu erzeugen. Man setzt hierzu Werkstoffproben einer Spannung aus, die sinusförmig mit der Zeit zwischen einer Oberspannung und einer Unterspannung schwankt. Haben Oberspannung und Unterspannung verschiedene Vorzeichen, so spricht man von Wechselbeanspruchung. Haben Oberspannung und Unterspannung das gleiche Vorzeichen, so spricht man von Schwellversuchen.

Zur technischen Durchführung des Versuchs sind eine ganze Reihe von Geräten erfunden worden. Im Prinzip leicht zu verstehen sind die Pulser, die eine veränderliche Längsspannung auf die Probe aufbringen. Eine sehr elegante Lösung zeigen die Umlaufbiegemaschinen. Hierbei wird eine Rundprobe um ihre – elastisch gebogene – Längsachse gedreht. Dabei werden Bereiche auf dem Probenmantel abwechselnd gedehnt und gestaucht. Das Biegemoment muß längs der Meßstrecke konstant sein. Die Prüffrequenzen solcher Maschinen wählt man möglichst hoch, damit man in erträglichen Zeiten eine möglichst hohe Zahl von Lastspielen erreicht. Eine Übertragung der Ergebnisse auf die Bedingungen der Praxis ist möglich, weil das Dauerbruchverhalten nur schwach von der Frequenz der Belastung abhängt.

Eine sehr zweckmäßige Auftragung der im Dauerschwingversuch gewonnenen Ergebnisse zeigt Abb. 7.7. Auf der Ordinate ist die Oberspannung aufgetragen, bei der verschiedene Proben im Dauerschwingversuch beansprucht wurden. Auf der Abszisse ist die Zahl

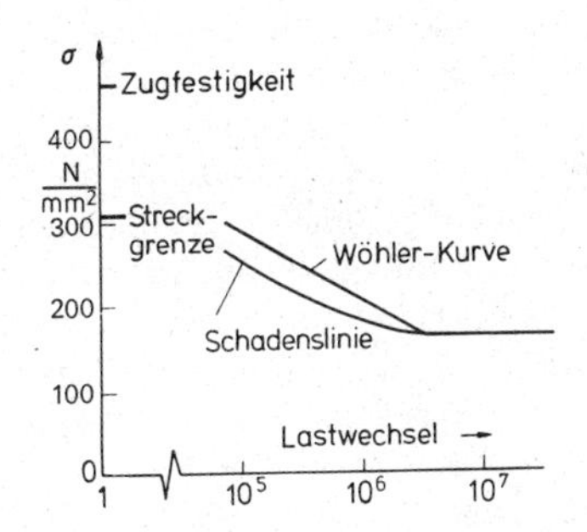

Abb. 7.7: Wöhler-Kurve eines Kohlenstoffstahles.

der Lastspiele aufgetragen, die die Probe bis zum Bruch ausgehalten hat. Eine solche Darstellung nennt man Wöhler-Kurve. Man kann aus ihr zu jeder endlichen Lastspielzahl eine Zeitschwingfestigkeit oder kurz Zeitfestigkeit ablesen, d. h. also eine Spannung, die bei dieser Lastspielzahl noch nicht zum Bruch führt. Der erste Punkt der Kurve ist die Bruchspannung bei einsinniger Belastung. Mit niedrigerer Belastung wächst die Zahl der ertragenen Lastspiele sehr rasch, so daß man den Abszissenmaßstab in Abb. 7.7 zweckmäßig logarithmisch unterteilt.

Bei Spannungen von etwa 30–50 % der Bruchspannung biegt die Wöhler-Kurve zu sehr hohen Lastspielzahlen ab. Häufig liegt dieses „Knie" bei etwa 10^6 Lastspielen*. Es ist sehr zeitraubend, darüber hinaus weiter zu messen. Jedoch hat es den Anschein, als ob die Kurve für die meisten Werkstoffe immer noch ein wenig abfällt. Nur bei Stählen scheint sie schließlich völlig horizontal zu verlaufen, so daß also eine Dauerschwingfestigkeit oder kurz Dauerfestigkeit existiert, unterhalb deren ein Stahl auch bei unendlich vielen Lastwechseln nicht zu Bruch geht.

Wie wir aus dem vorigen Abschnitt wissen, braucht der Dauerbruch zu seinem Wachstum eine endliche Zeit. Kleine Anrisse lassen sich daher im dauerbeanspruchten Material schon lange vor dem Bruch nachweisen; oft bereits nach 5 % der Lebensdauer. In das Diagramm 7.7 ist deshalb links von der Wöhler-Kurve eine zweite Linie eingezeichnet, die die beginnende Schädigung des Werkstoffes anzeigt. Man nennt sie die Schadenslinie. Man kann eine Probe bei mittleren Spannungen so belasten, daß sie die Schadenslinie, nicht aber die Wöhler-Kurve, überschreitet. Anschließend kann man sie bei niedrigeren Spannungen weiter belasten. Sie bricht dann erwartungsgemäß früher als eine Probe, die lediglich bei der niedrigeren Spannung geprüft wurde. Man spricht von einer Zerrüttung der vorbehandelten Probe.

Beansprucht man andererseits eine Probe zunächst für eine gewisse Zahl von Lastspielen bei niedrigen Spannungen und prüft sie anschließend bei höheren Spannungen, so zeigt sich gelegentlich, daß ihre Lebensdauer erhöht wird. Dieses „Hochtrainieren" des Werkstoffes ist schwieriger zu verstehen. Es scheint damit zusammenzuhängen, daß der Werkstoff auch bei Spannungen weit unterhalb der Streckgrenze kleine plastische Verformungen erleidet, die den Werkstoff verfestigen.

---

* Die Kurbelwelle eines Kraftfahrzeugmotors macht bei einer Fahrstrecke von 200000 km einige 10^8 Umdrehungen. Sehr hohe Lastspielzahlen treten besonders bei Eigenschwingungen auf (Turbinenschaufeln); 10^3 Hertz entsprechen 10^8 Lastwechseln pro Tag!

Dauerbrüche gehen stets von der Oberfläche des Werkstückes aus. Zu ihrer Vermeidung muß man deshalb die Oberfläche des Werkstückes geeignet behandeln. Wichtig ist zunächst, daß die Oberfläche keine Kerben zeigt. Als solche Kerben kommen bereits Bearbeitungsriefen (etwa vom Drehen) in Frage. Proben für Dauerschwingversuche sollen deshalb stets eine polierte Oberfläche haben. Der Konstrukteur soll an dauerschwingbeanspruchten Teilen hohe Spannungskonzentrationen vermeiden. Damit sind nicht nur Kerben gemeint, sondern auch schroffe Querschnittsänderungen, sowie schroffe Materialübergänge (Schweißnähte!).

Günstig wirkt es sich aus, wenn in der Oberfläche des Werkstückes Druckeigenspannungen herrschen. Solche Eigenspannungen kann man erzeugen, indem man Kohlenstoff oder Stickstoff in die Oberfläche eindiffundieren läßt (vgl. Kap. 4, Anhang) oder auch, indem man die Oberflächen durch Hämmern oder Kugelstrahlen plastisch verformt.

7.3 *Reibung und Verschleiß*

Abb. 7.8 zeigt einen Körper, der mit der Kraft P_1 auf seine Unterlage drückt. Eine zweite Kraft, P_2, versucht, den Körper gegen

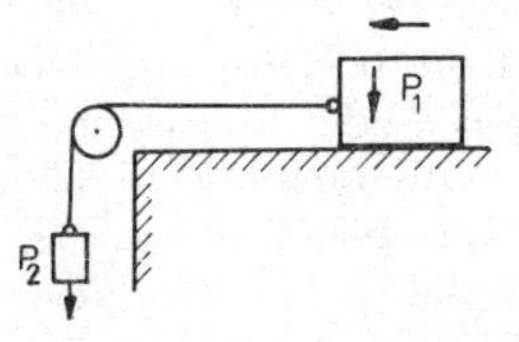

Abb. 7.8: **Zur Definition des Reibungskoeffizienten.**

seine Unterlage zu verschieben. Dies gelingt, wenn die Kraft P_2 einen kritischen Wert erreicht, der durch

$$P_2 = \mu \cdot P_1 \tag{7.5}$$

gegeben ist. Die Konstante μ nennt man den Koeffizienten der äußeren Reibung oder kurz Reibungskoeffizient. Er hängt merkwürdigerweise kaum davon ab, wie groß die Fläche ist, auf der der gleitende Körper seine Unterlage berührt. Ebenso ist er in weiten Grenzen von der Größe der Normalkraft P_1 unabhängig. Dagegen hängt er sehr empfindlich von den Werkstoffen und der Oberflächenbeschaffenheit der aufeinandergleitenden Flächen ab.

Durch die Reibung werden häufig beide Reibflächen beschädigt, mitunter auch nur eine. Die Oberflächen rauhen sich auf, und man kann einen Materialverlust feststellen. Diesen Materialverlust (gemessen in g pro cm^2 mal Abgleitungsstrecke) nennt man Verschleiß.

Die theoretische Deutung von Reibung und Verschleiß ist äußerst schwierig. Einige einfache Beispiele zeigt Abb. 7.9. Hier ist der

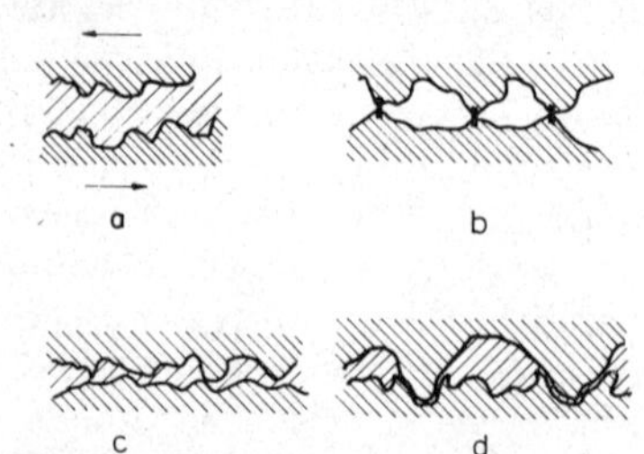

Abb. 7.9: Reibende Oberflächen:
a) hydrodynamische Reibung,
b) trockene Reibung, Schweißstellen,
c) Grenzreibung, Schmiermittel verhindert Verschweißungen,
d) eine härtere Oberfläche drückt sich in die weichere ein.

Spalt zwischen den reibenden Oberflächen dargestellt, er ist so stark vergrößert, daß man die Oberflächenrauhigkeit der beiden gleitenden Flächen deutlich erkennen kann.

In Abb. 7.9a sind die beiden gleitenden Flächen durch einen Schmiermittelfilm vollständig voneinander getrennt. In diesem Fall, den man die hydrodynamische Reibung nennt, wird der Reibungskoeffizient ausschließlich von der Dicke der Schmiermittelschicht und der Zähigkeit des Schmiermittels bestimmt. Die hydrodynamische Reibung beschädigt die Werkstoffoberflächen im allgemeinen nicht*. Diesen Zustand strebt man z. B. in Gleitlagern an. Abb. 7.9b zeigt den Fall der trockenen Reibung. Hier ist kein Schmiermittel vorhanden, das die beiden Reibungspartner trennt. Die Normalkräfte zwischen ihnen werden dadurch übertragen, daß sich die Spitzen der Oberflächenrauhigkeiten gegenseitig berühren. Sie werden dabei plattgedrückt und können sogar miteinander verschweißen (Kaltpreßschweißung). Mit steigender Normalpressung nimmt die Zahl solcher Kontaktstellen zu. Sie hängt nicht davon ab, wie groß die scheinbare Berührungsfläche ist. Dies ist eine der Erklärungen dafür, daß die berührende Fläche in Gl. (7.5) nicht enthalten ist.

* Bei sehr hohen Normalspannungen (z. B. beim Kaltwalzen) können allerdings Schmiermittelkissen in die Oberfläche eingepreßt werden, wodurch sie matt wird.

Bei einer seitlichen Abgleitung müssen die Brücken zwischen den beiden Reibungspartnern durchreißen. Bestehen die beiden Reibungspartner aus verschiedenen Werkstoffen, so wird dabei vor allem der weichere Werkstoff zerstört. Sind beide Partner aus dem gleichen Werkstoff, so werden beide Seiten angegriffen, weil die Brücken selten genau in der Schweißnaht durchreißen.

Abb. 7.9c zeigt einen Typ der Reibung, den man Grenzreibung nennt. Auch hier berühren sich die beiden Reibungspartner mit den Spitzen ihrer Oberflächenrauhigkeit. Sie verschweißen jedoch nicht, weil die Oberflächen mit einem Schmiermittel belegt sind. Die an der Oberfläche adsorbierte Schmiermittelschicht kann sehr dünn sein. Häufig besteht sie nur aus einer einzigen Molekülschicht. Eine solche Molekülschicht bilden z. B. die fettsäurehaltigen Schmiermittel; es handelt sich dabei um lange Kettenmoleküle, die mit einem Ende an der Metalloberfläche adsorbiert werden. Diese Moleküle bilden einen dichten Rasen, auf dem die Metalloberflächen aufeinander gleiten. Eine solche Schmierung strebt man z. B. an, wenn man die Oberflächen von Metallen bei plastischer Verformung durch Walzen oder Ziehen glätten will. Da keine Verschweißungen stattfinden, reißt die Oberfläche bei der Reibung nicht auf; trotzdem werden die berührenden Spitzen plastisch verformt und dabei eingeebnet.

In Abb. 7.9c sind die Täler zwischen den Oberflächenrauhigkeiten mit Schmiermittel ausgefüllt. Dies ist für die Grenzreibung nicht wesentlich. Einen gewissen Grenzreibungseffekt erzeugen alle Schichten auf der Oberfläche, z. B. also die an Metallen in der Luft praktisch stets adsorbierten Sauerstoffmoleküle. Nur im Ultrahochvakuum sind Metalloberflächen sauber; deshalb werden z. B. unter Weltraumbedingungen plötzlich unerwartet hohe Reibungskoeffizienten beobachtet.

Abb. 7.9d zeigt schließlich den Fall, daß der eine Reibungspartner harte Partikel enthält, die sich als Spitzen in den weicheren Reibungspartner eindrücken. Solche Spitzen pflügen beim seitlichen Abgleiten den weicheren Werkstoff auf und führen zu besonders hohem Verschleiß.

Gl. (7.5) müßte genauer geschrieben werden

$$\tau \leqq \mu \cdot \sigma. \tag{7.6}$$

Darin ist σ die Normalspannung auf die reibende Fläche, τ ist die in der Fläche wirkende Schubspannung. Bei kleinen Normalspannungen σ findet eine Abgleitung statt, wenn das Gleichheitszeichen gilt. Dies ist dann die Gleichung der gleitenden Reibung. Das Ungleichheitszeichen gilt, wenn die beiden Körper sich nicht gegeneinander bewegen. Man spricht dann von Haftreibung*. Bei sehr hohen Normalspannungen, wie sie z. B. im Inneren des Walzspalts herrschen, kann wiederum das Kleinerzeichen gelten. τ kann nämlich nicht größer werden als die kritische Schubfestigkeit des weicheren Werkstoffes. Bei sehr hohen Anpreßdrucken kann es daher geschehen, daß die beiden Reibungspartner aneinander haften und die Abscherung vollständig im weicheren Werkstoff erfolgt.

Literatur:

E. P. Bowden, D. Tabor: Reibung und Schmierung fester Körper. Springer-Verlag, Berlin 1959.

7.4 Korrosion

Außer den Edelmetallen kommen Metalle in der Natur praktisch nicht gediegen vor. Das liegt daran, daß ihre Verbindungen, vor allem mit Sauerstoff, chemisch beständiger sind. Die meisten Metalle haben deshalb das Bestreben, wieder in ihre chemischen Verbindungen überzugehen. Dadurch entstehen in der Praxis bedeutende Materialverluste. Man nennt diesen Vorgang Korrosion.

7.4.1 Das galvanische Element

Abb. 7.10 zeigt ein Gefäß, das mit einem Elektrolyten gefüllt ist (schwache Säure, schwache Lauge oder Salzlösung). In diese Lösung ragen zwei Elektroden aus den Metallen Zink und Kupfer. Beide

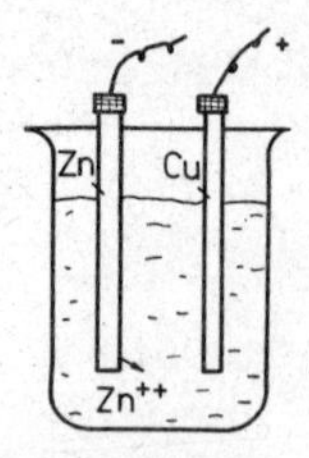

Abb. 7.10: Galvanisches Element, schematisch.

* Es soll hier unberücksichtigt bleiben, daß der Koeffizient μ für Haftreibung häufig größer ist als für Gleitreibung.

Metalle werden Atome als Ionen in die Lösung schicken. Da Metallionen positiv geladen sind, lädt sich dabei der Metallkörper negativ auf. Die Tendenz zu diesem Vorgang, die Lösungstension, ist beim Zink viel größer als beim Kupfer. Das Zink wird also stärker negativ aufgeladen als das Kupfer. Deshalb kann man zwischen den beiden Metallstücken eine Spannung messen, wobei das Zink negativer erscheint als das Kupfer. Eine nach diesem Schema aufgebaute Spannungsquelle nennt man ein galvanisches Element. Die Größe seiner Spannung ist für jedes Metallpaar charakteristisch; sie läßt sich aus Tab. 7.2 als Differenz der dort angegebenen Zahlenwerte ablesen*.

Die Tab. 7.2 ist geordnet nach der Tendenz der Metalle, als Ionen in Lösung zu gehen. Eine solche Tabelle heißt Spannungsreihe. Me-

Tabelle 7.2: Elektrolytische Spannungsreihe

Metall	Ion	Potential in Volt
Li	$Li^{\cdot}$	–3,02
K	$K^{\cdot}$	–2,92
Na	$Na^{\cdot}$	–2,71
Mg	$Mg^{\cdot\cdot}$	–2,34
Al	$Al^{\cdot\cdot\cdot}$	–1,69
Zn	$Zn^{\cdot\cdot}$	–0,76
Cr	$Cr^{\cdot\cdot}$	–0,71
Fe	$Fe^{\cdot\cdot}$	–0,45
Cd	$Cd^{\cdot\cdot}$	–0,40
Ni	$Ni^{\cdot\cdot}$	–0,25
Sn	$Sn^{\cdot\cdot}$	–0,136
Pb	$Pb^{\cdot\cdot}$	–0,126
H	$H^{\cdot}$	0
Cu	$Cu^{\cdot\cdot}$	+0,345
Hg	$(Hg_2)^{\cdot\cdot}$	+0,80
Ag	$Ag^{\cdot}$	+0,80
Pt	$Pt^{\cdot\cdot}$	+1,20
Au	$Au^{\cdot\cdot\cdot}$	+1,42
O	OH^-	+0,41

* Die Spannung hängt noch davon ab, wieviel Metallionen sich in der Lösung befinden. Tab. 7.2 gilt für den Fall, daß jedes Metall in eine 1*n*-Lösung seiner Ionen eintaucht.

talle, die ganz oben stehen, sind sehr unedel und haben auch großes Bestreben, sich mit Sauerstoff zu verbinden. Metalle, die ganz unten stehen, sind sehr edel. Die Spannungsreihe erlaubt es, abzuschätzen, wie schwierig es ist, ein Metall aus seinen Verbindungen zu gewinnen. Deshalb wurden die Metalle auch ungefähr in der Folge der Spannungsreihe entdeckt und technisch nutzbar gemacht.

Verbindet man die in Abb. 7.10 gezeigten Drähte miteinander und stellt so einen Kurzschluß zwischen Zink und Kupfer her, so fließt ein Strom. Im Elektrolyten gehen dabei weitere Zinkionen in Lösung, während die Kupferionen zur Kupferelektrode wandern, wo sie neutralisiert und abgeschieden werden. Chemisch ausgedrückt wird das Zink oxydiert $Zn \rightarrow Zn^{2+} + 2e$ und das Kupferion reduziert $Cu^{2+} + 2e \rightarrow Cu$.

Das Metall, zu dem im Elektrolyten die Kationen hinwandern (Metall- und Wasserstoffionen sind positiv geladen, d. h. Kationen), nennt man die Kathode. Das andere Metallstück ist die Anode. Man sieht, daß der Anodenprozeß (Oxydation) und der Kathodenprozeß (Reduktion) im gleichen Maße fortschreiten. Die Anode liefert Elektronen, die Kathode verbraucht sie. Ein Metall korrodiert nur dann, wenn beide Vorgänge ungehindert ablaufen können. Bei Korrosionsfällen in der Praxis ist die elektronenverbrauchende Kathodenreaktion häufig die Reduktion von Wasserstoffionen $2\,H^+ + 2e \rightarrow H_2$ (Korrosion mit Wasserstoffentwicklung) oder die Reduktion von Sauerstoff $1/2\ O_2 + H_2O + 2e \rightarrow 2\,OH$ (Korrosion mit Sauerstoffverbrauch). In jedem Falle wird die Anode abgetragen und schließlich ganz zerstört. Die abgetragene Stoffmenge ist dabei dem fließenden Strom i proportional, es gilt das Faradaysche Gesetz.

$$m \cdot z \cdot F = M \cdot i \cdot t, \qquad (7.7)$$

wobei m die abgetragene Masse, z die Wertigkeit der Ionen und M deren Molekulargewicht ist. F ist die Faradaysche Zahl (sie beträgt 96498 Amp s/g-Atom), t ist die Zeit.

Da die Spannung des Elementes feststeht, ist der Strom vor allem durch den Widerstand des Elements gegeben. Der Widerstand der Metallteile ist gering, es kommt also darauf an, welchen Widerstand der Elektrolyt besitzt. Deshalb wird die Zersetzung des Zinkstabes in reinem Wasser langsam vor sich gehen, in einem gut leitenden Elektrolyten schnell und in Luft wird gar keine Zersetzung stattfinden.

Solche Elemente bilden sich überall, wo zwei Metalle miteinander und mit einem Elektrolyten in Berührung stehen. Seewasser ist ein ausgezeichneter Elektrolyt, aber auch Regenwasser und Grundwasser nehmen in der Regel genug Verunreinigungen auf, um elektrisch leitend zu werden. Selbst die dünnen Wasserfilme, die sich in unseren Breiten auf jedem Metallkörper aus der Atmosphäre niederschlagen, genügen zur Korrosion. Nur in trockener Wüstenluft kann dieser Vorgang nicht stattfinden. Die Bildung von galvanischen Elementen durch verschiedene nicht gegeneinander isolierte Werkstoffe muß vor allem da vermieden werden, wo beide Metalle mit einem Elektrolyten in Verbindung stehen, wie etwa im Behälterbau.

7.4.2 Die Wirkung äußerer Spannungen

Nicht immer ist dies konstruktiv möglich. Man kann jedoch den Zinkstab in Abb. 7.10 auch dadurch schützen, daß man von außen her eine Spannung an das Element anlegt, durch die Zink gegenüber dem Kupfer negativ geladen wird, d. h., das Zink wird zwangsläufig zur Kathode gemacht. Dann kehrt sich der Stromfluß im Elektrolyten um, und es gehen keine Zinkionen in Lösung. Man sagt, die Zinkelektrode wird kathodisch geschützt.

Den hierfür benötigten Strom kann man einer beliebigen Gleichstromquelle entnehmen. Ein sehr einfaches Verfahren besteht darin, daß man mit dem zu schützenden Bauteil ein Stück eines noch unedleren Metalles leitend verbindet und dieses Metall den gleichen Korrosionsbedingungen aussetzt. So wurden z. B. früher an der Stahlhülle von Schiffen Zinkplatten leitend angebracht. Zusammen mit Erdölleitungen verlegt man häufig Platten aus Magnesium, die mit der Leitung verbunden sind. In solchen Fällen setzt heftige Korrosion ein, sie greift jedoch nicht den geschützten Teil an, sondern die mit ihm verbundene „Opferanode". Die Opferanode muß von Zeit zu Zeit erneuert werden.

Elektrische Spannungen und die von ihnen erzeugten Ströme entscheiden also oft das Korrosionsverhalten. Das ist praktisch sehr wichtig, denn der Boden unter unseren Städten wird von zahlreichen vagabundierenden Strömen durchzogen. Eine traditionelle Quelle hierfür sind die Schienen der Straßenbahnen.

Solche vagabundierenden Ströme fließen natürlich bevorzugt dort, wo sie in der Erde metallische Leiter finden, also z. B. Gas- oder Wasserleitungen. Die Stelle, an der negative Ladung aus dem Leiter austritt, ist kathodisch geschützt und wird nicht korrodieren. Die Stelle, an der negative Ladungen in den Leiter eintreten, ist einem bevorzugten Korrosionsangriff ausgesetzt. Versucht der verzweifelte Hauseigentümer, sich dagegen zu schützen, indem er seine Leitungen isoliert, so wird der Schaden noch schlimmer: Kleine Undichtigkeiten in der Isolierung werden nunmehr zu Stellen besonders starken Stromdurchganges, damit zu Stellen bevorzugter Materialabtragung und ausgesprochenen Lochfraßes. Abhilfe kann man auch hier schaffen, indem man Opferelektroden in die Richtung des größten Stromflusses verlegt.

In allen bisher erörterten Beispielen hat der Stromkreis makroskopische Ausmaße, d. h. Kathode und Anode sind um Zentimeter, Meter oder in Sonderfällen sogar Kilometer voneinander entfernt. Die gleichen Gesetzmäßigkeiten gelten natürlich auch, wenn die edlen und unedlen Stellen in einem Werkstoff eng beieinanderliegen. So stehen die Ausscheidungen einer Legierung gewöhnlich an anderer Stelle in der Spannungsreihe als das Matrixmetall. Zwischen Ausscheidung und Matrix können sich also Elemente bilden, die die Korrosion beschleunigen. Solche Elemente, die sich konstruktiv nicht verhindern lassen, nennt man Lokalelemente. Duralumin ist z. B. wegen der kupferhaltigen Ausscheidungen viel korrosionsanfälliger als reines Al. Im Grauguß ist Graphit edler als Ferrit, auch hier entstehen Lokalelemente. Außerdem zeigt sich eine Besonderheit: Löst sich der Ferritanteil auf, so hinterbleibt ein schwammiges Graphitgerüst (Spongiose). Meist sind die Zwischenräume fest mit Eisenoxyden gefüllt. Dabei bleibt genau die Form des Gußstückes erhalten, solange es nicht besonders belastet wird. Ähnlich verhält sich Messing mit größerem Zn-Gehalt ($> 15\%$): das Zink löst sich auf, während das Kupfer als Schwamm hinterbleibt*.

Auch Eigenspannungen machen ein Material unedler. Deshalb kann die Spannungskonzentration im Grunde einer Kerbe dazu führen, daß der Kerbgrund mit dem Kerbrand ein Lokalelement bildet. Auch die Eigenspannungen dritter Art, die in einem plastisch verformten Werkstoff bestehen, machen ihn unedler als das ausgeglühte Metall.

7.4.3 *Passivität*

Die Zahlen der Tabelle gelten nur für die reinen Metalle. Nach einiger Korrosion ist ein Metall häufig mit einer Oberflächenschicht,

---

* In Wirklichkeit ist der Vorgang komplizierter. Es scheint, daß das zunächst auch gelöste Cu durch Zn-Atome aus der Lösung verdrängt wird und sich in lockerer Form an der gleichen Stelle wieder ausscheidet.

z. B. aus Oxyd, überzogen. Das Oxyd hat ein anderes elektrochemisches Potential als das Metall, es ist edler. Bereits oxydierte Stellen können deshalb mit noch blanken Stellen Lokalelemente bilden, die den weiteren Angriff beschleunigen. Verläuft dagegen die Korrosion so, daß die Oxydschicht einen absolut porenfreien, festhaftenden Überzug bildet, sinkt der Korrosionsstrom auf sehr kleine Werte ab. Man bezeichnet diesen Effekt als Passivität. Sie beruht also auf einer Hemmung der Anodenreaktion. Die die Passivität bewirkenden Oxydhäute sind äußerst dünn ($<$ 10 nm), das Metall ist scheinbar deckschichtfrei. Eisen läßt sich nur mit starken Oxydationsmitteln passivieren, etwa in konzentrierter Salpetersäure. Es löst sich nun nicht mehr auf, es verhält sich wie ein Edelmetall*. Ebenso läßt sich der passive Zustand durch Fremdstrombelastung erreichen, indem z. B. Eisen in verdünnter Schwefelsäure als Anode geschaltet wird. Bei kleinen Stromdichten geht die Probe in Lösung, bei höheren Stromdichten nimmt die Auflösung stark ab.

Manche Metalle, z. B. Aluminium und Chrom, bilden schon unter normalen atmosphärischen Bedingungen Passivschichten, die äußerst stabil sind. Deshalb zeigen diese beiden Metalle, die nach Tab. 7.2 eigentlich sehr unedel sind, einen ausgezeichneten Korrosionswiderstand.

Diese vorzüglichen Eigenschaften können sie auch ihren Legierungen verleihen. Die Schutzwirkung des Aluminiums wird bei manchen zunderfesten Stählen (Heizleiterlegierungen) ausgenutzt. Allerdings sind Stähle mit höherem Aluminiumgehalt meist spröde. Sehr gut sind dagegen die mechanischen Eigenschaften der Eisen-Chrom-Legierungen. Ab etwa 13% Chromgehalt ist der Stahl rostfrei und beständig gegen Seewasser und Speisesäuren. Elektrochemische Messungen an Stählen, die in solche Lösungen eintauchen, ergeben bei Cr $\geqq$ 13% ein positives Potential, wie es sonst nur Edelmetallen zukommt. Ist die passivierende Oxydschicht an einer Stelle beschädigt und kann sie aus irgendwelchen Gründen nicht ausheilen, so entsteht ein Lokalelement, das zu Lochfraß führt.

Die passivierende Oxydschichtdecke bei Eisen wächst nicht, wenn bei anodischer Oxydation (mit Hilfe einer äußeren Spannung) an der Anode Sauerstoff entwickelt wird. Der Grund ist die Elek-

* Konzentrierte Salpetersäure kann daher in stählernen Kesselwagen transportiert werden, andere Säuren (auch verdünnte Salpetersäure!) nicht.

tronenleitfähigkeit der Oxydschicht. Das Oxyd des Aluminiums ist dagegen nicht elektronenleitend. Hier müssen Aluminiumionen durch die Deckschicht wandern, um einen Strom zu transportieren. Die natürliche Oxydschicht des Aluminiums kann deshalb durch eine elektrolytische Behandlung verstärkt werden. Man nennt diese Behandlung Eloxieren. Die Eloxalschicht kann für das bloße Auge unsichtbar sein und mindert dann den metallischen Glanz nicht. Es lassen sich in die Schicht sogar Farbstoff einbauen, die das Metall bunt färben.

7.4.4 Belüftungselemente

Eisen korrodiert in neutralen und schwach alkalischen Lösungen unter Sauerstoffverbrauch. Ist die Sauerstoffkonzentration nicht überall gleich, dann entstehen Anoden- und Kathodenflächen, die häufig weit auseinander liegen. Die Oberflächen des Werkstückes, die eine sauerstoffarme Lösung berühren, werden zu Anoden. Hier löst sich das Eisen auf, während die kathodischen Flächen bei der hohen Sauerstoffkonzentration geschützt bleiben. Abb. 7.11 gibt für diesen Belüftungseffekt ein Beispiel: Auf einem Eisenblech liegt ein Tropfen einer Salzlösung. Die Randzone wird nicht angegriffen,

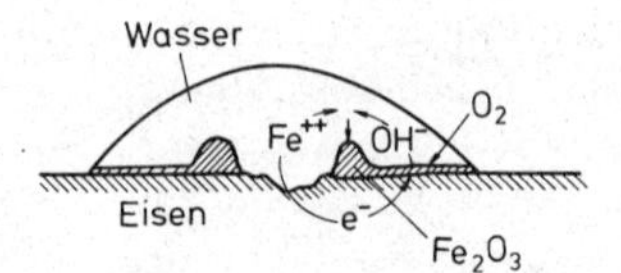

Abb. 7.11: Korrosion unter einem Wassertropfen.

da hier infolge der hohen Sauerstoffkonzentration der Kathodenprozeß abläuft, d. h. die Sauerstoffreduktion. Das Eisen korrodiert in der Mitte des Tropfens. Dort, wo Eisen- und Hydroxylionen zusammentreffen, entsteht Rost in Form eines Ringes. Die Geschwindigkeit der Reaktion wird durch die Diffusionsgeschwindigkeit des Sauerstoffs bestimmt.

Mit einem lokalen Angriff ist also zu rechnen, wenn sich auf Flächen Fremdkörper abgelagert haben, z. B. Eisenrost, Schlacken, Kohleteilchen, Schlammablagerungen in Behältern. Es überrascht immer wieder, wie ganz abgelegene und verdeckte Stellen in Kesseln oder Rohrleitungen zerfressen werden, während dort, wo der Sauerstoff eintritt, das Eisen ganz unbeschädigt bleibt.

7.4.5 Sonstige Korrosionsformen

Das Bild der Korrosionserscheinungen der Technik ist deshalb so außerordentlich kompliziert, weil die Korrosion mit jeder anderen Art von Materialschädigung Hand in Hand gehen kann. So wird z. B. der Verschleiß häufig dadurch beschleunigt, daß die bei der Reibung abgetragenen Teilchen chemisch besonders aktiv sind und daher sofort oxydieren. So entstehen Oxydpartikelchen, die oft härter sind als das Metall. Sie wirken bei weiterer Reibung wie die Körnchen eines Schleifmittels.

Die Wechselfestigkeit eines Werkstoffes wird durch die Gegenwart eines korrodierten Mediums erstaunlich herabgesetzt. Das Werkstück geht sehr viel rascher zu Bruch als der Korrosionsangriff und die Wechselfestigkeit, jede für sich genommen, vermuten lassen. Man spricht von Ermüdungskorrosion. Offenbar ist es so, daß der Korrosionsangriff den Werkstoff nicht gleichmäßig abträgt, sondern den durch Verformung unedel gemachten Ermüdungsriß bevorzugt. Dadurch wird die Ausbreitungsgeschwindigkeit des Ermüdungsbruches wesentlich erhöht. Auch bei einsinniger Belastung kann die Korrosion zu vorzeitigem Bruch führen. Ein Werkstück, das unter Zugspannungen steht und gleichzeitig einem korrodierenden Medium ausgesetzt ist, kann nach einer gewissen Standzeit plötzlich spröde brechen. Während der Standzeit braucht makroskopisch keine merkliche Schädigung einzutreten. Der Riß kann interkristallin – d. h. zwischen den Körnern – oder intrakristallin – d. h. durch die Körner hindurch – verlaufen. Diese Erscheinung hat den Namen Spannungsrißkorrosion. Ihre Ursachen sind weitgehend ungeklärt. Sicher ist, daß die angelegte Spannung den Bruch erzeugt, und daß zu seiner Einleitung eine ganz spezifische chemische Reaktion nötig ist. So sind für die Spannungsrißkorrosion von Messing NH_4^+-Ionen, für die Spannungsrißkorrosion von rostfreien Stählen Cl^--Ionen erforderlich. Wenn es aus irgendeinem Grunde nötig ist, solche Werkstoffe in einer Umgebung zu verwenden, die Ionen enthält, die zur Spannungsrißkorrosion führen können, dann ist es von größter Bedeutung, alle Zugspannungen – auch Eigenspannungen – zu vermeiden.

Ein großflächiger, gleichmäßiger Korrosionsangriff läßt sich technisch nicht immer vermeiden. Er ist auch in der Regel nicht so gefährlich wie ein stark lokalisierter Angriff (Lochfraß). Man muß deshalb konstruktiv vor allem versuchen, die Bildung von kleinen, lokalisierten Anoden zu vermeiden. Als Faustregel gilt: Kleine Kathode, große Anode.

7.4.6 Anstriche und Überzüge

Die einfachste und traditionelle Art des Schutzes gegen Korrosion ist, daß man die Metalloberfläche mit einem Überzug versieht. Dazu eignen sich Farbanstriche, Teer, Zement, Emaille und festhaftende Oxydschichten. Alle diese Überzüge sind Isolatoren, ein Korrosionsangriff setzt also nur dort ein, wo der Überzug schadhaft ist. Ein anderes traditionelles Verfahren zum Schutz von Metalloberflächen ist die Verwendung von metallischen Überzügen. Solche Überzüge bilden an schadhaften Stellen Lokalelemente. Ein Beispiel hierfür sind Eisenbleche mit einem Zinküberzug. Wird der Zinküberzug an einer Stelle verletzt, so bildet sich ein Lokalelement, das so gepolt ist, wie wir es wünschen: Große Anode, kleine Kathode. Zinkionen von der großen Fläche gehen also in Lösung, die Eisenionen von der Schadenstelle nicht. An der Atmosphäre schützen die üblichen Zinkschichten das Eisen durchschnittlich etwa 5 Jahre.

Weißblech, d. h. Stahlblech mit einem Überzug aus Zinn, hat die umgekehrte Eigenschaft. Zinn ist normalerweise edler als Eisen; deshalb sollte jede Beschädigung des Zinnüberzuges zu katastrophalem Lochfraß führen. Eine der wichtigsten Anwendungen von Weißblech ist heute die Verpackung von Lebensmitteln in Dosen. Unter den Bedingungen im Inneren einer Lebensmitteldose (Luftabschluß und saures Medium) vertauschen Eisen und Zinn ihre Stellung in der Spannungsreihe. In der Dose genießt also Weißblech den gleichen kathodischen Schutz wie Zinkblech an der Atmosphäre. Nach dem deutschen Lebensmittelgesetz dürfen in Dosen verpackte Nahrungsmittel nur außerordentlich kleine Mengen von Schwermetallsalzen enthalten. Deshalb muß der beschriebene Mechanismus zum Schutz der Dose gegen Korrosion gehemmt werden: der Zinnüberzug wird seinerseits mit einem Lacküberzug versehen.

Manche zum Korrosionsschutz verwendeten Überzüge haben eine kombinierte Wirkung: So bestreicht man eiserne Röhren, die im Boden verlegt werden, oft mit einem Überzug, der Zinkstaub enthält, und verbindet so den mechanischen Schutz der Oberfläche mit dem Einbringen von Opferanoden.

Literatur:

U. R. Evans: Einführung in die Korrosion der Metalle. Chemie-Verlag, Weinheim 1965.

F. Ritter: Korrosionstabellen metallischer Werkstoffe, geordnet nach angreifenden Stoffen. Wien 1952.

7. ANHANG:

ZUR AUSWAHL VON WERKSTOFFEN

Der Konstrukteur soll für jedes Bauteil einen Werkstoff wählen, der so gut wie nötig und so preiswert wie möglich ist. Diese Forderung ist sehr schwer zu erfüllen. Auf der einen Seite ist die Zahl der heute zur Verfügung stehenden Werkstoffe sehr groß und erhöht sich ständig durch Neuentwicklungen. Andererseits ändern sich die Werkstoffpreise laufend, mitunter (z. B. für Kupfer und Blei) sogar sehr stark. Zudem können vielfach neben den reinen Werkstoffkosten auch die Bearbeitungskosten wichtig werden. Um hier überhaupt weiterzukommen, verläßt man sich für viele Anwendungen einfach auf die Erfahrung. Diese Erfahrung ist in umfangreichen Nachschlagewerken zugänglich gemacht, von denen einige besonders wichtige nachstehend genannt sind.

Auf den folgenden Seiten wird versucht, dem Leser wenigstens einen ersten Überblick über die konventionelle Verwendung der gebräuchlichsten metallischen Werkstoffe zu geben. Dabei wird auf die DIN-Blätter verwiesen, in denen nähere Einzelheiten über die besprochene Werkstoffgruppe aufgeführt sind. Ein Beispiel für eine DIN-Tabelle ist auf S. 180f. wiedergegeben. Alle Konzentrationsangaben dieses Anhanges verstehen sich als Gewichts-Prozente.

LITERATUR ZUR WERKSTOFFAUSWAHL

DIN-Normen: herausgegeben vom Deutschen Normenausschuß, Beuth-Vertrieb GmbH, Berlin, Köln, Frankfurt/M.

	Auszüge davon in
DIN-Taschenbuch:	4 Teil A Werkstoffnormen Stahl und Eisen, 1967; 4 Teil B Werkstoffnormen Nichteisenmetalle, 1963; 21 Kunststoffnormen, 1965; alle Beuth-Vertrieb.
Stahl-Eisen-Werkstoffblätter*:	herausgegeben vom Verein Deutscher Eisenhüttenleute, Verlag Stahleisen mbH, Düsseldorf.
Werkstoffhandbuch Stahl und Eisen:	herausgegeben vom Verein Deutscher Eisenhüttenleute, Verlag Stahleisen mbH, Düsseldorf, 4. Aufl. 1965.
Stahl-Eisen-Liste:	herausgegeben vom Verein Deutscher Eisenhüttenleute, Verlag Stahleisen mbH, Düsseldorf, 2. Aufl. 1967.
Stahleinsatzlisten:	herausgegeben vom Verein Deutscher Eisenhüttenleute, Verlag Stahleisen mbH, Düsseldorf.
Wellinger, K. und P. Gimmel:	Werkstofftabellen der Metalle, Alfred Kröner-Verlag, Stuttgart 1963.
Werkstoff-Handbuch Nichteisenmetalle, Teil III und Teil IV:	herausgegeben von der Deutschen Gesellschaft für Metallkunde und vom Verein Deutscher Ingenieure, VDI-Verlag, Düsseldorf 1960.
Aluminium-Taschenbuch:	herausgegeben von der Aluminium-Zentrale e. V., Düsseldorf, Aluminium-Verlag GmbH, Düsseldorf, 12. Aufl. 1963.
Brunhuber, E.:	Legierungshandbuch der NE-Metalle, Fachverlag Schiele & Schön GMBH.

* Im Text abgekürzt: W.-Bl.

1. WERKSTOFFE AUF EISENBASIS

1.1 Baustähle

1.1.1 Die allgemeinen Baustähle (DIN 17 100) sind die am häufigsten verwendeten metallischen Werkstoffe. Sie sind nach ihrer Mindestzugfestigkeit geordnet (St 33 bis St 70), die durch zunehmenden Kohlenstoffgehalt ($\leq$ 0, 17% bei St 34, $\approx$ 0,50% bei St 70) erzielt wird. Je nach Gütegruppe sind daher die Stähle ab St 42 bzw. St 50 nur noch bedingt oder unter besonderen Vorkehrungen (Vorwärmen usw.) schmelzschweißbar. (Eine Ausnahme unter diesen unlegierten Stählen bildet St 52–3, dessen Festigkeit durch erhöhten Mangangehalt (max. 1,50%) erreicht wird.) Die Stähle werden als Form- und Stabstahl, Walzdraht, Breitflachstahl, Band, Grob- und Mittelblech sowie als Schmiedestücke gehandelt.

1.1.2 Kesselbleche (DIN 17155) werden zum Bau von Dampfkesselanlagen, Druckbehältern, großen Druckrohrleitungen und ähnlichen Teilen verwendet. Man unterscheidet die unlegierten Stähle H I (C $\leq$ 0,16%, σ_B = 350–450 N/mm^2, σ_S = 210 N/mm^2 bei Wanddicken von 40–60 mm) bis H IV (C $\leq$ 0,26%, σ_B = 470 bis 560 N/mm^2, $\sigma_S \geq$ 270 N/mm^2) und die legierten Stähle 17 Mn 4, 19 Mn 5, 15 Mo 3 und 13 CrMo 4 4 (vgl. auch W Bl. 610–63). Die Warmfestigkeit steigt in dieser Reihenfolge von $\sigma_{0,2} \geq$ 80 N/mm^2 bei 450 °C und Stahl H I auf $\sigma_{0,2} \geq$ 180 N/mm^2 bei 500 °C im Falle von 13 CrMo 4 4. Das Normblatt enthält neben der Streckgrenze Angaben über die 1%-Zeitdehngrenze und die Zeitstandfestigkeit, die Wärmeleitfähigkeit und den Elastizitätsmodul bis maximal 600 °C. Alle genannten Stähle werden für nahtlose und geschweißte Kesseltrommeln eingesetzt. Für Sammler bevorzugt man die legierten, für Flansche, Vorschweißbunde und Schmiedestücke die molybdänlegierten Stahlqualitäten. Weitere Stähle sind in den Werkstoffblättern 600–52, 610–63 und 620–51 enthalten. Legierungselemente sind meistens Chrom ($\approx$1%) und Molybdän (0,10 bis 0,60%), teilweise Vanadium oder Mangan, z. B. 21 CrMo 3, 24 CrMo V 5 5.

Nahtlose Rohre aus warmfesten Stählen für Dampfkessel-Apparate- und Rohrleitungsbau bis ca. 580 °C behandelt DIN 17175. Die Werkstoffe entsprechen teilweise denen der Kesselbleche. Bei besonders hohen Anforderungen an die Warmfestigkeit (Überhitzer, Heißdampfleitungen) verwendet man hochlegierte, mit Niob stabilisierte Chrom-Nickel-Stähle, die teilweise außerdem noch Molybdän und Vanadium enthalten, z. B. X 8 CrNiMoNb 16 16 ($\sigma_B/_{100\,000}$ = 55 N/mm² bei 700 °C). Diese Stähle werden auch beim Bau von Wärmekraftmaschinen eingesetzt.

1.1.3 Feinbleche (DIN 1623) sind Bleche unter 3 mm Dicke. Blatt 1 der Norm umfaßt Bleche aus unlegierten und aus weichen Stählen, die für Umformungsarbeiten (z. B. Tiefziehen) und für Oberflächenveredeln (Lackieren; metallische Korrosionsschutzüberzüge, z. B. Zink, Blei; elektrolytisches Veredeln; Emaillieren) bestimmt sind. Die Sorten der Feinbleche reichen von T St 10* (Grundgüte, z. B. für Verzinken) bis U St 14 und RR St 14* (Sondertiefziehgüte, z. B. Karosserieteile), wobei die Angabe des Oberflächenzustandes (Kennzahlen 01 bis 05) von Bedeutung ist, z. B. WU St 12 03 (entzundert).

Blatt 2 umfaßt Feinbleche aus unlegierten Stählen und allgemeinen Baustählen, die aufgrund ihrer Zugfestigkeit und Streckgrenze im Lieferzustand verwendet werden. Die Einteilung entspricht der der Baustähle (St 37 bis St 70). Für Kaltbänder von 0,1 bis 5 mm Dicke mit einer maximalen Breite von 630 mm gibt es eine besondere Norm (DIN 1624).

1.1.4 Einsatzstähle (DIN 17210) eignen sich für Teile mit harter und verschleißfester Oberfläche bei zähem Kern. Sie haben einen Kohlenstoffgehalt von $\leq$ 0,22%, der im Rand der Werkstücke durch das Einsetzen auf etwa eutektoide Zusammensetzung erhöht wird (Ausnahme 41 Cr 4 für Zyanbad-Einsatz). Unterschieden wird zwischen Qualitätsstählen (C 10, C 15) und Edelstählen (Ck 10, Ck 15 und legierte Stähle). Die legierten Stähle enthalten 0,5 bis 2,1% Chrom, außerdem meistens Mangan ($\leq$ 1,4%) oder Nickel (1,4 bis 2,1%). Außer den im Normblatt aufgeführten existiert noch eine Reihe weiterer Einsatzstähle, die im wesentlichen Nickel (bis 4,8%), Chrom (bis 1,6%) und Molybdän (bis 0,45%) enthalten. Streckgrenze und Zugfestigkeit im Kern nach der Einsatzhärtung steigen von $\sigma_S \geq$ 250 N/mm² und σ_B = 420–520 N/mm² bei C 10 und Ck 10 auf $\sigma_S \geq$ 700 N/mm² und σ_B = 1000–1300 N/mm² bei 20 MnCr 5 bzw. $\sigma_S \geq$ 800 N/mm² und σ_B = 1200–1450 N/mm² bei 18 CrNi 8. Härtetemperaturen und Abschreckmedien sind in der Norm angegeben. Verwendet werden die unlegierten Einsatz-

---

* Die Zahl gibt hier nicht die Zugfestigkeit an!

stähle normalerweise für kleinere Maschinenteile, Hebel, Zapfen, Bolzen, Mitnehmer, Gelenke usw., unlegierte Edelstähle ebenfalls für derartige Bauteile, wenn höhere Anforderungen an Gleichmäßigkeit, Reinheit und Oberflächenbeschaffenheit gestellt werden, z.B. Kolbenbolzen, Nockenwellen, Spindeln. Für die letztgenannten Bauteile sowie für Rollen und Meßwerkzeuge verwendet man auch 15 Cr 3. Chrom-Mangan- und Chrom-Nickel-Einsatzstähle eignen sich für größere und für komplizierte Teile sowie Teile höherer Kernfestigkeit, z.B. Zahnräder, Tellerräder, Ritzel und Wellen des Fahrzeug- und Getriebebaues.

1.1.5 Vergütungsstähle (DIN 17200) unterscheiden sich von den Einsatzstählen im wesentlichen durch den höheren Kohlenstoffgehalt (0,18 bis 0,65%). Man teilt sie ebenfalls in Qualitätsstähle (C 22 bis C 60) und Edelstähle (Ck 22 bis Ck 60 und legierte Stähle) ein. Legierungselemente sind entweder Mangan (0,8 bis 1,9%), teilweise zusätzlich mit Silizium ($\leq$ 1,4%) bzw. Vanadium, oder Chrom (0,9–1,2%) oder Chrom (0,9–2,7%) und Molybdän (0,15–0,25%), teilweise mit Vanadium, oder Chrom, Nickel (0,9–2,1%) und Molybdän. Die Festigkeitswerte nach dem Vergüten betragen beispielsweise für Rundstahl zwischen 16 und 40 mm Durchmesser in Faserrichtung (Probenachse in Längsachse des Rundstahls): $\sigma_S \geq 300\,\text{N/mm}^2$, $\sigma_B = 500-600\,\text{N/mm}^2$ bei C 22 und Ck 22, $\geq$ 650 bzw. 900–1050 N/mm² bei 37MnSi5, 34Cr4, 41Cr 4, 34CrMo4 und $\geq$ 1050 bzw. 1250–1450 bei 30CrMoV9 und 30CrNiMo8. In der Norm sind die Werte für verschiedene Wanddicken und Anlaßtemperaturen sowie Temperaturen für Schmieden und Wärmebehandeln angegeben. Anwendungsbeispiele: C22 für Wellen, Treibstangen, Preßmatrizen; C35 für Hebel, Flansche, Schrauben, Muttern, Unterlegscheiben, C45 für verschleißbeanspruchte Teile, Kurbelwellen, Druckstücke, C60 für Federrahmen. Die gleichen Teile stellt man aus den entsprechenden Ck-Stählen her, wenn gleichmäßiges Gefüge und bessere Oberfläche gefordert werden. Außerdem verwendet man Ck45 für Triebwerksteile, Ck 60 für Kurbelzapfen, Zahnräder, Kupplungsteile, Wellen usw. Legierte Stähle setzt man bei höheren Beanspruchungen und größeren Abmessungen (Härtetiefe!) ein, z. B. 37 MnSi 5 oder 34 CrMo 4 für Pleuelstangen, Fräsdorne, Kurbelwellen; 40 Mn 4, 30 Mn 5 oder 37 MnSi 5 für Schmiedestücke und Achsen (je nach Beanspruchung); 34 Cr 4 oder 41 Cr 4 für Hebel, Wellen, Kolbenstangen, Schwingarme, Zahnräder, Bolzen; 25 CrMo 4 für Einlaßventile, geschweißte Teile, Wellen; 42 CrMo 4 und

50 CrMo 4 für Hebel für Lenkungsteile, Federbügel; Chrom-Nickel-Molybdän-Stähle für besonders beanspruchte Teile des Kraftfahrzeug- und Maschinenbaus.

1.1.6 Feinkornstähle haben eine erhöhte Streckgrenze und erhöhte Sicherheit gegen Sprödbruch bzw. Beständigkeit gegen Alterung. Sie lassen sich gut schweißen, da der Kohlenstoffgehalt selten 0,20% überschreitet. Hauptlegierungselement ist Mangan ($\leq$ 1,7%). Hinzu kommen teilweise geringe Gehalte von Aluminium, Nickel ($\leq$ 1,5%), Molybdän ($\leq$ 0,45%), Vanadium ($\leq$ 0,2%), Stickstoff, Titan (0,07%), Chrom (0,4%) und (oder) Kupfer ($\leq$ 0,9%). Die Feinkornstähle sind noch nicht genormt, sie werden unter den Werksbezeichnungen gehandelt. Gewährleistet wird meistens die Warmfestigkeit, die Alterungsbeständigkeit und (oder) die Kaltzähigkeit. Anwendungsbeispiele sind Druckbehälter, auch bei höheren Temperaturen (bis 400 °C), Druckrohrleitungen, Kugelbehälter, Bleche für Schiffs- und Brückenbau, Großmaschinenteile.

1.1.7 Schraubenstähle: Gezogene Stähle, die durch Kaltstauchen zu Schrauben verarbeitet werden, sind in DIN 1654 zusammengestellt. Dazu gehören die unlegierten Stähle Cq 15 ($\sigma_B \leq 600\,N/mm^2$, $\psi \geq 58\%$) bis Cq 45 sowie mit Chrom (max. 1,7%) bzw. Chrom und Vanadium (0,07–0,12%) oder Molybdän (0,15–0,25%) legierte Stähle (alle $\sigma_B \leq 700\,N/mm^2$, $\psi \geq 50\%$). Die Norm enthält außerdem Angaben über im Maschinenbau übliche Bezeichnungen 5 D (= Cq 22), 12 K (= 42 CrV 6 oder 42 CrMo 4) usw.

Warmfeste Stähle für Schrauben und Muttern sind in DIN 17240 aufgeführt. Im Temperaturbereich von 350 bis 540 °C verwendet man, geordnet nach steigender Warmfestigkeit, C bzw. Ck 35, C bzw. Ck 45, 24 CrMo 5, 24 CrMoV 5 5 und 21 CrMoV 5 11. Hochlegierte Stähle, z. B. X 22 CrMoV 12 1 (ferritisch) oder X 8 CrNiMoBNb 16 16 K (austenitisch), können bis etwa 650 °C eingesetzt werden. Im Normblatt findet man u. a. folgende Werte für höhere Temperaturen: Streckgrenze, 0,2% – und 1% – Zeitdehngrenze sowie Zeitstandfestigkeit für 10.000 und 100.000 h, Elastizitätsmodul, Wärmeausdehnungsbeiwert. Für jeden Schraubenwerkstoff ist ein passender Mutternwerkstoff angegeben.

1.1.8 Bei den Automatenstählen (DIN 1651) wird gute Zerspanbarkeit und Spanbrüchigkeit durch höheren Schwefelgehalt (ca. 0,20 bis 0,25%) bewirkt, teilweise in Verbindung mit Bleizusätzen (0,15 bis 0,30%). Die Automatenstähle sind im wesentlichen nach steigendem Kohlenstoffgehalt geordnet; 9 S 20 ($\leq$ 0,12% C, $\sigma_B = 370$ bis 540 N/mm²) bis 60 S 20 ($\approx$ 0,61% C, σ_B = 700–920 N/mm²).

1.2 Federstähle (DIN 17220)

Sie sind in verschiedene Normen aufgeteilt. DIN 17221 gilt für Stähle, die im warmgewalzten bzw. warmgeschmiedeten Zustand für Blatt-, Drehstab-, Kegel-, Schrauben-, Ring- und Tellerfedern sowie Federringe und federnde Teile aller Art verwendet werden. Der Kohlenstoffgehalt schwankt zwischen 0,35 und 0,72%. Hauptlegierungselement der Qualitätsstähle ist Silizium (1,0 bis 1,8%), teilweise zusätzlich Mangan. Die Mindeststreckgrenze nach dem Härten und Anlassen beträgt 1050 (z.B. 38 Si 6) bis 1100 N/mm² (z.B. 55 Si 7), die Zugfestigkeit 1200 bis 1550 N/mm². Die Edelstähle sind mit Silizium, Silizium und Chrom oder Chrom und Vanadium legiert, z.B. 66 Si 7, 50 CrV 4 ($\sigma_S \geq$ 1200–1350 N/mm², σ_B = 1350–1700 N/mm²).

Weitere Normen behandeln
kaltgewalzte Stahlbänder für Federn (DIN 17222) (z. B. Uhrfedern),
runden Federstahldraht (DIN 17223),
nichtrostende Stähle für Federn (DIN 17224) und warmfeste Stähle für Federn (DIN 17225).

1.3 Werkzeugstähle

Werkzeugstähle sind in einer Reihe von Stahl-Eisen-Werkstoffblättern zusammengestellt, die neben Begriffserläuterungen, chemischer Zusammensetzung, Gebrauchseigenschaften, Temperaturen für Warmverformung und Wärmebehandlung sowie Werten für die (Warm-) Zugfestigkeit auch zahlreiche Anwendungsmöglichkeiten enthalten. Da man Werkzeugstähle in der Regel härtet, um eine verschleißfeste Oberfläche zu erhalten, sind auch die Oberflächenhärte und die Einhärtungstiefe mit angegeben.

Ein Normblatt über Werkzeugstähle existiert bisher nicht.

1.3.1 Unlegierte Stähle für Werkzeuge (W.-Blatt 150–63) haben normalerweise einen Kohlenstoffgehalt von 0,6 bis 1,4%. Um die Einhärtungstiefe zu erniedrigen, werden die Gehalte an Silizium und Mangan möglichst klein gehalten ($<$0,3%). Stähle minderer Güte enthalten bis zu 0,8% Mangan. Für spezielle Anforderungen verwendet man Stähle mit Kohlenstoffgehalten bis herab zu 0,15%, die man dann einsatzhärtet (z. B. für Kunstharzformen, Druckplatten, Lehren, Drehbankbacken). Phosphor, Schwefel und nichtmetallische Einschlüsse sind meistens gering (Edelstähle). Nach ihrer Härtungsempfindlichkeit (Härtetemperaturbereich für feinkörniges Gefüge und Härterißempfindlichkeit) und ihrer Einhärtungstiefe unterteilt man die unlegierten Edelstähle in Klassen 1., 2. und 3. Güte (W 1, W 2, W 3) sowie Stähle für Sonderzwecke (WS). Für gering beanspruchte Werkzeuge (Handwerkzeuge) verwendet man auch Qualitätsstähle mit 0,3 bis 0,8% Kohlenstoff. Hergestellt werden z. B. Stanzwerkzeuge, Fräser, Gewindeschneidwerkzeuge, Spiralbohrer, Räumnadeln, Ziehringe aus C 110 W 1 bzw. W 2; besonders schnitthaltige Messer, Schaber, Ziehdorne und -matrizen aus C 125 W 1 bzw. W 2, Feilen aus C 125 W 2; Bearbeitungswerkzeuge für hartes Gestein aus C 100 W 2; Holzbohrer, Meißel, Hämmer, Zangen, Raspeln, Schraubenzieher, Schraubenschlüssel aus C 45 W 3; Gatter- und Kreissägen aus C 85 WS.

1.3.2 Legierte Kaltarbeitsstähle (W.-Blatt 200–63) werden zur spangebenden und spanlosen Umformung unterhalb von ca. 200 °C eingesetzt. Die wichtigsten Legierungselemente sind Chrom ($\leq$ 13%), Molybdän ($\leq$ 1%), Vanadium ($\leq$ 0,4%) und Wolfram (1–2, max. 5%). Ihre Karbide bewirken die erforderliche Härte, den Verschleißwiderstand, die Schnitthaltigkeit und durch gleichzeitige Kornverfeinerung eine erhöhte Zähigkeit. Letztere wird auch durch Nickel ($\leq$ 4,0) günstig beeinflußt, das außerdem wegen der verbesserten Durchhärtung die Druckfestigkeit erhöht. Mangan, Chrom, Molybdän und Nickel senken die kritische Abkühlgeschwindigkeit, so daß Abschrecken in Öl, im Warmbad oder in Luft ausreicht. Von den vielfältigen Anwendungsmöglichkeiten seien genannt X 210 Cr 12 für hochbeanspruchte Stanzwerkzeuge, Ziehwerkzeuge, Preßwerkzeuge für keramische Massen und Kunststoffe, 145 Cr 6 für Fräser, Senker, Reibahlen, Meßwerkzeuge, Endmaße, Gewindeschneidwerkzeuge, letztere auch aus 105 MnCr 4, 105 WCr 6 oder 90 MnV 8. 61 CrSiV 5 eignet sich für Scherenmesser, Holzbearbeitungswerkzeuge, Biege- und Prägewerkzeuge, Spannpatronen, Fließpreßwerkzeuge, 45 WCrV 7 für Preßluftwerkzeuge (Meißel, Stemmer, Döpper), Scherenmesser usw. Neben 21 legierten Kaltarbeitsstählen mit vielfachen Anwendungsmöglichkeiten enthält das Werkstoffblatt mehrere Stahlgußsorten und eine Reihe von Stählen für Einzelzwecke, wie 125 Cr 1 für Rasierklingen, 140 Cr 3 für Feilen, 64 SiCr 5 für Holzbandsägen, 31 CrV 3 für Schraubenschlüssel, 54 NiCrMoV 6 für Kunststoffformen.

1.3.3 Legierte Warmarbeitsstähle (W.-Blatt 250–63): Die zur Warmverarbeitung von Metallen eingesetzten Werkzeuge müssen auch bei hohen Temperaturen Festigkeit und Verschleißwiderstand behalten. Dies bewirken vor allem die Sonderkarbidbildner Wolfram, Molybdän, Vanadium und Chrom. Je nach Verwendung fordert man außerdem gute Warmzähigkeit, Temperaturwechselbeständigkeit und Wärmeleitfähigkeit, Verzugsfreiheit sowie geringe Neigung zum Verschweißen mit dem verarbeiteten Werkstoff. Hierbei erhöht Nickel besonders die Zähigkeit und das Durchvergütungsvermögen, Silizium die Dauerfestigkeit und die Anlaßbeständigkeit. Die Legierungsgehalte schwanken stark. Von den Warmarbeitsstählen mit vielfachen Anwendungsmöglichkeiten setzt man die Wolfram-Chrom-Vanadium-Stähle (z. B. X 30 WCrV 9 3, 45 WCrV 7) für nicht gekühlte Warmarbeitswerkzeuge, bei Wärmestauungen oder bei längerer Druck- und Hitzeeinwirkung ein. Molybdän-Chrom-Vanadium-Stähle (z. B. 45 CrVMoW 5 8, X 32 CrMoV 3 3, 48 CrMo V 6 7) haben eine gute Temperaturleitfähigkeit und sind beständiger gegen Temperaturwechsel. Für schlagartige Beanspruchung (Schmiede- und Preßgesenke) eignen sich Nickel-Chrom-Molybdän-Stähle wie 57 NiCrMoV 7 7 oder 35 NiCrMo 16. Des weiteren verwendet man legierte Warmarbeitsstähle für Einzelzwecke: X 50 NiCrW V 13 13 für Preßmatrizen für Schwermetallegierungen, X 6 CrMo 4 für Druckgießformen, X 15 CrNiSi 25 20 für Glasbearbeitungswerkzeuge, 26 NiCrMoV 5 für Pilgerdorne bis 120 mm ⌀. Das Werkstoffblatt enthält außerdem verschiedene Stahlgußsorten für Einzelzwecke, z. B. G 20 NiCr 10 für Lochdorne von Schrägwalzwerken, G–110 CrW 8 für glatte Walzen mit $\sigma_B > 1200$ N/mm², G–25 Ni 4 für Hammerbären.

1.3.4 Schnellarbeitsstähle (W.-Blatt 320–63) dienen zum Zerspanen unter hohen Schnittgeschwindigkeiten. Um lange Standzeiten zu erzielen, müssen solche Werkzeuge auch bei Rotglut ($\approx$ 600 °C) eine scharfe und harte Schneide behalten. Man erreicht dies durch Zulegieren von Chrom ($\approx$ 4%), Wolfram (1,5–18,5%), Molybdän (0,5–9,2%) und Vanadium (1,0–4,0%). Diese Elemente bilden mit dem Kohlenstoff (0,7–1,4%) eine große Menge von Karbiden, die in der Grundmasse möglichst fein verteilt sein sollen. Ein weiteres Legierungselement ist Kobalt (bis 11%). Verwendet wird beispielsweise S 3–3–2 (Bezeichnung s. S. 67) für Fräser, Spiralbohrer und Metallsägen zur Bearbeitung von Werkstoffen mit weniger als 850 N/mm² Zugfestigkeit. Bei höheren Festigkeiten wählt man S 6–5–2 und S 12–1–2, die sich auch für Dreh- und Hobelmeißel eignen. S 18–1–2–5 und S 18–1–2–10 sind für besonders hohe Beanspruchungen, z. B. schwere Schrupparbeit an Stahl und Grauguß, vorgesehen.

1.3.5 Wälzlagerstähle (W.-Blatt 350–53): Für Kugeln, Rollen, Nadeln, Ringe und Scheiben von Wälzlagern verwendet man je nach Werkstückabmessungen 105 Cr 2 (Kugeln usw. unter 10 mm ⌀), 105 Cr 4, 100 Cr 6 oder 100 CrMn 6 (Ringe über 30 mm Wanddicke), andere Stähle in Sonderfällen, z. B. X 40 Cr 13 für nichtrostende Lager.

1.4 Nichtrostende Stähle (DIN 17440, W.-Blatt 400–60)

Unter diesen Begriff fallen Stähle, die sich durch besondere Korrosionsbeständigkeit auszeichnen. Sie haben im allgemeinen einen Chromgehalt von mindestens 12%. Man unterscheidet zwischen dem ferritischen und dem austenitischen Typ.

Die austenitischen Stähle sind aufgrund ihres homogenen Gefüges korrosionsbeständiger als die ferritischen. Beide eignen sich auch für den Einsatz bei höheren Temperaturen (Festigkeitswerte für austenitische Stähle bis 550 °C, für ferritische bis 400 °C im Normblatt angegeben.)

1.4.1 Die rostfreien ferritischen Stähle enthalten entweder ca. 13 bis 14% Chrom bei Kohlenstoffgehalten von $\leqq$ 0,08 bis 0,50% oder ca. 17% Chrom mit $\leq$ 0,07 bis 0,25% Kohlenstoff. In der Gruppe mit 17% Chrom findet man als weitere Legierungselemente Molybdän (bis 1,2%), das die Anlaßbeständigkeit und die Korrosionsbeständigkeit erhöht, Schwefel (0,15–0,25%) für Automatenqualitäten sowie Titan oder Niob (je nach Kohlenstoffgehalt) zum Stabilisieren (Verhinderung der Chromkarbidbildung beim Erwärmen des Stahles auf 500 bis 800 °C, z. B. neben Schweißnähten, und damit Beständigkeit gegen interkristalline Korrosion). Teilweise sind 1,5 bis 2,5% Nickel legiert. Je nach Zusammensetzung werden diese Stähle im geglühten (Mindestwerte für die Streckgrenze 250–300 N/mm²), im vergüteten (Mindestwerte für die Streckgrenze 400–600 N/mm²) oder (und) im gehärteten Zustand verwendet.

Anwendungsbeispiele sind Bauteile unter dauerndem Angriff von Wasser und Dampf, Ventile, Rohre, Turbinenschaufeln aus X 7 Cr 13, Dampfturbinenschaufeln aus X 15 Cr 13 oder X 20 Cr 13, Teile mit starker Verschleißbeanspruchung, Messer, Wälzlager, Kolbenstangen aus X 40 Cr 13 (härtbar) sowie geschweißte Teile in Molkereien, Brauereien, Seifen- und Salpetersäureindustrie oder im Waschmaschinenbau aus X 8 CrTi 17 oder X 8 CrNb 17.

1.4.2 Die rostfreien austenitischen Stähle enthalten außer Chrom noch Nickel oder Nickel und Molybdän (Molybdän erhöht ebenfalls die Korrosionsbeständigkeit). Die charakteristischen Kohlenstoffgehalte sind $\leq$ 0,10 (in Einzelfällen bis zu 0,15), $\leq$ 0,07 (Normbezeichnung X 5...) und $\leq$ 0,03% (X 2...). Der geringe Kohlenstoffgehalt verhindert die Chromkarbidbildung, senkt aber gleichzeitig die Streckgrenze. Die Stähle mit höherem Kohlenstoffgehalt sind mit Titan oder Niob stabilisiert. Verwendet werden die austenitischen Stähle im abgeschreckten Zustand (von 1000 bis 1100 °C). Die Mindeststreckgrenze liegt zwischen 180 und 230 N/mm², die Zugfestigkeit zwischen 450–750 N/mm². Für die Bruchdehnung δ_5* werden teilweise Werte von über 50% erreicht, auch die Kerbschlagarbeit ist hoch. Die Zugfestigkeit läßt sich durch Kaltverfestigen auf 1000–2000 N/mm² steigern.

Die austenitischen Chrom-Nickelstähle sind gegen viele Säuren beständig. Aus ihnen werden z. B. Milcherhitzer, ärztliche Geräte, Eßbestecke, Haushaltsgeräte sowie Teile für die chemische und die Lebensmittelindustrie hergestellt. Noch resistenter sind Chrom-Nickel-Molybdän-Stähle wie X 5 CrNiMo 18 10 und X 10 CrNiMo Nb 18 12.

X 12 CrNi 18 8 (Firmenbezeichnung Nirosta V2A) und X 10 CrNiTi 18 9 eignen sich auch für den Einsatz bei Temperaturen unter −50 °C (kaltzähe Stähle, s. auch W.-Blatt 680–60).

Während in das Normblatt nur die gängigen nichtrostenden Stähle für allgemeine Verwendungszwecke aufgenommen worden sind, enthält das Werkstoffblatt außerdem noch eine Reihe von Stählen für Sonderzwecke (dagegen noch nicht die neu entwickelten Stähle mit $\leq$ 0,03% C). Neben teilweise anderen Konzentrationen, besonders des Kohlenstoffs, treten Mangan, Kupfer und Vanadium als neue Legierungselemente auf, z. B. X 90 CrMoV 18 für Schneidwaren, Lochscheiben für Fleischmaschinen, Wälzlager; X 12 MnCr 18 10 (Roneusil) für Eßbestecke und als kaltzäher Stahl; X 5 CrNiMoCuNb 18 18 beim Angriff von Schwefelsäure. Ein spezielles Werkstoffblatt (410–60) existiert für nichtrostenden Stahlguß.

---

* Der Index 5 bedeutet, daß die Meßstrecke fünfmal so lang ist wie ihr Durchmesser.

1.5 Hitzebeständige Stähle (W.-Blatt 470–60)

zeichnen sich durch besondere Beständigkeit gegen die verzundernde Wirkung von Gasen bei Temperaturen über 600 °C aus. Bei der Auswahl des Werkstoffes ist das angreifende Gas (schwefel- oder stickstoffhaltig, sauerstoffarm, aufkohlend usw.) zu berücksichtigen. Das Hauptlegierungselement ist Chrom. Hinzu kommen 0,5 bis 1,7% Aluminium und (oder) bis zu 2,5% Silizium, die ebenfalls schützende Oxyde an der Werkstückoberfläche bilden, z. B. X 10 CrAl 7, X 10 CrAl 24, X 10 CrSi 13. Diese Stähle sind ferritisch. Man verwendet sie für Trag- und Förderteile, Schienen, Trommeln, Hauben und Rohre von Industrieöfen, hitzebeständige Teile im Dampfkessel- und Apparatebau usw. Bei erhöhter mechanischer Beanspruchung setzt man für die gleichen Teile austenitische Stähle ein, die den ferritischen oberhalb von 600 °C an Festigkeit überlegen sind (Angaben über Zeitdehngrenze $\sigma_{1/1000}$ bis 1200 °C im Werkstoffblatt), z. B. X 12 CrNiTi 18 9, X 15 CrNiSi 25 20. Weitere Anwendungsbeispiele sind X 12 CrNi 25 21 für Rohre von Erdölanlagen sowie X 10 CrSi 29 oder X 12 NiCrSi 36 16 für Thermoelement-Schutzrohre und Teile in Porzellan- und Keramik-Brennöfen. Ventilstähle sind im Werkstoffblatt 490–52 zusammengefaßt, hitzebeständige Stahlgußsorten im Werkstoffblatt 471–60.

1.6 Gegossene Eisenwerkstoffe

1.6.1 Stahlguß eignet sich gegenüber dem Gußeisen für Teile höherer Festigkeit und Zähigkeit, ist jedoch aufgrund des geringen Kohlenstoffgehaltes (max. ca. 2%, meistens weniger) schwieriger gießbar (hohe Liquidustemperatur, $\geq$ 2% Schwindmaß, Lunkerbildung, Gußspannungen). Stahlguß läßt sich in den meisten Fällen schmieden und schweißen, teilweise im Einsatz härten oder vergüten. Wie bei den Stählen unterscheidet man unlegierten (etwa 0,1–0,7% C, 0,3–0,5% Si und 0,4–0,8% Mn), niedrig- und hochlegierten Stahlguß (beide Cr, Ni, Mo, V, W, Si und Mn in verschiedenen Konzentrationen) bzw. Stahlgußsorten verschiedener Anwendungsmöglichkeiten.

Stahlguß für allgemeine Verwendungszwecke (DIN 1681) umfaßt die gegossenen, unlegierten oder niedriglegierten Stähle, die man im wesentlichen nach ihren mechanischen Eigenschaften bei Raumtemperatur einteilt (GS–38 bis GS–70). Die Gußstücke werden vorwiegend zwischen −10 und 300 °C eingesetzt. Bei Temperaturen von 300 bis ca. 610 °C und erhöhten Anforderungen an die Festigkeit, verwendet man im Dampfkessel-, Rohrleitungs- und Dampfturbinenbau warmfesten (ferritischen) Stahlguß (DIN 17245), z. B. GS–C 25, GS–17 CrMo 5 5 oder G–X 22 CrMoWV 12 1. Gute mechanische Eigenschaften bei größeren Wanddicken erzielt man mit Vergütungsstahlguß (W.-Bl. 510–62).

Weitere wichtige Sorten sind druckwasserstoffbeständiger Stahlguß (W.-Bl. 590–61), kaltzäher Stahlguß (W.-Bl. 680–60), Stahlguß für Flamm- und Induktionshärtung (W.-Bl. 835–60) sowie nichtrostender (W.-Bl. 410–60) und hitzebeständiger Stahlguß (W.-Bl. 471–60).

1.6.2 Gußeisen enthält eutektisch ausgeschiedenen Graphit. Die Erstarrung nach dem stabilen System (vgl. S. 63) wird durch Silizium (0,3–3%) begünstigt. Daneben enthält es häufig Phosphor (0,1 bis 0,6%, bei Kunstguß bis zu 1%), der die Verschleißfestigkeit erhöht und die Schmelze dünnflüssig macht. Nach der Ausbildung des Graphits unterscheidet man Gußeisen mit Lamellengraphit (DIN 1691) und mit Kugelgraphit (DIN 1693). Die bei hoher Temperatur gebildeten γ-Kristalle zerfallen bei der Abkühlung häufig nach dem metastabilen System zu Perlit. Wenn sie nach dem stabilen System zu Ferrit und Graphit zerfallen, spricht man von ferritischem Gußeisen.

Die genormten Gußeisensorten sind nach ihrer Zugfestigkeit eingeteilt* (die Druckfestigkeit ist etwa viermal, die Biegefestigkeit etwa doppelt so hoch wie die Zugfestigkeit). Gußeisen mit Lamellengraphit umfaßt die Sorten GG 10 bis GG 40. Die höchste Festigkeit erzielt man mit perlitischer Grundmasse und gleichmäßig verteiltem Graphit. Sie sinkt mit steigendem Kohlenstoff- und Siliziumgehalt. Gußeisen mit Lamellengraphit ist spröde (Bruchdehnung kleiner als 1%). Die Brinellhärte steigt von 1000 N/mm² für ferritische auf 1800 bis 2500 N/mm² für perlitische Grundmasse. Entsprechend wächst der Verschleißwiderstand und sinkt die Zerspanbarkeit. Im Gußeisen sind die Spannungen den Dehnungen nicht proportional. Deshalb läßt sich ein E-Modul nur ungefähr angeben; er liegt zwischen 50 und 150 kN/mm².

Von Bedeutung für die Verwendung von Gußeisen sind neben dem niedrigen Preis die beachtliche Korrosionsbeständigkeit (z. B.

* Die angegebene Festigkeit gilt für eine Zugprobe aus einem Probeguß von 30 mm Durchmesser. Die Probengröße muß festgelegt werden, weil die Gefügeausbildung von der Abkühlungsgeschwindigkeit abhängt.

gegen Atmosphäre, Grundwasser, Seewasser, Schwefel- oder reine Phosphorsäure sowie einige alkalische Lösungen), ferner die günstigen Gleiteigenschaften und die hohe Dämpfung. Gußeisen geringerer Festigkeit (GG 10) wird als Bau- und Handelsguß verwendet (z. B. Säulen, Herde, Rohre, Heizkörper). Die höherwertigen Sorten (ab GG15) werden für Maschinenguß eingesetzt, z. B. Gehäuse, Grundplatten, Ständer (Druckfestigkeit, Dämpfung!), Gleitbahnen, Zylinder, Kolben, Kolbenringe, GG 25 auch für druckdichten Guß.

Bei Gußeisen mit Kugelgraphit (GGG) ist nicht nur die Zugfestigkeit, sondern auch die Bruchdehnung erheblich erhöht (δ_5 sinkt von 17% für GGG 38 auf 2% für GGG 70). Die Dämpfung ist geringer, die Beständigkeit gegen Wachsen (Perlitzerfall und Oxydation der Grundmasse oberhalb 400 °C) besser als die des Gußeisens mit Lamellengraphit.

Durch Zugabe weiterer Legierungselemente wie Nickel, Chrom, Kupfer, Silizium, Molybdän, Aluminium usw. lassen sich besondere Eigenschaften erzielen (Korrosions-, Zunder- und Säurebeständigkeit, Rostfreiheit, Verschleißfestigkeit). Ferritisches Gußeisen mit 14–18 % Silizium ist gegen heiße Salpeter- oder Schwefelsäure beständig, Gußeisen mit 34 % Chrom gegen Salpetersäure und freies Chlor. Zunehmende Bedeutung gewinnt austenitisches Gußeisen (DIN 1694), das sich durch gute Beständigkeit gegen Korrosion, Erosion und Oxydation auszeichnet (12–36 % Nickel). Legiertes Gußeisen wird häufig wärmebehandelt.

1.6.3 Hartguß ist Gußeisen, das nach dem metastabilen System (also weiß, vgl. S. 63) erstarrt. Er ist schwer zu bearbeiten und wird eingesetzt für verschleißfeste Teile, z. B. für Sandstrahldüsen, Kugeln für Kugelmühlen, Mahlscheiben für Getreide- und Farbmühlen, Verschleißplatten für Mühlen und Brecher, Brechbacken und Schnecken.

Erstarrt nur die rasch abgekühlte Randzone des Gußstückes weiß, das Innere dagegen grau, so spricht man von Schalenhartguß. Er findet Verwendung für Platten und Ringe von Kollergängen, Kugelmühlen und Steinbrechern, für Ziehringe, Laufräder (ausländische Güterwagen), Ventilstößel sowie für Walzen von Blechwalzwerken und Papierkalandern (teilweise legiert).

1.6.4 Temperguß (DIN 1692) erstarrt ebenfalls weiß, wird aber anschließend geglüht (getempert), wobei der Zementit unter Abscheidung von Temperkohle zerfällt. Nach Art der Glühung unterscheidet man nicht entkohlend geglühten (schwarzen) Temperguß

(GTS) und entkohlend geglühten (weißen) Temperguß (GTW), bei dem die Gefügeausbildung sich mit dem Abstand von der Oberfläche ändert. Beide können durch eine zusätzliche Wärmebehandlung vergütet werden. Sie sind nach ihrer Zugfestigkeit geordnet (zwischen 350 und 700 N/mm^2) und haben wesentlich höhere Dehnungen als Grauguß.

Beide Tempergußsorten werden vorwiegend im Kraftfahrzeugbau verwendet: weißer Temperguß für dünnwandige Teile hoher Zähigkeit und bei Schweißverbindungen, schwarzer Temperguß für Teile, die sich bearbeiten lassen sollen (Bremstrommeln, Radnaben, Lenkdifferentialgehäuse, Achsaufhängungen, Kipphebel, Nockenwellen, Kurbelwellen, Gelenkwellenköpfe). Weitere Anwendungsbeispiele sind Rohrverbindungsstücke (Fittings), Landmaschinenteile, Kettenglieder und Schlüssel.

2. NICHTEISENMETALLE

Die Normbezeichnungen für Nichteisenmetalle sind durchsichtiger als die der Eisenwerkstoffe, sie sind deshalb in diesem Buch nicht ausführlich erläutert. Häufig wird der Buchstabe F mit einer nachfolgenden Zahl an die Werkstoffbezeichnung angehängt. Diese Zahl bedeutet ein Zehntel der Mindestzugfestigkeit in N/mm^2.

2.1 Aluminium und seine Legierungen

2.1.1 Aluminium findet vielfältige Anwendung wegen seiner geringen Dichte (ca. 2,7 g/cm^3), dem weiten Bereich seiner Festigkeiten (F 4 bis F 54), seiner Duktilität, der chemischen Beständigkeit sowie der hohen Leitfähigkeit für Wärme und elektrischen Strom (nach Kupfer am höchsten von allen Gebrauchsmetallen). Es läßt sich warm und kalt gut verarbeiten. Durch Oberflächenbehandlung (z. B. chemische oder anodische Oxydation, Beizen, Polieren, Glänzen) lassen sich Korrosionsbeständigkeit, Haftfähigkeit für Anstriche oder Abriebfestigkeit erhöhen und dekorative Wirkungen erzielen.

Reinaluminium (Al 99 bis Al 99,9; DIN 1712) hat eine geringe Festigkeit (F 4 bis F 14), dafür aber besonders gute elektrische Leitfähigkeit, Korrosionsbeständigkeit und Oberflächengüte. Man verwendet es im Behälter-, Geräte- und Apparatebau der chemischen, der pharmazeutischen und der Nahrungsmittelindustrie

(Molkereien, Brauereien), im Reaktorbau; für Verpackungen (Folien von 0,004–0,020 mm Dicke, Dosen, Röhrchen, Tuben, Milchkannen, Fässer), im Bauwesen zum Decken von Dächern, für Verkleidungen und als Dichtungsmaterial, in der Elektrotechnik als Leitungsmaterial (Drähte, Seile, Kabel, Litzen, Schienen), für Kabelmäntel und Elektrolytkondensatoren. Reinaluminium dient ausserdem als Plattierwerkstoff.

Bei gesteigerten Anforderungen an die Oberflächengüte (Reflektoren, Zierteile im Fahrzeugbau und Innenarchitektur, Kunstgewerbe und Schmuckwaren) verwendet man *Reinstaluminium* (Al 99,98 R), das zudem noch korrosionsbeständiger ist.

Die übliche Lieferform für Reinst- und Reinaluminium sowie für die nachfolgend behandelten Knetlegierungen sind Halbzeuge, die als Walzprodukte (Bleche, u. a. in Eloxal- und Glänzqualitäten, auch mit eingewalzten Mustern; Bänder ab 0,021 mm Dicke; Ronden, z. B. für Geschirr und Apparate; Butzen für Fließpreßteile (Tuben); Wellblech; Blech- und Bandprofile); als Strangpreßprodukte (Vollstangen; aber auch komplizierte Hohl- und Vollprofile); als Rohrdrähte bis herab zu 0,3 mm∅ und 0,025 mm Wanddicke; Rund-, Niet-, Schweiß-, Metall-Spritz- und Profildrähte oder als Schmiedestücke (Freiform oder Gesenk) angeboten werden. Von den Fertigerzeugnissen seien längsgeschweißte Rohre, Rippenrohre, Rohrbleche, Seile, Litzen, Niete, Schrauben, Drahtgewebe und Folien genannt.

2.1.2 Von entscheidender Bedeutung für die Verwendung des Aluminiums ist, daß es mit vielen Legierungspartnern *aushärtbare Legierungen* bildet (vgl. S. 86). Beispiele dafür sind die folgenden Legierungsgruppen (DIN 1725, Blatt 1):

Aluminium-Magnesium-Silizium-Legierungen sind fester als Reinaluminium (F 14 bis F 32) und ebenfalls gut korrosionsbeständig. AlMgSi 0,5 (0,4–0,8% Mg, 0,35–0,7% Si, F 14–F 25) und AlMgSi 1 (0,6–1,2% Mg, 0,75–1,3% Si, 0,4–1,0% Mn, F 20–F 32) eignen sich im Fahrzeugbau für Fahrgestelle, selbsttragende Schalen, Rahmen, Beplankungen von Aufbauten (z. B. Kühlwagen, Omnibusse), Schiebetüren und Dächer; ferner für Masten, Aufbauten, Lukendeckel von Schiffen; Transportgeräte, bewegliche Rampen, Leitern; für Leitungen und Behälter in der chemischen und Nahrungsmittelindustrie und in der Landwirtschaft (Milchkannen!), im Bauwesen für Fassaden, Türen, Fenster, Geländer, Beleuchtungskörper, Bodenbeläge, Beschlagteile (Gewächshäuser) sowie für

Schmiedeteile. Spezielle Legierungen sind AlMgSiPb für Automatendrehteile und E-AlMgSi (0,3–0,5 % Mg, 0,5–0,6 % Si) wegen hoher elektrischer Leitfähigkeit und Festigkeiten bis F 30 für Freileitungen, Stromschienen usw.

Aluminium-Kupfer-Magnesium- und Aluminium-Kupfer-Silizium-Mangan-Legierungen enthalten als wesentliche Legierungsbestandteile 2,0–5,0 % Kupfer, 0,2–1,8 % Magnesium, bis 1,2 % Silizium sowie bis 1,2 % Mangan. AlCuMg wird meistens kalt (bis F 48), AlCuSiMn (nur für Gesenkschmiedestücke) dagegen warm ausgehärtet (bis F 44). Die Korrosionsbeständigkeit ist aufgrund des Kupfergehaltes (Lokalelemente!) mäßig. Bei entsprechenden Anforderungen wird daher mit Reinaluminium plattiert (AlCuMg pl). Eingesetzt werden diese Werkstoffe für Konstruktionen, deren Belastung die Verwendung von AlMgSi nicht mehr gestattet, z. B. in Sonderfällen des Fahrzeug- und Maschinenbaus, im Förder- und Transportwesen, im Hochbau sowie für hochbeanspruchte Schmiedestücke. Plattierte Bleche verwendet man vielfach im Flugzeugbau. Aus AlCuMg 0,5 werden Niete hergestellt (im kaltausgehärteten Zustand schlagbar). AlCuMgPb ist für Bearbeitung durch Automaten vorgesehen.

Aluminium-Zink-Magnesium-Kupfer-Legierungen mit 3,8–6,1 % Zink und 2,1–3,8 % Magnesium erreichen durch den Kupferzusatz (0,4–2 %) im warmausgehärteten Zustand die höchste bei Aluminium bisher erreichte Festigkeit (AlZnMgCu 1,5; F 54). Die Korrosionsbeständigkeit ist mäßig, man plattiert deswegen (mit AlZn 1). Gut beständig sind AlZnMg 3 (bis F 46) sowie AlZnMg 1 (bis F 36). Die letzte Legierung härtet nach dem Schweißen oder Warmverformen von selbst wieder aus (bis F 28). Sie eignet sich daher besonders für Schweißkonstruktionen.

Die Anwendungsgebiete entsprechen denen der AlCuMg-Legierungen bei höchsten Festigkeitsanforderungen. Genannt seien Flugzeug-, Fahrzeug- (Fahrgestelle und Aufbauten) und Bergbau; Zahnräder, Felgen, Tretkurbeln für Fahrräder; ferner Bauelemente in der Fördertechnik, im Kran-, Brücken- und Maschinenbau. Die Legierungen eignen sich zur Herstellung von Schmiedeteilen.

2.1.3 Homogene Legierungen, die sich also nur kaltverfestigen, nicht aber aushärten lassen, bildet das Aluminium mit kleineren Mengen von Magnesium und Mangan. Aluminium-Magnesium-Legierungen enthalten bis zu 7,2 % Magnesium und manche etwas Silizium (0,5 bis 0,8 % in AlMg 3 Si). Die Mindestzugfestigkeit steigt mit dem Magnesiumgehalt von F 10 bis F 16 (für AlMg 1) auf F 30–F 34 (für AlMg 7). Die Korrosionsbeständigkeit ist gut, insbesondere sind die Legierungen seewasserbeständig. Sie eignen sich außerdem hervorragend zum anodischen Oxydieren und erfüllen höchste Ansprüche in bezug auf dekorative Wirkung und Reflexionsvermögen. Anwendungsgebiete sind Schiff- und Fahrzeugbau, Transportwesen (Behälter und Kisten), Nahrungsmittelindustrie (Fischverwertung), Salinen, Bauwesen (konstruktive Teile sowie Innen- und Außenarchitektur), ferner Draht für Spritzzwecke sowie besonders AlMg 3 Si wegen guter Schweißeigenschaften im Behälterbau.

AlMgMn (1,6–2,5 % Mg, 0,5–1,5 % Mn) hat ähnliche Eigenschaften wie die Aluminium-Magnesium-Legierungen (F 18–F 26, seewasserbeständig), ist jedoch im Vergleich zu anderen nichtaushärtbaren Werkstoffen warmfester. Es wird wie AlMg 3 eingesetzt und eignet sich gut für Schweißkonstruktionen.
Die Festigkeit von AlMn (0,8–1,5 % Mn) ist mit 100–160 N/mm² zwar gering, jedoch höher als die des Reinaluminiums, mit dem es die gute Korrosionsbeständigkeit gemeinsam hat. AlMn wird daher anstelle von Al 99,5 eingesetzt, wenn etwas höhere Festigkeiten erwünscht sind, z. B. für Behälter und Geräte der chemischen, Textil- und Nahrungsmittelindustrie (Großküchengeschirre, Fässer), für Dächer, Dachzubehör und Verkleidungen in der Landwirtschaft und im Fahrzeugbau.

2.1.4 Aluminium-Gußlegierungen werden zu Sand-, Kokillen- oder Druckgußstücken verarbeitet. In DIN 1725 (Blatt 2) sind über 50 Legierungen genormt, die sich in die folgenden Gruppen einteilen lassen:

G-AlSi-Legierungen, deren wichtigster Vertreter die (nah-)eutektische Legierung G-AlSi 12 ist (mit 11–13,5 % Si, bis F 26), zeichnen sich durch beste Gießbarkeit aus. Sie werden für komplizierte, dünnwandige oder druckdichte Gußstücke eingesetzt.

Durch Zugabe geringer Mengen Magnesium (0,2–0,8 %) wird der Werkstoff aushärtbar, wobei insbesondere die Streckgrenze gegenüber G-AlSi ansteigt. G-AlSi 10 Mg (bis F 32) verwendet man im Motorenbau (z. B. Zylinderköpfe, Kurbelgehäuse) sowie für schwierige und höher belastete Teile im Maschinenbau, G-AlSiMg 5 in der Nahrungsmittelindustrie und für Feuerlöscharmaturen. Teilweise legiert man außer dem Magnesium noch kleine Mengen Kupfer zu (G-AlSi 5 Cu 1 mit 5–6 % Si, 0,3–0,6 % Mg und 1–1,5 % Cu; bis F 30).

G-AlSiCu-Legierungen enthalten etwa 2–8,5 % Si und 2–6 % Cu. Bei mittleren Belastungen eignen sie sich für den Motorenbau, für Gehäuse usw. (G-AlSi 6 Cu 4 F 20).

G-AlMg-Legierungen (2–11 % Mg, F 14 bis F 32) sind gegen Seewasser beständig und lassen sich dekorativ anodisieren. Sie werden daher im Schiffbau (Fenster, Maschinenteile), für Armaturen und Fittings in der chemischen und in der Nahrungsmittelindustrie sowie für Beschläge eingesetzt.

Die Legierungen G-AlCu 4 Ti (0,1–0,3 % Ti) und G-AlCu 4 TiMg (zusätzlich 0,15–0,30 % Mg) erreichen im warmausgehärteten Zustand bis F 42 bei mehreren % Bruchdehnung. Ihr Anwendungsgebiet sind hochbelastete Teile im Flug- und Fahrzeugbau, speziell bei Schwingungs- und Schlagbeanspruchung.

Bisher nicht genormt sind die ohne Lösungsglühen aushärtenden G-AlZnMg-Legierungen, die Aluminium-Kolbenlegierungen (gegossen oder geschmiedet mit 11–26 % Si wegen der Verschleißfestigkeit sowie 0,8–1,8 % Cu und 0,8–3,6 % Ni zur Erhöhung der Warmfestigkeit) und die Lagerlegierungen (z. B. AlSn 5 Ni 1 Pb 1).

2.2 Kupfer und seine Legierungen

2.2.1 Kupfer zeichnet sich durch hohe elektrische und thermische Leitfähigkeit, Festigkeit, Duktilität und Korrosionsbeständigkeit aus. Hüttenkupfer (DIN 1708) und Kupfer in Halbzeug (DIN 1787) werden nach ihrer Reinheit in die Klassen A ($\geq$ 99,0 % Cu) bis F ($\geq$99,90 %) eingeteilt. Für Sorte E (Reinheit wie F) ist eine elektrische Leitfähigkeit von mindestens 57 MS/m gewährleistet (VDE-Vorschrift 0201). Man unterscheidet jeweils zwischen sauerstoffhaltigen (0,015 bis 0,04 % Sauerstoff; Gefahr der Wasserstoffkrankheit beim Schweißen oder Hartlöten mit offener Flamme) und sauerstofffreien Sorten. Letztere sind mit Phosphor desoxydiert und enthalten keinen an Kupfer gebundenen Sauerstoff (Kennbuchstabe S). Verwendet werden z. B. die sauerstoffhaltigen Sorten C-Cu, D-Cu und F-Cu nach DIN 1787 für Halbzeug, (insbesondere Bleche und Bänder), E-Cu für Halbzeug, wenn die Leitfähigkeit vorgeschrieben ist. SD-Cu und SF-Cu wählt man für den gleichen Zweck, wenn Anforderungen an die Schweißbarkeit und die Verformbarkeit (Apparatebau) gestellt werden. SA-Kupfer (auch Hüttenkupfer) eignet sich für Feuerbuchsen, Stehbolzen und im Apparatebau, SB-Kupfer z. B. für Rohre; Hüttenkupfer dieser Qualität außerdem für Walz-, Preß- und Gesenkschmiedeerzeugnisse. Besonders hohe Reinheit und daher Leitfähigkeit hat Kathoden-Elektrolytkupfer (KE-Cu).

2.2.2 Niedriglegierte Kupfer-Knetlegierungen (DIN 17666) enthalten bis zu 5 % Legierungsbestandteile, die z. B. Schweiß- und Hartlötbarkeit, Temperatur- und Korrosionsbeständigkeit verbessern. Von den nichtaushärtbaren Legierungen verwendet man CuCd 0,5, CuCdSn oder CuMg 0,4 (F 56 bzw. 0,7 (F 66) für Freileitungen, CuCd 1 für Elektroden von Schweißmaschinen, CuSi 2 Mn und CuMn 5 im chemischen Apparatebau. CuTe eignet sich wegen seiner guten Zerspanbarkeit für Drehteile. Kupfer mit 1 bis 2 % Beryllium läßt sich aushärten. Es eignet sich für Federn, Membranen, verschleißfeste Teile und nichtfunkende Werkzeuge (σ_B bis 1300 N/mm²). Kupfer-Kobalt-Beryllium- und Kupfer-Chrom-Legierungen werden für Widerstands-Schweißelektroden, Kupfer-Nickel-Silizium-Legierungen für Schrauben, Bolzen und Freileitungsarmaturen verwendet.

Die Festigkeitseigenschaften von Bändern, Blechen, Rohren, Stangen, Drähten und Strangpreßprofilen aus Kupfer und Kupfer-Knetlegierungen sind in den DIN-Blättern 17670/74 sowie 40500 (Kupfer für die Elektrotechnik) angegeben. Kupferlegierungen, die sich für Rohre von Kondensatoren und von Wärmetauschern eignen, sind in einem speziellen Normblatt (DIN 1785) zusammengestellt.

2.2.3 Messinge (vgl. S. 56) bestehen vorwiegend aus Kupfer (mindestens 50 %) und Zink (bis zu 44 %). Reines α-Messing ist außerordentlich gut kaltverformbar (Bleche zum Tiefziehen, Drücken, Bördeln usw.). Heterogene Legierungen (weniger als 62,5 % Cu) lassen sich zwar gut warmverformen (Strangpressen, Schmieden, Walzen), ihre Verformbarkeit bei Raumtemperatur ist dagegen mäßig, und zwar um so schlechter, je geringer der Kupfergehalt ist. Sie werden zu einem großen Teil als Automatenwerkstoff eingesetzt, wobei Bleizusätze bis zu 3 % die Zerspanbarkeit verbessern.

DIN 17660 enthält die genormten Messingsorten. Es wird das Basismetall und der mittlere Gehalt der Legierungselemente angegeben, z. B. Cu Zn 37. Anwendungsbeispiele: Cu Zn 40 Pb 3 (F 37 bis F 68) ist die Hauptlegierung für spanabhebende Formung (Automatenmessing), z. B. für Schrauben und Drehteile aller Art; ferner als Uhrenmessing für Räder und Platinen, gestanzte Teile und Gesenkschmiedestücke. Cu Zn 33 (F 30 bis F 62) eignet sich für die Kaltverformung (Metall- und Holzschrauben, Niete, Nippel, Rohre, Druckwalzen, Kühlerbänder, Ätzbleche, Reißverschlüsse, Blattfedern, Zifferblätter), Cu Zn 28 (F 28–F 53) verwendet man für Rohre in Wärmetauschern (Kondensator- und Siederohre, Federn, Musikinstrumente, Autokühler, Reflektoren, Turbinenschaufeln und tiefgezogene Hülsen, Cu Zn 15 und Cu Zn 10 (F 24–F 44) für Installationsteile in der Elektrotechnik, Schmuckwaren und Metallschläuche.

Sondermessinge (DIN 17660) enthalten als weitere Legierungszusätze Ni ($\leq$ 2%), Mn $\leq$(2,5%), Fe ($\leq$ 1,5%), Sn ($\leq$ 1,8%), Al ($\leq$ 7,0%) und/oder Si ($\leq$ 1,3%), die die Korrosionsbeständigkeit und andere Eigenschaften verbessern oder die verhindern, daß beim Hartlöten das Zink verdampft. Beispielsweise ist Cu Zn 40 Al 1 ein Konstruktionswerkstoff mittlerer Festigkeit, hoher Zähigkeit und Witterungsbeständigkeit für gleitende Teile aller Art (gepreßte und geschmiedete Wellen, Lagerbüchsen). Cu Zn 20 Al verwendet man im Schiffbau, für Kondensatoren, Kühler usw. wegen seines hohen Korrosions- und Erosionswiderstandes in See- und Brackwasser, auch bei erhöhten Kühlwassergeschwindigkeiten.

Die Gußlegierungen werden z. Zt. noch nach alter Norm bezeichnet, nach DIN 1700 sind jedoch die folgenden Bezeichnungen vorgeschlagen:

Gußmessinge (DIN 1709) sind G-Cu 65 Zn (Gas- und Wasserarmaturen, Teile für die Elektroindustrie, Beschlagteile) und GK-Cu 60 Zn bzw. GD-Cu 60 Zn (wie G-Cu 65 Zn als Kokillen- und Druckgußteile mit metallisch blanker Oberfläche). Cu 58 Zn als Schleuderguß für Wälzlagerkäfige ist nicht genormt.

Die Guß-Sondermessinge (55–68% Cu) (ebenfalls in DIN 1709) verwendet man für Hochdruckarmaturen, Gehäuse G-Cu 55 Zn Mn; Druckmuttern für Walzwerke und Spindelpressen, Stopfbuchsen, Schiffsschrauben (G-Cu 55 Zn Al 1 F 45, zähharter Werkstoff hoher Festigkeit und Dehnung); Ventil- und Steuerungsteile, Sitze, Kegel (G-Cu 55 Zn Al 2 F 60, hohe Festigkeit und Härte, wenig geeignet bei Schwingungen); Brückenlager, hochbeanspruchte, langsamlaufende Schneckenradkränze (G-Cu 55 Zn Al 4 F 75).

2.2.4 Bronzen sind Legierungen aus mindestens 60% Kupfer und einem anderen Hauptbestandteil als Zink.

Zinnbronzen und Mehrstoff-Zinnbronzen enthalten üblicherweise nicht mehr als 20% Zinn (bis 9% Sn genormt in DIN 17662; Kurzzeichen Cu Sn mit Anhängezahl für den mittleren Zinngehalt). Sie sind meistens mit Phosphor desoxydiert. Aufgrund ihrer hohen Festigkeit (bis über 700 N/mm²) und ihrer guten Korrosionsbeständigkeit werden die Zinnbronzen im Schiff-, Maschinen- und Apparatebau, der chemischen, der Papier- und der Uhrenindustrie eingesetzt. Typische Teile sind Schrauben, Federn aller Art, Membranen, Drahtgewebe.

Guß-Zinnbronzen (DIN 1705) enthalten ca. 10–14 % Zinn. Sie werden als harte oder zähharte Werkstoffe für hochbeanspruchte Gleitlager, Gleitplatten, Kuppelsteine, Schneckenräder, Spindelmuttern oder für hochbeanspruchte Armaturen, Pumpengehäuse, Leit- und Schaufelräder für Pumpen und Wasserturbinen G-Cu Sn10 eingesetzt.

Das gleiche Normblatt enthält Angaben über Rotguß (Kurzzeichen Rg mit Angabe des mittleren Zinngehaltes), eine Guß-Mehrstoff-Zinnbronze aus Kupfer, Zinn (ca. 4–11 %), Zink (1–6 %), manchmal mit Blei (0–7 %). Sie wird ebenfalls als Gleitlager verwendet. Bronzen für Glocken- und Kunstguß sind nicht genormt.

Aluminiumbronzen (DIN 17665) bestehen aus mindestens 70 % Kupfer und bis zu 12,5 % Aluminium, daneben oft Eisen ($\leq$ 7,3 %), Nickel ($\leq$ 7,5 %), Mangan ($\leq$ 3,5 %) und Silizium ($\leq$ 0,4 %). (Kurzzeichen Cu Al und Anhängezahl für den mittleren Aluminiumgehalt sowie ggf. Symbol des weiteren Legierungselementes, z. B. Cu Al 8 Fe, Cu Al 11 Ni). Sie zeichnen sich durch Korrosionsbeständigkeit, Verschleißfestigkeit, Unempfindlichkeit gegen Erosion und Kavitation sowie durch ihre Warmfestigkeit aus. Ähnlich wie bei Messing gibt es homogene und heterogene Aluminiumbronzen mit den entsprechenden unterschiedlichen Verarbeitungseigenschaften. Der heterogene Typ läßt sich aushärten. Einige typische Verwendungsbeispiele sind Bremsbänder, Teile für Salinen und die Kali-Industrie (Cu Al 5); schwefel- und essigsäurebeständige Teile (Cu Al 8 F 35 bis F 55). Aus Mehrstoff-Aluminiumbronzen fertigt man Wellen, Spindeln, Schrauben, Muttern; Verschleißteile wie Getrieberäder, Schnecken, hoch (besonders durch Stoß) belastete Lagerschalen, Druckplatten, Gleitsteine; ferner Ventilsitze, Heißdampfarmaturenteile, Steuerteile der Hydraulik.

Guß-Aluminiumbronzen (DIN 1714) haben ähnliche Eigenschaften wie die Knetlegierungen. Sie finden Anwendung in der chemischen und in der Nahrungsmittelindustrie (z. B. G-Cu Al z 9; G-Cu Al 10 Fe F 50), Ölindustrie, Bergbau, Schiffbau, für Schnecken und Schneckenräder, Zahn- und Kegelräder, Heißdampfarmaturen und Schiffsschrauben (z. B. G-Cu Al 10 Ni F 68 als Formguß oder

GZ-Cu Al 10 Ni F 70 als Schleuderguß); als Turbinenschaufeln, für Lauf- und Leiträder (G-Cu Al 8 Mn F 42).

Bleibronzen (DIN 1716) enthalten normalerweise nicht mehr als 28 % Blei, die Zinn-Bleibronzen zusätzlich bis 11 % Zinn. Üblich sind außerdem Zusätze bis 2,5 % Nickel und bis 3 % Zink. Sie werden gewöhnlich als Gußlegierungen, teilweise als Verbundguß mit Stahl hergestellt und eignen sich besonders für Lager, z. B. von Kalanderwalzen, in Kalt-, Warm- und Folienwalzwerken, Müllereimaschinen, Wasserpumpen, als Pleuel- und Fahrzeuglager; bei hoher Belastung in Verbindung mit Stahlstützen (Zugfestigkeit 200–240 N/mm², Härte 300–850 N/mm²). Ein weiteres Anwendungsgebiet sind korrosionsbeanspruchte Teile, insbesondere beim Angriff von Schwefelsäure.

Kupfer–Nickel-Legierungen mit 4 bis 45 % Nickel, teilweise außerdem mit Mangan ($\leq$ 3,5 %) und/oder Eisen ($\leq$ 1,5 %), sind in DIN 17664 aufgeführt (Kurzzeichen CuNi mit Angabe des mittleren Nickelgehaltes). Die Legierungen sind korrosions- und verschleißbeständig und haben ab ca. 15 % Ni eine silberweiße Färbung. Hauptanwendungsgebiete sind der chemische Apparatebau, Kondensatorrohre, besonders bei Seewasserkühlung (CuNi 10 Fe bis CuNi 30 Fe), Münzlegierungen (CuNi 25 für 50-Pf- und Markstücke) sowie für dekorative Zwecke (Schanktischverkleidungen). Die Mindestzugfestigkeit steigt mit dem Nickelgehalt von F 25 und F 31 bei CuNi 5 auf F 50 bei CuNi 44. CuNi 44 (Konstantan) ändert seine elektrische Leitfähigkeit nur schwach mit der Temperatur. Aus ihm baut man deshalb Präzisionswiderstände.

Neusilber (DIN 17663, Kurzzeichen Cu Ni Zn mit der Angabe des mittleren Gehaltes an Ni und Zn ist eine Legierung aus 45 bis 67 % Kupfer, 10 bis 26 % Nickel, 0 bis 2,5 % Blei, Rest Zink. Verwendet wird sie in der Feinmechanik, der Optik, für Schlüssel (Cu Ni 12 Zn 30 Pb), Tiefziehteile, Tafelgerät, im Bauwesen und in der Innenarchitektur (Cu Ni 12 Zn 24) für Federn (Cu Ni 18 Zn 20), Reißzeuge, medizinische Geräte, Reißverschlüsse, Uhren, Schmuckwaren usw. Die Mindestzugfestigkeit liegt z. B. bei Cu Ni 12 Zn 24 zwischen 35 und 56, bei CuNi 18 Zn 19 Pb zwischen 520 und 620 N/mm².

2.3 Nickel und Nickellegierungen (DIN 17740/43 und 17745)

Diese werden insbesondere wegen spezieller thermischer, elektrischer und magnetischer Eigenschaften sowie wegen ihrer Korrosionsbeständigkeit eingesetzt. Nickel, unlegiert oder mit geringen Zusätzen (< 0,5 %), findet im chemischen Apparatebau (auch als Plattierung), für Einbauteile von Glühlampen und Elektronenröhren und für Widerstandsthermometer Verwendung. Ähnliche Anwendungsgebiete haben niedriglegierte Nickelwerkstoffe, die sich außerdem zur Herstellung von Thermoelementen (NiMn 3 Al), Zündkerzen (NiMn 2), Federn und Membranen (NiBe 2) eignen. Nickel-Chrom-Legierungen sind als Thermoelemente (NiCr 10), hitze- und zunderbeständige Bauteile (NiCr 15 Fe) und als zahnärztliche Gußlegierungen im Gebrauch, Nickel–Molybdän-Legierungen beim Angriff nicht oxydierender (NiMo 30), oxydierender und reduzierender Säuren (NiMo 16 Cr) sowie für medizinische Instrumente (NiCr 15 FeMo). Im chemischen Apparatebau, für den sich ein großer Teil der Nickellegierungen eignet, verwendet man bei höchsten Anforderungen an (Warm-) Festigkeit und Korrosionsbeständigkeit Legierungen des Monel-Typs (63–70 % Ni, 27–34 % Cu und Zusätze von Fe, Mn, Si und/oder Al; genormt NiCu 30 Fe und die aushärtbare Legierung NiCu 30 Al). Nickel–Eisen-Legierungen, teilweise zusätzlich mit Molybdän, Kupfer und/oder Chrom legiert (NiFe 15 Mo, NiFe 16 CuCr, Ni 48 usw.), sind weichmagnetische Werkstoffe, z. B. für Magnetverstärker, Relais, Abschirmungen, Meßgeräte, Drosseln. Unter ihrer Markenbezeichnung sind u. a. bekannt Permalloy (Ni 78, Fe 22) mit niedrigen Hysteresis-Verlusten, Mumetall (Ni 76, Cu 5, Cr 2, Fe 17) und Perminvar (Ni 45, Cr 25, Fe 30) wegen konstanter Permeabilität. Inconel (Ni 80, Cr 14, Fe 6) ist ein korrosionsbeständiger Federwerkstoff. Invar (Ni 36 Fe 64) hat in der Nähe der Raumtemperatur einen besonders niedrigen thermischen Ausdehnungskoeffizienten; bei anderen Nickellegierungen ähnelt der Ausdehnungskoeffizient dem von Gläsern, so daß sie sich zum Einschmelzen eignen.

2.4 Zink und Zinklegierungen

Genormt sind bisher nur Feinzink-Gußlegierungen (DIN 1743). Sie enthalten 4–6 % Aluminium sowie teilweise ca. 1 % Kupfer (F 18 bis F 25) und werden in Form von Druck-, Sand- oder Kokillenguß (zum Teil im Schleudergußverfahren) zu Gußstücken aller Art verarbeitet, z. B. Lager, Schneckenräder und andere Gleitorgane aus G- bzw. GK-Zn Al 4 Cu 1. Das wichtigste Verfahren ist der Druckguß (GD), dessen Vorzüge eine hohe Genauigkeit, gute Oberflächen, geringe Nachbearbeitung (Eingießen von Bohrungen und

Gewinden) und hohe Lebensdauer der Gießform ($\geq$ 200000 Abgüsse) sind. Aus der großen Zahl druckgegossener Erzeugnisse seien genannt Automobilteile (Benzinpumpen, Vergaser, Ölfilter, Kurbeln, Griffe, Scharniere usw.), Teile von Haushalts- und Küchengeräten, Teile von Büromaschinen, Radios, Plattenspielern, Rasierapparaten usw.

Die gebräuchlichen Zink-Knetlegierungen enthalten Fe ($\leq$ 0,6%), Al ($\leq$ 15%), Cu ($\leq$ 1,2%) und Blei (bis 1%), z. B. ZnCu 1 für Niete, ZnCu 4 Pb 1 für Armaturenteile. Zinkbleche verwendet man in der Bauklempnerei, für Elementebecher (fließgepreßt), im Druckereiwesen (Ätzplatten) und zum Bau großer Orgelpfeifen.

2.5 Blei, Zinn und ihre Legierungen

Von den unlegierten Bleisorten (DIN 1719) verwendet man Feinblei zur Herstellung von Akkumulatorenplatten und in der chemischen Industrie, Kupferfeinblei (0,04–0,08% Cu) für Geräte in der Schwefelsäureindustrie. Blei-Spritzgußlegierungen (DIN 1741: 0–41% Sn, 2–14% Sb, 0–3,5% Cu, σ_B = 50–80 N/mm²) eignen sich für Schwunggewichte, Pendel, Meßgeräteteile und Drucklettern, Zinn-Spritzgußlegierungen (DIN 1742: 12–18% Sb, 3,5–5,5% Cu, 0–34% Pb, σ_B = 80–115 N/mm²) für Gußstücke in (Elektrizitäts-) Zählern, Gas- und Geschwindigkeitsmessern sowie Rundfunkgeräten. Von den verschiedenen Lagermetallen auf Blei- und Zinngrundlage (DIN 1703) sind besonders die Weißmetalle bekannt. Der Zinngehalt beträgt entweder 5–10% (z. B. LgPbSn 5) oder ca. 80% (LgSn 80 für starke Stoß- und Schlagbeanspruchung). Weitere Legierungselemente sind im wesentlichen Antimon (10 bis 16,5%) und Kupfer (0,5–10%). Kadmiumhaltige (0,3–1%) Weißmetalle werden bei höchsten Anforderungen an Gleiteigenschaften und Belastung verwendet. Bleilegierungen für das graphische Gewerbe (DIN 16512) enthalten 2,5–16% Zinn und 4–29% Antimon, z. B. Letternmetall PbSn 5 Sb 28. Kabelmäntel (DIN 17640) stellt man üblicherweise aus Blei mit 0,03–0,05% Kupfer her. Sind sie starken Erschütterungen ausgesetzt, so legiert man außerdem Antimon (0,5–1%), Zinn ($\geq$ 2,5%) oder Tellur ($\geq$ 0,035%) zu. Die als Hartblei bezeichneten Blei-Antimon-Legierungen (DIN 17641) werden als Druckleitungen für Trinkwasser (Rohrblei mit 0,75 bis 1,25% Sb und 0,02–0,05% As), für Abflußrohre (0,2–0,3% Sb), als Schrotblei (2–3,8% Sb, 1,2–1,7% As) und als korrosionsbeständiger

Werkstoff (5–8,5% Sb) verwendet. Ein weiteres Anwendungsgebiet der Legierungen auf Pb-Sn-Basis sind Weichlote für Schwermetalle.

2.6 Magnesiumlegierungen (DIN 1729)

Sie zeichen sich durch ihre besonders geringe Dichte aus (ca. 1,8 g/cm^3). Außerdem wirkt sich der niedrige Elastizitätsmodul (4600 kp/mm^2 für Reinmagnesium) bei Schlagbeanspruchung günstig aus. Dagegen ist die plastische Verformbarkeit bei Raumtemperatur gering (hex. Gitter). Die wichtigsten Knetlegierungen (Festigkeiten nach DIN 9715) sind MgMn 2 (F 20–F 23) für Blechprofile, Verkleidungen, Kraftstoffbehälter, Preßteile, Armaturen; die MgAlZn-Legierungen (2,5–9,2% Al, 0,2–1,5% Zn, 0,12–0,4% Mn; Festigkeit steigt mit Aluminiumgehalt, F 24–F 30) und MgZn 6 Zr (4,8–6,2% Zn, 0,45–0,80% Zr, F 28–F 30) für Bauteile verschiedener Beanspruchung.

Die genormten Legierungen für Sand-, Druck- und Kokillenguß enthalten ebenfalls Aluminium (5,5–10%), Zink (0,3–3,5%) und Magnesium (0,15–0,3%), wobei die Legierung G- bzw. GK-MgAl 9 Zn 1 im homogenisierten oder im warmausgehärteten Zustand bis F 28 erreicht. Anwendungsgebiete der Magnesiumlegierungen sind Flug- und Fahrzeugbau (Gehäuse, Rahmen, Scheiben, Kolben usw.), Feinmechanik und Optik (Spritzgußteile).

2.7 Hartmetalle

Diese sind durch ihre hohe Härte (auch in der Wärme) und durch ihren Verschleißwiderstand gekennzeichnet. Die wohl bedeutendste Gruppe sind die gesinterten Hartmetalle für spanabhebende und für spanlos formende Werkzeuge. Wichtigster Bestandteil ist Wolframkarbid, dem als Bindemittel zwischen 4 und 30% Kobalt zugesetzt werden. Mit wachsendem Kobaltgehalt nehmen Zähigkeit und Biegefestigkeit zu, während Härte, Druckfestigkeit (max. 600 kp/mm^2) und Elastizitätsmodul (max. 630 kN/mm^2) sinken. Hartmetalle mit mehr als 15% Kobalt werden daher gewöhnlich für Werkzeuge zum spanlosen Formen (Schnittwerkzeuge, Kaltschlagmatrizen) und bei Verschleißbeanspruchung eingesetzt. Von den „reinen“ Wolfram-Kobalt-Legierungen (die meistens etwa 1% Vanadiumkarbid zur Erhöhung der Feinkörnigkeit enthalten) unterscheidet man Sorten, denen außerdem noch Titan- und/oder Tantal-

bzw. Tantal-Niob-Karbid zugesetzt wird. Titankarbid verhindert das Verschweißen des Werkzeugs mit dem Werkstück (Verschleiß!), senkt allerdings die Wärmeleitfähigkeit und den Elastizitätsmodul. Die Eigenschaften der Hartmetalle lassen sich bei gleicher chemischer Zusammensetzung erheblich durch die Korngröße beeinflussen. Nimmt diese ab, so steigen Härte und Verschleißwiderstand, während die Zähigkeit sinkt.

Die Hartmetalle für die spanabhebende Bearbeitung sind nach DIN 4990 in drei Zerspanungs-Hauptgruppen eingeteilt. Hauptgruppe P eignet sich für langspanende Eisenwerkstoffe wie Stahl, Stahlguß und langspanenden Temperguß. Gruppe M wird für lang- und kurzspanende Eisenwerkstoffe wie Stahl, Mangan-Hartstahl, austenitischen Stahl, Automatenstahl, Stahlguß, Gußeisen und Temperguß verwendet, Gruppe K für kurzspanende Eisenwerkstoffe wie Grauguß, Kokillenhartguß usw. außerdem für gehärteten Stahl, Nichteisenmetalle, Kunststoffe, Holz und andere Nichtmetalle. Jede der drei Gruppen ist durch Kennzahlen in Zerspanungs-Anwendungsgruppen unterteilt, wobei nicht nur die speziell zu bearbeitenden Werkstoffe, sondern auch Arbeitsverfahren und -bedingungen zusammengestellt sind (z. B. P 10 für Stahl und Stahlguß; Drehen, Kopierdrehen, Gewindeherstellung, auch Fräsen; hohe Schnittgeschwindigkeiten, kleine bis mittlere Vorschübe). Der kleinsten Kennzahl ist dabei die höchste Verschleißfestigkeit und die niedrigste Zähigkeit, d. h. größte Schnittgeschwindigkeit und geringster Vorschub zugeordnet. Die chemische Zusammensetzung ist im Normblatt nicht vorgeschrieben; sie folgt aus den geforderten Eigenschaften: Kobalt 4% (KO1) bis 18% (P50); Titan plus Tantalkarbid 0% (K 30) bis 65% (PO 1.2; 1850 HV 30). Bisher nicht genormt sind die Gruppen G (spanlose Formung und Verschleißteile) und B (Bergbau).

Gegossenes Wolframkarbid verwendet man hauptsächlich, um Dreh-, Rollen- und Schlagbohrmeißel sowie Bohrkronen für die Tiefbohrtechnik (z. B. Erdöl) zu panzern (Auftragsschweißen oder Anschweißen), ferner als Verschleißschutz in der chemischen Industrie und für Einsätze in Sandstrahldüsen.

Eine weitere Gruppe besonders verschleißfester gegossener Hartlegierungen sind die Stellite, Legierungen auf der Basis Kobalt-Chrom-Wolfram.

2.8 Heizleiterlegierungen (DIN 17470)

Die Norm umfaßt Legierungen von Nickel und Chrom (NiCr 80 20), Eisen, Nickel und Chrom (NiCr 60 15, NiCr 30 20, CrNi 25 20) sowie Eisen, Chrom und Aluminium (CrAl 25 5, CrAl 20 5). Alle haben hohen elektrischen Widerstand (1–1,5 $\mu\Omega$m) und sind zunderbeständig. Die nickelhaltigen Legierungen sind austenitisch, die aluminiumhaltigen ferritisch (umwandlungsfrei, da sonst Oxyd abplatzen würde). Das Normblatt enthält Werte für den elektrischen Widerstand und die 1%–1000 h-Zeitdehngrenze zwischen 600 und 1200 °C (austenitische Legierungen besser als ferritische), weiterhin Angaben über Zugfestigkeiten (600–900 N/mm^2), zulässige Höchsttemperaturen (1050–1300 °C) sowie Hinweise auf den Einfluß der Ofenatmosphäre und nach dem Gebrauch auftretende Versprödungserscheinungen. Bei Temperaturen oberhalb von 1400 °C verwendet man Molybdän, oberhalb von 1800 °C Wolfram (beides unter Schutzgas). Wichtige nichtmetallische Heizleiter sind u. a. Siliziumkarbid und Graphit.

3. KUNSTSTOFFE

3.1 Thermoplaste

Polyolefine

(DIN 7740) sind, bedingt durch ihr breites Anwendungsspektrum, die wichtigste Kunststoffgruppe. Sie haben eine hohe chemische Beständigkeit, gute elektrische Isoliereigenschaften, sind preiswert und lassen sich leicht verarbeiten. Die wichtigsten Vertreter dieser Kunststoffgruppe sind Polyäthylen und Polypropylen.

Polyäthylen PE ist je nach Kristallinität weich bis steif, hat eine niedrige Festigkeit, zeichnet sich aber durch hohe Zähigkeit bzw. Schlagzähigkeit aus. Häufige Anwendung findet PE im Haushalt (Eimer, Flaschen, Tuben, Tragtaschen, Müllsäcke usw.), bei Sportartikeln und in der Spielwarenindustrie.

Polypropylen PP ist ein hochbeanspruchbarer Konstruktionswerkstoff. Aus PP werden Ventilatoren, Pumpengehäuse, Küchengeräte, Waschbecken, Reisekoffer u. ä. gefertigt.

Vinylchlorid – Polymerisate

(DIN 7746 – DIN 7749) Vielfältige Verarbeitungsmöglichkeiten, gute chemische Beständigkeit sowie die mögliche Kombination mit Weichmachern schaffen einen weiten Anwendungsbereich.

Weichmacherfreies Polyvinylchlorid PVC-hart wird im Maschinenbau (Armaturen, Pumpen, Rohrverbindungen), im Bauwesen (Fensterprofile, Dachrinnen, Wellplatten), für Isolierrohre in der Elektrotechnik und in der Schallplattenindustrie eingesetzt.

Polyvinylchlorid mit Weichmacher PVC-weich, dieser Kunststoff ist flexibel und weich, hat aber eine niedrige Einreißfestigkeit und ist infolge des Weichmachergehaltes meist leicht brennbar. Kunstlederbezüge, Bodenbeläge, Schläuche, Schuhsohlen, Abdeckfolie, Vorhänge, Tischdecken, Schlauchboote, Bälle usw. sind meist aus PVC-weich.

Styrol-Polymerisate

sind meist aus Styrol, Butadien und/bzw. Acrylnitril aufgebaut. Das spröde Polystyrol wird dadurch zäher bzw. schlagzäher.

Polystyrol PS (DIN 7741) ist ein glasklarer, harter und spröder Werkstoff. Infolge der Durchsichtigkeit wird PS oft in der Beleuchtungstechnik und Verpackungsindustrie verwendet.

Schlagzäh modifiziertes Polystyrol SB (DIN 16771) (Styrol + Butadien). Dieser Kunststoff ist schlagzäh und stoßfest, ist jedoch nicht mehr glasklar, sondern trüb bis opak. Die gute Zähigkeit und der sehr gute Oberflächenglanz von SB ermöglichen die Verwendung für Gehäuseteile (Rundfunk- und Fernsehgeräte, elektr. Haushaltsgeräte), Spielwaren und Verpackungen.

Styrol-Acrylnitril-Copolymerisat SAN liegt in der Schlagzähigkeit zwischen PS und SB, ist auch glasklar und besitzt hohe Oberflächenhärte. Anwendungsgebiete von SAN sind Feinwerktechnik u. Elektrotechnik (Gehäuseteile, Skalenscheiben, Leuchtenabdeckungen, Schaugläser usw.).

Acrylnitril-Butadien-Polymerisate ABS (DIN 16772) ist nicht mehr durchsichtig, sondern gelblich-weich, jedoch mit hohem Oberflächenglanz. Auch bei Temperaturen bis −40 °C noch zäh und schlagfest. ABS verwendet man für Gehäuse aller Art, für Haushaltsgeräte, Spielwaren, Sportartikel und Transportbehälter.

Polymethylmethacrylat

PMMA (DIN 7745) ist ein glasklarer, harter Kunststoff mit guter Zug- und Biegefestigkeit. Bedingt durch die hohe Lichtdurchlässigkeit (organisches Glas) ist in der Optik ein weites Anwendungsgebiet zu finden (Lupen, Linsen, Uhrgläser, Sonnenbrillengläser). Weitere Verwendung findet PMMA in der Fahrzeugindustrie (Rückleuchten, Warndreiecke, Verglasungen), im Bauwesen (Verglasungen, Badewannen, Waschbecken) sowie für Schreib- und Zeichengeräte.

Polyamide

PA (DIN 16773) Diese Kunststoffe sind hornartig, hart, verschleiß- und kratzfest. Die Zähigkeit wird weitgehend durch den Wassergehalt bestimmt. Durch Verstreckung kann eine erhebliche Erhöhung der Festigkeitswerte erreicht werden. PA verwendet man im Maschinen- und Fahrzeugbau (Zahnräder, Riemenscheiben, Schrauben, Lagerbuchsen u. a.), als Spulenkörper und Gehäuse in der Elektrotechnik sowie in der Bau- und Möbelindustrie (Türbeschläge, beschichtete Gartenmöbel usw.).

Polyoximethylen

POM (hohe Festigkeit und Steifigkeit bei guter Zähigkeit) kann in vielen Fällen als Ersatz für metallische Werkstoffe eingesetzt werden. Zahnräder, Getriebeteile, Laufräder, Pumpenteile und weitere Maschinenelemente werden aus POM gefertigt. Die guten elastischen Eigenschaften erlauben auch die Verwendung als Federnwerkstoff (Schnappverbindungen).

Polyimide

PI sind wegen ihres großen Einsatztemperaturbereiches von Interesse (−200 °C bis 300 °C). Kurzzeitig ist PI bis 500 °C beanspruchbar. Raumfahrt, Datenverarbeitung und Elektronikindustrie bilden die Hauptanwendungsgebiete. Weiters wird PI auch in Kernanlagen (strahlungsbeständig) und in der Hochvakuumtechnik (geringe Gasabgabe) verwendet.

Polytetrafluoräthylen

PTFE Dieser Kunststoff zeichnet sich durch schwere Benetzbarkeit, sehr niedrigen Reibungskoeffizienten und besonders hohe thermische Beständigkeit aus. Dies ermöglicht die Verwendung für antiadhäsive Beschichtungen, Gleitlager, im Flugzeugbau zur Verkleidung von Kanten (zum Schutz gegen Vereisung), für Isolierteile und Leistungsschalter etc.

3.2 Duroplaste

Phenoplaste

Diese Harze entstehen durch Kondensation von Phenol (*Phenolharze* PF), Kresol (*Kresolharze* CF) oder deren Gemischen mit Formaldehyd. Sie sind recht spröd und werden aus diesem Grund meist gefüllt (z.B. mit Holzmehl). Verwendung finden Phenoplaste als Formmassen (Steckdosen, Schalter, Kontaktleisten, Lager, Zahnräder, Griffe, Handräder etc.) und als Schichtpreßstoffe (Isolierplatten, Wandverkleidungen, Trägermaterial für gedruckte Schaltungen u. a.). Einen ähnlichen Verwendungszweck haben auch die

Aminoplaste

(*Harnstoffharze* UF und *Melaninharze* MF).

Ein weites Anwendungsgebiet als Gußharze (Einbettung von Bauteilen), als Laminate (Autokarosserien, Flugzeuge, Bootskörper, Container, Transportbehälter usw.) und als Formmasse in der Elektrotechnik haben die

Ungesättigten Polyester

UP Durch Textilglasverstärkungen kann bei den UP eine wesentliche Festigkeitserhöhung erzielt werden (GFK-glasverstärkte Kunststoffe).

Epoxiharze

EP werden als Gießharze oder Formmassen verwendet. Auch diese Harze können gut durch Glasmatten bzw. Glasgewebe verstärkt werden. Von Interesse sind auch die sehr guten elektrischen Isoliereigenschaften. Hochspannungsdurchführungen, Isolatoren, Ummantelungen von Bauteilen, Widerständen, Kollektoren usw. sind typische Anwendungsbeispiele. Auch als Lacke, Beläge und Klebstoffe werden die EP verwendet.

4. KERAMISCHE WERKSTOFFE

4.1 Feuerfeste Werkstoffe

An feuerfeste Werkstoffe werden zwei Bedingungen gestellt. Sie sollen einen hohen Schmelzpunkt haben und aus stabilen Phasen bestehen, die nicht zu chemischen Reaktionen neigen. Diese Bedingungen werden von Oxidgemischen weitestgehend erfüllt.

Silikasteine

enthalten über 95% SiO_2, der Rest sind CaO, MgO und Al_2O_3. Sie können bis zu 1700 °C verwendet werden (Schmelzpunkt 1713 °C), sind jedoch empfindlich gegen Temperaturänderungen. Verwendung finden sie beim Ausmauern von Schmelzöfen.

Schamottesteine

können bis zu 1670 °C verwendet werden. Sie werden aus Quarzsand und Ton gefertigt (Al_2O_3-Gehalt zw. 30–45 Gew.%). Sind höhere Verwendungstemperaturen gefordert (z.B. bei Schmelzwannen in der Glasindustrie), so wird der Al_2O_3-Gehalt bis auf 55% erhöht. Eine weitere Erhöhung des Al_2O_3-Anteiles erlaubt dann Verwendungstemperaturen bis 1900 °C. Für ähnliche Temperaturen eignen sich auch die

Magnetitsteine

(vorwiegend MgO mit Fe_2O_3 . Al_2O_3 u. SiO_2). Alle diese Materialien werden als Tiegelmaterial und für Auskleidung von Öfen verwendet. Neben den Magnetitsteinen fanden noch weitere basische Steine wie *Dolomit* ($CaO + MgO$) und *Chromitsteine* ($Cr_2O_3 + MgO$) häufige Verwendung.

4.2 Steingut

Es unterscheidet sich von gewöhnlicher Töpferware (Irdengut) durch einen weißbrennenden Scherben und eine Glasur. Man unterscheidet zwischen Weichsteingut (mit Kalk) und Hartsteingut (mit Feldspat). Hartsteingut (VITREOUS china od. Porzellangut) dient zur Herstellung frostsicherer Wandplatten, sanitärer Artikel und Geschirr. Mischsteingut, eine Mischung von Kalk- und Feldspatsteingut, wird hauptsächlich für Geschirre verwendet. Der Vorteil des Steinguts gegenüber Porzellan liegt in der weitaus höheren Bruchfestigkeit des Steingutscherbens.

4.3 Steinzeug, Porzellan und Glaskeramik

Steinzeug

wird aus Kaolin, Ton, Feldspat u. Quarz in unterschiedlicher Mischung gebrannt. Es hat einen dichten, nicht durchscheinenden Scherben. Wegen der sehr guten Beständigkeit gegen Säuren (Ausnahme Flußsäure) wird Steinzeug häufig in der chemischen Industrie verwendet.

Porzellan

ist wie das Steinzeug ein Sintergut mit dichtem Scherben, jedoch durchscheinend und meist glasiert. Porzellan hat gute Säurebeständigkeit, relativ gute Schlagbiegefestigkeit sowie ausgezeichnete elektrische Isoliereigenschaften. Verwendet wird es für Geschirr und

Laboratoriumsartikel, für Isolatoren in der Elektrotechnik, für Apparate in der Druck- und Vakuumtechnik (auch bei hohen Temperaturen gasdicht), ferner für Kugelmühlen, Kreiselpumpen usw. Ein ähnliches Gefüge wie beim Porzellan versucht man bei den sogenannten glaskeramischen Werkstoffen zu erhalten. Dabei werden der Glasschmelze heterogene Keime (meist TiO_2 zugeführt, so daß es gelingt, ein feinkristallines Gefüge zu bilden. Auf diese Weise können z.B. Ferrit-Vielkristalle erzeugt werden, die dann als magnetische Werkstoffe Anwendung finden.

4.4 Oxidkeramik

Feuerfeste Oxide hoher Reinheit, die dicht unter ihrem Schmelzpunkt gesintert werden, ergeben meist einen recht festen, harten, oft auch gasdichten Scherben. Aluminiumoxid, Magnesiumoxid, Berylliumoxid, Thoriumoxid und Zirkonoxid sind die wichtigsten Vertreter. Anwendung finden diese Werkstoffe in der chemischen Industrie als Tiegelmaterial und als Ofenauskleidung.

4.5 Elektrokeramik

Dazu zählen das Elektroporzellan (hohe Durchschlagfestigkeit), Zirkonporzellan (sehr hohe Biege- und Zugfestigkeit), Steatit (geringe dielektrische Verluste bei Hochfrequenzbeanspruchung), Cordierit (geringe dielektrische Verluste und besonders geringe Wärmedehnung), Spodumen (negative Wärmeausdehnung), Titanate (hohe Dielektrizitätskonstanten) und Ferrite (ferromagnetische Eigenschaften).

4.6 Schneidkeramik

Oxidkeramik auf Al_2O_3-Basis, Mischkeramik aus Oxiden und Karbiden sowie die nichtoxidische Keramik (Diamant, BC, SiC, BN, WC, TiC, TaC u. a.) zeichnet sich durch besonders hohe Warmhärte, Oxidationsbeständigkeit und hohen Verschleißwiderstand aus, wodurch Schnittgeschwindigkeiten von ca. 700—900 m/min (Drehen von Stahl) möglich sind. Allerdings sind diese Stoffe sehr spröde.

Tabelle 7.3: Sorteneinteilung und gewährleistete Werte für die mechanischen

Stahlsorte		Des-oxyda-tions-art[1])	Behand-lungs-zu-stand[2])	Ähnliche Stahlsorten nach Euronorm 25[3])	Mechanische Eigenschaften									
								Kerbschlagzähigkeit						Dorn-durch-messer beim Falt-ver-such[11])
								ISO-Spitzkerb-proben		Gealterte DVMF-Proben[10]) bei +20 °C		DVM-Proben[10]) bei ±0 °C		
Kurzname	Werk-stoff-nummer				Zug-festig-keit[4])[5]) N/mm²	Streck-grenze[6]) N/mm² min-destens	Bruch-deh-nung[7])[8]) ($L_0=5d_0$) % min-destens	Mittel-wert aus 3 Proben[9]) J min-destens	bei °C	Mittel-wert aus 3 Proben J mindestens	Einzel-wert	Mittel-wert aus 3 Proben	Einzel-wert	
St 33-1	1.0033	–	–	Fe33-0	320 bis 490	185[14])	18[14]) (14)	–	–	–	–	–	–	3 *a*
St 33-2	1.0035	–	–	–				–	–	–	–	–	–	
USt 34-1	1.0100	U	U, N	Fe34-A	330 bis 410	205	28 (20)	–	–	–	–	–	–	0,5 *a*
RSt 34-1	1.0150	R	U, N	Fe34-A				–	–	–	–	–	–	
USt 34-2	1.0102	U	U, N	Fe34-B3FU				27	+20	38	24	–	–	
RSt 34-2	1.0108	R	U, N	Fe34-B3FN				27	+10[15])	47	28	–	–	
USt 37-1	1.0110	U	U, N	Fe37-A(Fe42-A)	360 bis 440	235	25 (18)	–	–	–	–	–	–	1 *a*
RSt 37-1	1.0111	R	U, N	Fe37-A(Fe42-A)				–	–	–	–	–	–	
USt 37-2	1.0112	U	U, N	Fe37(Fe42)-B3FU				27	+20	38	24	–	–	
RSt 37-2	1.0114	R	U, N	Fe37(Fe42)-B3FN				27	+10[15])	47	28	–	–	
St 37-3	1.0116	RR	U	Fe37-C3				27	±0	–	–	48	24	
			N	Fe37-D3				27	−20	–	–	62	31	
USt 42-1	1.0130	U	U, N	Fe42-A(Fe45-A)	410 bis 490	255	22 (16)	–	–	–	–	–	–	2 *a*
RSt 42-1	1.0131	R	U, N	Fe42-A(Fe45-A)				–	–	–	–	–	–	
USt 42-2	1.0132	U	U, N	Fe42-B3FU				27	+20	38	24	–	–	
RSt 42-2	1.0134	R	U, N	Fe42(Fe45)-B3FN				27	+20	38	24	–	–	
St 42-3	1.0136	RR	U	Fe42-C3				27	+0	–	–	48	24	
			N	Fe42-D3				27	−20	–	–	62	31	
RSt 46-2[17])	1.0477	R	U, N	–	430 bis 530	285	22 (16)	27	+20	38	24	–	–	2 *a*
St 46-3[18])	1.0483	RR	U	–				27	±0	–	–	48	24	
			N	–				27	−20	–	–	62	31	
St 52-3[19])	1.0841	RR	U	Fe52-C3	510 bis 610	355[20])	22 (16)	27	±0	–	–	48	24	2 *a*[21])
			N	Fe52-D3				27	−20	–	–	62	31	
St 50-1	1.0530	R	U, N	Fe50-1	490 bis 590	295	20 (14)	–	–	–	–	–	–	–
St 50-2	1.0532	R	U, N	Fe50-2				–	–	–	–	–	–	
St 60-1	1.0540	R	U, N	Fe60-1	590 bis 710	335	15 (10)	–	–	–	–	–	–	–
St 60-2	1.0542	R	U, N	Fe60-2				–	–	–	–	–	–	
St 70-2	1.0632	R	U, N	Fe70-2	690 bis 840	365	10) (6)	–	–	–	–	–	–	–

[1]) U unberuhigt, R beruhigt (einschließlich halbberuhigt), RR besonders beruhigt.

[2]) U warmgeformt, unbehandelt, N normalgeglüht (siehe dazu Abschnitt 7.3.1 und übliche Lieferzustände nach Abschnitt 7.2).

[3]) Der Vergleich beruht auf den gewährleisteten Mindestwerten für die Streckgrenze. Die in Klammern angegebenen Sorten kommen für Band, Blech und Breitflachstahl in Betracht.

[4]) Die Werte gelten für Erzeugnisse bis 100 mm Dicke einschließlich. Für größere Dicken wird nur der Mindestwert gewährleistet. Die Grenzwerte dürfen um 20 N/mm² unter- oder überschritten werden; bei den Stählen St 33/1 und St 33/2 muß jedoch eine obere Grenze der Zugfestigkeit von 490 N/mm² eingehalten werden.

[5]) Bei Band unter 3 mm Dicke darf die obere Grenze für die Zugfestigkeit um Werte bis zu 10 % des für die jeweilige Stahlsorte angegebenen Mindestwertes der Zugfestigkeit überschritten werden.

[6]) Die Werte gelten für Erzeugnisse bis 16 mm Dicke; für Dicken > 16 ≦ 40 mm erniedrigen sie sich um 10 N/mm², für Dicken > 40 ≦ 100 mm um 20 N/mm². Für Dicken über 100 mm sind die Werte zu vereinbaren.

[7]) Die Werte gelten für Längsproben an Erzeugnissen bis 100 mm Dicke, beim St 52-3 bis 50 mm Dicke. Bei Blech, Breitflachstahl und Band über 3 mm Dicke dürfen sie für Querproben im normalgeglühten Zustand um 2 Punkte, im warmgewalzten Zustand um 4 Punkte unterschritten werden. Für Dicken > 100 mm, beim St 52/3 > 50 mm, sind die Werte zu vereinbaren.

[8]) Die in Klammern angegebenen Werte gelten für warmgewalztes Band von 3 mm Dicke. Für geringere Dicken vermindern sich diese Werte um 2 Punkte je mm Dicke (siehe Abschnitt 8.4.2.2).

[9]) Siehe Abschnitt 7.4.2.2. Kein Einzelwert darf unter 16 J liegen. Bei den unberuhigten Stählen werden die Werte nur bis zu einer Dicke von höchstens 16 mm gewährleistet.

Eigenschaften und für die chemische Zusammensetzung

Chemische Zusammensetzung in Gew.-%								Eignung zum					
Schmelzenanalyse				Stückanalyse				Abkanten		Stabziehen		Gesenkschmieden	
C[12]	P	S	N[13]	C	P	S	N[13]	wird gewährleistet für die Stahlsorten					
höchstens								Kurzname	Werkstoffnummer	Kurzname	Werkstoffnummer	Kurzname	Werkstoffnummer
–	–	–	–	–	–	–	–	–	–	–	–	–	–
–	.060	.050	.007	–	.075	.063	.009	–	–	–	–	–	–
.17	.080	.050	–	.21 .19	.10 .088	.063 .055	– –	– –	– –	UZSt 34-1 –	1.0101 –	UPSt 34-1 –	1.0107 –
.15	.050	.050	.007	.19 .17	.063 .055	.063 .055	.009 .008	UQSt 34-2 RQSt 34-2	1.0104 1.0109	UZSt 34-2 –	1.0151 –	UPSt 34-2 RPSt 34-2	1.0177 1.0178
.20	.07	.050	–	.25 .22	.090 .080	.063 .055	– –	– –	– –	UZSt 37-1 –	1.0120 –	UPSt 37-1 –	1.0118 –
.18[16] .17	.050	.050	.007	.22[16] .19	.063 .055	.063 .055	.009 .008	UQSt 37-2 RQSt 37-2	1.0121 1.0122	UZSt 37-2 RZSt 37-2	1.0161 1.0165	UPSt 37-2 RPSt 37-2	1.0160 1.0172
.17	.045	.045	.009	.19	.050	.050	.010	QSt 37-3	1.0123	–	–	–	–
.25	.080	.050	–	.31 .28	.10 .088	.063 .055	– –	– –	– –	UZSt 42-1 RZSt 42-1	1.0140 1.0139	– –	– –
.25 .23	.050	.050	.007	.31 .25	.063 .055	.063 .055	.009 .008	UQSt 42-2 RQSt 42-2	1.0141 1.0142	UZSt 42-2 RZSt 42-2	1.0181 1.0185	– RPSt 42-2	– 1.0191
.23	.045	.045	.009	.25	.050	.050	.010	QSt 42-3	1.0143	–	–	–	–
.20	.050	.050	.007	.22	.055	.055	.008	RQSt 46-2	1.0478	RZSt 46-2	1.0479	–	–
.20	.045	.045	.009	.22	.050	.050	.010	–	–	–	–	–	–
.20[22]	.045	.045	.009	.22[22]	.050	.050	.010	QSt 52-3	1.0833	–	–	PSt 52-3	1.0838
≈.25[23]	.080	.050	–	–	.088	.055	–	–	–	ZSt 50-1	1.0531	–	–
≈.30[23]	.050	.050	.007	–	.055	.055	.008	–	–	ZSt 50-2	1.0533	PSt 50-2	1.0538
≈.35[23]	.080	.050	–	–	.088	.055	–	–	–	–	–	–	–
≈.40[23]	.050	.050	.007	–	.055	.055	.008	–	–	ZSt 60-2	1.0543	–	–
≈.50[23]	.050	.050	.007	–	.055	.055	.008	–	–	ZSt 70-2	1.0633	–	–

[10] Siehe Abschnitt 7.4.2.3.

[11] a Probendicke, Biegewinkel jeweils 180°.

[12] Für Stücke bis 100 mm Dicke einschließlich oder von entsprechendem Querschnitt; für dickere Erzeugnisse muß der höchstzulässige Kohlenstoffgehalt vereinbart werden.

[13] Bei Elektrostahl ist ein Stickstoffgehalt bis 0,012 % in der Schmelzenanalyse zulässig.

[14] Dieser Wert wird nur für Erzeugnisse bis 25 mm Dicke einschließlich gewährleistet.

[15] Gültig für Erzeugnisdicken bis 30 mm. Bei Dicken über 30 mm beträgt die Prüftemperatur +20 °C.

[16] Bei Dicken über 16 mm ist ein Kohlenstoffgehalt von höchstens 0,20 % in der Schmelzanalyse und von höchstens 0,25 % in der Stückanalyse zulässig.

[17] RSt 46-2 wird nur in Dicken bis 20 mm beliefert. Die angegebenen mechanischen Eigenschaften gelten bis zu dieser Grenzdicke.

[18] Der Stahl St 46-3 kommt nur für Erzeugnisdicken über 20 bis 30 mm in Betracht. Die angegebenen mechanischen Eigenschaften gelten für diesen Dickenbereich.

[19] Der Siliziumgehalt darf 0,55 %, der Mangangehalt 1,50 % in der Schmelzenanalyse nicht übersteigen.

[20] Dieser Wert gilt für Erzeugnisse bis 16 mm Dicke. Für Dicken $> 16 \leqq 30$ mm erniedrigt er sich um 10 N/mm^2, für Dicken $> 30 \leqq 50$ mm um 20 N/mm^2; für Dicken über 50 mm sind die Werte zu vereinbaren.

[21] Dieser Wert gilt für Erzeugnisse bis 16 mm Dicke. Für Dicken $> 16 \leqq 50$ mm beträgt der Dorndurchmesser 3 a; für größere Dicken ist er zu vereinbaren.

[22] Bei Blech über 16 mm Dicke sowie bei Band und Breitflachstahl aller Dicken darf ein Kohlenstoffgehalt von 0,22 % in der Schmelzenanalyse und von 0,24 % in der Stückanalyse nicht beanstandet werden.

[23] Ungefährer Mittelwert.

Name	Chem. Symbol	Ordn. Zahl	Atom-Gew.	Gitter	*a* (nm)	*c*/*a* bzw. ∢	Atom-Radius (nm)[10]
Aluminium	Al	13	26,98	Kfz.	0,404	–	0,143
Antimon	Sb	51	121,76	Rhomboedr.	0 4497	57°6′	0,159
Argon	Ar	18	39,95	(Kfz.)			
Arsen	As	33	74,91	Rhomboedr.	0,4159	53°49′	0,148
Barium	Ba	56	137,36	Krz.	0,5025	–	0,225
Beryllium	Be	4	9,01	Hex. (α)	0,2286	1,586	0,113
Blei	Pb	82	207,21	Kfz.	0,4949	–	0,175
Bor	B	5	10,82	Tetragon.	0,506	1,76	0,098[1])
Brom	Br	35	79,92	(Kub.)			
Cadmium	Cd	48	112,41	Hex.	0,2973	1,886	0,154
Cäsium	Cs	55	132,91	Krz.	0,606	–	0,274
Calcium	Ca	20	40,08	Kfz.	0,557	–	0,197
Cer	Ce	58	140,13	Kfz. (α)	0,514	–	0,181
Chlor	Cl	17	35,46	(Tetragon.)			
Chrom	Cr	24	52,01	Krz.	0,2884	–	0,128
Eisen	Fe	26	55,85	Krz. (α)	0,28606	–	0,127
Fluor	F	9	19,00				
Gallium	Ga	31	69,72	Rhomb. flz.	0,4526	1,692	0,139
Germanium	Ge	32	72,6	Diamantg.	0,5658	–	0,139
Gold	Au	79	197,0	Kfz.	0,40783	–	0,144
Helium	He	2	4,00	(Hex.)			
Indium	In	49	114,82	Tetr. flz.	0,4594	1,077	0,157
Iridium	Ir	77	192,2	Kfz.	0,3839	–	0,135
Jod	J	53	126,91	Kub.			
Kalium	K	19	39,10	Krz.	0,5344	–	0,236
Kobalt	Co	27	58,94	Hex. (ε′)	0,2507	1,623	0,126
Kohlenstoff	C	6	12,01	Hex.	0,2461	2,726	0,914[1])
Kohlenstoff	C			Diamantg.	0,3560	–	
Krypton	Kr	36	83,80	(Kfz.)			
Kupfer	Cu	29	63,54	Kfz.	0,3607	–	0,127
Lanthan	La	57	138,92	Hex. (α)	0,3770	1,615	0,188
Lithium	Li	3	6,94	Krz. (α)	0,3509	–	0,157
Magnesium	Mg	12	24,32	Hex.	0,3209	1,624	0,160
Mangan	Mn	25	54,94	Kub. (α)[4])	0,8911	–	0,131
Molybdän	Mo	42	95,94	Krz.	0,3146	–	0,140
Natrium	Na	11	22,99	Krz.	0,4291	–	0,192
Neon	Ne	10	20,18	(Kfz.)			
Nickel	Ni	28	58,71	Kfz.	0,35238	–	0,124
Niob	Nb	41	92,91	Krz.	0,3301	–	0,147
Osmium	Os	76	190,2	Hex.	0,2735	1,578	0,134

Elast. Modul E kN/mm²	Schub-Modul G kN/mm²	Schmelz-punkt °C	Dichte ϱ g/cm³	DM/kg	Chem. Symbol
72,2	27,2	660,2	2,699	3	Al
56	20	630,5	6,68	9	Sb
		− 187,4	$1{,}78 \cdot 10^{-3}$	6	Ar
		817	5,73	6	As
9,8	5	704	3,5	130	Ba
293	135	1 280	1,87	410	Be
16	5,7	327,4	11,34	1.5	Pb
400		2 150	2,32	180	B
		− 7,2	3,19	3	Br
64	24	321	8,65	9	Cd
1,75		28,65	1,90	2200	Cs
20	7,5	850	1,55	30	Ca
30,6	12,3	795	8,23	13	Ce
		− 101	$3{,}22 \cdot 10^{-3}$		Cl
160	73	1 890	7,2	13	Cr
215	84	1 536	7,87	0.6	Fe
		− 219	$1{,}69 \cdot 10^{-3}$		F
10	4,3	29,8	5,91	2400	Ga
80	30	937,4	5,32	6	Ge
79	28,2	1 063	19,30	12 000	Au
			$0{,}178 \cdot 10^{-3}$	19	He
10,7	3,8	156,2	7,31	600	In
538	214	2 454	22,65	$31 \cdot 10^{3}$	Ir
		113,7	4,94	13	J
3,6	1,3	63,7	0,86	80	K
210	76	1 495	8,90	30	Co
		~4 000	2,2	0.6 [2])	C
			3,51	$2 \cdot 10^{7}$ [3])	C
		− 157,3	$3{,}74 \cdot 10^{-3}$	1500	Kr
125	46	1 083	8,93	3	Cu
38,2	15	920	6,16	290	La
11,7	4,3	186	0,53	48	Li
45,15	17,7	650	1,74	2	Mg
162	78	1 245	7,43	2	Mn
336	122	2 610	10,22	37	Mo
9,1	3,4	97,7	0,97	12	Na
		− 248,6	$0{,}899 \cdot 10^{-3}$	280	Ne
225	77	1 452	8,907	9	Ni
160	60	2 468	8,57	160	Nb
570	228	2 700	22,5	$12 \cdot 10^{3}$	Os

Name	Chem. Symbol	Ordn. Zahl	Atom-Gew.	Gitter	a (nm)	c/a bzw. ∢	Atom-Radius (nm)[10]
Palladium	Pd	46	106,4	Kfz.	0,3890	–	0,137
Phosphor	P	15	30,97	Rhomb.	0,331	3,17	0,128
Platin	Pt	78	195,09	Kfz.	0,3926	–	0,138
Quecksilber	Hg	80	200,61	(Rhomboedr.)	0,3005	70° 31′	0,155
Rhenium	Re	75	186,22	Hex.	0,2758	1,669	0,137
Rhodium	Rh	45	102,9	Kfz.	0,3796	–	0,134
Ruthenium	Ru	44	101,1	Hex.	0,2698	1,583	0,132
Sauerstoff	O	8	16,00	(Kub.)			0,060[1]
Schwefel	S	16	32,06	Rhomb. (α)[5]	1,048	2,34	0,127
Selen	Se	34	78,96	Hex.[6]	0,4355	1,14	0,140
Silber	Ag	47	107,88	Kfz.	0,4086	–	0,144
Silizium	Si	14	28,09	Diamantg.	0,5428	–	0,134
Stickstoff	N	7	14,01	(Hex.)			0,071[1]
Strontium	Sr	38	87,63	Kfz. (α)	0,6087	–	0,216
Tantal	Ta	73	180,95	Krz.	0,3302	–	0,146
Tellur	Te	52	127,61	Hex.[7]	0,4447	1,33	0,160
Thallium	Tl	81	204,39	Hex. (α)	0,3456	1,60	0,171
Thorium	Th	90	232,04	Kfz. (α)	0,5087	–	0,180
Titan	Ti	22	47,90	Hex. (α)	0,2950	1,59	0,146
Uran	U	92	238,07	Rhomb. (α)[8]	0,2858	2,06	0,154
Vanadium	V	23	50,95	Krz.	0,3026	–	0,136
Wasserstoff	H	1	1,008	(Hex.)			0,046[1]
Wismut	Bi	83	209,00	Rhomboedr.	0,4736	57° 14′	0,182
Wolfram	W	74	183,86	Krz.	0,3165	–	0,141
Xenon	Xe	54	131,3	(Kfz.)			
Zink	Zn	30	65,38	Hex.	0,2659	1,856	0,137
Zinn	Sn	50	118,70	Tetr. (β)[9]	0,5831	0,546	0,158
Zirkon	Zr	40	91,22	Hex. (α)	0,3226	1,59	0,160

[1] Für Einlagerungsmischkristall, nicht auf dichteste Packung korrigiert
[2] Koks
[3] Schmuckdiamanten
[4] 58 Atome/Zelle
[5] 128 Atome/Zelle
[6] 3 Atome/Zelle
[7] 3 Atome/Zelle
[8] 4 Atome/Zelle
[9] 4 Atome/Zelle
[10] für die Koordinationszahl 12
[11] Titan-Schwamm

Elast. Modul E kN/mm²	Schub-Modul G kN/mm²	Schmelz-punkt °C	Dichte ϱ g/cm³	DM/kg	Chem. Symbol
123	44	1 554	11,9	$6 \cdot 10^3$	Pd
		~ 600	2,7	25	P
173	62	1 773	21,4	$13 \cdot 10^3$	Pt
		− 38,87	13,55	9	Hg
530	210	3 180	21,02	2800	Re
386	153	1 966	12,4	$23 \cdot 10^3$	Rh
440	176	2 250	12,2	$10 \cdot 10^3$	Ru
		− 218,8	$1{,}429 \cdot 10^{-3}$	0,70	O
		112,8	2,06	2	S
		217	4,79	55	Se
81,6	29,4	960,8	10,49	280	Ag
115	40,5	1 410	2,33	2	Si
		− 210	$1{,}25 \cdot 10^{-3}$	1 · 60	N
16	6,2	770	2,6	240	Sr
189	70	2 996	16,6	210	Ta
		449	6,23	100	Te
8,1	2,8	303	11,85	44	Tl
79,7	31,6	1 845	11,72	380	Th
111	38,7	1 665	4,50	8 [11])	Ti
120	40	1 130	18,7	80	U
130	47,1	1 890	6,12	25	V
		− 259,2	$0{,}0898 \cdot 10^{-3}$	19	H
33		271,3	9,80	14	Bi
415	170	3 410	19,2	39	W
		− 111,9	$5{,}89 \cdot 10^{-3}$	$16 \cdot 10^3$	Xe
100	32	419,5	7,14	1.5	Zn
55	20,6	231,9	7,30	31	Sn
69,7	25,4	1 852	6,50	100	Zr

REGISTER

Inhaltsverzeichnis

Sachgebiete

Zeichenerklärung
HTB = B.I.-Hochschultaschenbücher.
Wv = B.I.-Wissenschaftsverlag (Einzelwerke und Reihen).
M.F.O. = Mathematische Forschungsberichte Oberwolfach.
Stand: April 1978.

Mathematik

Aitken, A. C.
Determinanten und Matrizen
142 S. mit Abb. 1969. (HTB 293)

Andrié, M./P. Meier
Lineare Algebra und analytische Geometrie. Eine anwendungsbezogene Einführung
243 S. 1977. (HTB 84)

Artmann, B./W. Peterhänsel/ E. Sachs
Beispiele und Aufgaben zur linearen Algebra
150 S. 1978. (HTB 783)

Aumann, G.
Höhere Mathematik
Band I: Reelle Zahlen, Analytische Geometrie, Differential- und Integralrechnung. 243 S. mit Abb. 1970. (HTB 717)
Band II: Lineare Algebra, Funktionen mehrerer Veränderlicher. 170 S. mit Abb. 1970. (HTB 718)
Band III: Differentialgleichungen. 174 S. 1971. (HTB 761)

Bachmann, F./E. Schmidt
***n*-Ecke**
199 S. 1970. (HTB 471)

Barner, M./W. Schwarz (Hrsg.)
Zahlentheorie
235 S. 1971. (M. F. O. 5)

Behrens, E.-A.
Ringtheorie
405 S. 1975. (Wv)

Böhmer, K./G. Meinardus/ W. Schempp (Hrsg.)
Spline-Funktionen. Vorträge und Aufsätze
415 S. 1974. (Wv)

Brandt, S.
Datenanalyse. Mit statistischen Methoden und Computerprogrammen
342 S. mit Abb. 1975. (Wv)

Brauner, H.
Geometrie projektiver Räume
Band I: Projektive Ebenen, projektive Räume. 235 S. 1976. (Wv)
Band II: Beziehungen zwischen projektiver Geometrie und linearer Algebra. 258 S. 1976. (Wv)

Brosowski, B.
Nichtlineare Tschebyscheff-Approximation
153 S. 1968. (HTB 808)

Brosowski, B./R. Kreß
Einführung in die numerische Mathematik
Teil I: Auflösung von Gleichungssystemen, die Approximationstheorie. 223 S. 1975. (HTB 202)
Teil II: Interpolation, numerische Integration, Optimierungsaufgaben. 124 S. 1976. (HTB 211)

Brunner, G.
Homologische Algebra
213 S. 1973. (Wv)

Bundke, W.
12stellige Tafel der Legendre-Polynome
352 S. 1967. (HTB 320)

Cartan, H.
Differentialformen
250 S. 1974. (Wv)

Cartan, H.
Differentialrechnung
236 S. 1974. (Wv)

Cartan, H.
Elementare Theorie der analytischen Funktionen einer oder mehrerer komplexen Veränderlichen
236 S. mit Abb. 1966. (HTB 112)

Degen, W./K. Böhmer
Gelöste Aufgaben zur Differential- und Integralrechnung
Band I: Eine reelle Veränderliche. 254 S. 1971. (HTB 762)
Band II: Mehrere reelle Veränderliche. 111 S. 1971. (HTB 763)

Dinghas, A.
Einführung in die Cauchy-Weierstraß'sche Funktionentheorie
114 S. 1968. (HTB 48)

Dombrowski, P.
Differentialrechnung I und Abriß der linearen Algebra
271 S. mit Abb. 1970. (HTB 743)

Eisenack, G./C. Fenske
Fixpunkttheorie
258 S. 1978. (Wv)

Elsgolc, L. E.
Variationsrechnung
157 S. mit Abb. 1970. (HTB 431)

Eltermann, H.
Grundlagen der praktischen Matrizenrechnung
128 S. mit Abb. 1969. (HTB 434)

Erwe, F.
Differential- und Integralrechnung
Band I: Differentialrechnung. 364 S. mit Abb. 1962. (HTB 30)
Band II: Integralrechnung. 197 S. mit Abb. 1973. (HTB 31)

Erwe, F.
Gewöhnliche Differentialgleichungen
152 S. mit 11 Abb. 1964. (HTB 19)

Erwe F./E. Peschl
Partielle Differentialgleichungen erster Ordnung
133 S. 1973. (HTB 87)

Felscher, W.
Naive Mengen und abstrakte Zahlen I
260 S. 1978. (Wv)

Gericke, H.
Geschichte des Zahlbegriffs
163 S. mit Abb. 1970. (HTB 172)

Gericke, H.
Theorie der Verbände
174 S. mit Abb. 1963. (HTB 38)

Goffman, C.
Reelle Funktionen
331 S. Aus dem Englischen. 1976. (Wv)

Gottschalk, G./R. Kaiser
Einführung in die Varianzanalyse und Ringversuche
165 S. 1976. (HTB 775)

Gröbner, W.
Algebraische Geometrie
Band I: Allgemeine Theorie der kommutativen Ringe und Körper. 193 S. 1968. (HTB 273)

Gröbner, W.
Matrizenrechnung
276 S. mit Abb. 1966. (HTB 103)

Gröbner, W./H. Knapp
Contributions to the Method of Lie Series
In englischer Sprache. 265 S. 1967. (HTB 802)

Grotemeyer, K. P./E. Letzner/ R. Reinhardt
Topologie
187 S. mit Abb. 1969. (HTB 836)

Gunning, R. C.
Vorlesungen über Riemannsche Flächen
276 S. 1972. (HTB 837)

Hämmerlin, G.
Numerische Mathematik
Band I: Approximation, Interpolation, Numerische Quadratur, Gleichungssysteme. 194 S. 1970. (HTB 498)

Hardtwig, E.
Fehler- und Ausgleichsrechnung
262 S. mit Abb. 1968. (HTB 262)

Hasse, H./P. Roquette (Hrsg.)
Algebraische Zahlentheorie
272 S. 1966. (M. F. O. 2)

Heesch, H.
Untersuchungen zum Vierfarbenproblem
290 S. mit Abb. 1969. (HTB 810)

Heidler, K./H. Hermes/ F.-K. Mahn
Rekursive Funktionen
248 S. 1977. (Wv)

Heil, E.
Differentialformen
207 S. 1974. (Wv)

Hein, O.
Graphentheorie für Anwender
141 S. 1977. (HTB 83)

Hein, O.
Statistische Verfahren der Ingenieurpraxis
197 S. Mit 5 Tabellen, 6 Diagrammen, 43 Beispielen. 1978. (HTB 119)

Hellwig, G.
Höhere Mathematik
Band I/1. Teil: Zahlen, Funktionen, Differential- und Integralrechnung einer unabhängigen Variablen. 284, IX S. 1971. (HTB 553)
Band I/2. Teil: Theorie der Konvergenz, Ergänzungen zur Integralrechnung, das Stieltjes-Integral. 137 S. 1972. (HTB 560)

Hengst, M.
Einführung in die mathematische Statistik und ihre Anwendung
259 S. mit Abb. 1967. (HTB 42)

Henze, E.
Einführung in die Maßtheorie
235 S. 1971. (HTB 505)

Hirzebruch, F./W. Scharlau
Einführung in die Funktionalanalysis
178 S. 1971. (HTB 296)

Holmann, H.
Lineare und multilineare Algebra
Band I: Einführung in Grundbegriffe der Algebra. 212 S. 1970. (HTB 173)

Holmann, H./H. Rummler
Alternierende Differentialformen
257 S. 1972. (Wv)

Horvath, H.
Rechenmethoden und ihre Anwendung in Physik und Chemie
142 S. 1977. (HTB 78)

Hoschek, J.
Liniengeometrie
VI, 263 S. mit Abb. 1971. (HTB 733)

Hoschek, J./G. Spreitzer
Aufgaben zur darstellenden Geometrie
229 S. mit Abb. 1974. (Wv)

Ince, E. L.
Die Integration gewöhnlicher Differentialgleichungen
180 S. 1965. (HTB 67)

Jordan-Engeln, G./F. Reutter
Formelsammlung zur numerischen Mathematik mit Fortran IV-Programmen
360 S. mit Abb. 2. Auflage 1976. (HTB 106)

Jordan-Engeln, G./F. Reutter
Numerische Mathematik für Ingenieure
XIII, 365 S. mit Abb. 2., überarbeitete Aufl. 1978. (HTB 104)

Kaiser, R./G. Gottschalk
Elementare Tests zur Beurteilung von Meßdaten
68 S. 1972. (HTB 774)

Kastner, G.
Einführung in die Mathematik für Naturwissenschaftler
212 S. 1971. (HTB 752)

Kießwetter, K.
Reelle Analysis einer Veränderlichen. Ein Lern- und Übungsbuch
316 S. 1975. (HTB 269)

Kießwetter, K./R. Rosenkranz
Lösungshilfen für Aufgaben zur reellen Analysis einer Veränderlichen
231 S. 1976. (HTB 270)

Klingbeil, E.
Tensorrechnung für Ingenieure
197 S. mit Abb. 1966. (HTB 197)

Klingbeil, E.
Variationsrechnung
332 S. 1977. (Wv)

Klingenberg, W. (Hrsg.)
Differentialgeometrie im Großen
351 S. 1971. (M. F. O. 4)

Klingenberg, W./P. Klein
Lineare Algebra und analytische Geometrie
Band I: Grundbegriffe, Vektorräume. XII, 288 S. 1971. (HTB 748)
Band II: Determinanten, Matrizen, Euklidische und unitäre Vektorräume. XVIII, 404 S. 1972. (HTB 749)

Klingenberg, W./P. Klein
Lineare Algebra und analytische Geometrie. Übungen zu Band I u. II
VIII, 172 S. 1973. (HTB 750)

Laugwitz, D.
Ingenieurmathematik
Band I: Zahlen, analytische Geometrie, Funktionen. 158 S. mit Abb. 1964. (HTB 59)
Band II: Differential- und Integralrechnung. 152 S. mit Abb. 1964. (HTB 60)
Band III: Gewöhnliche Differentialgleichungen. 141 S. 1964. (HTB 61)
Band IV: Fourier-Reihen, verallgemeinerte Funktionen, mehrfache Integrale, Vektoranalysis, Differentialgeometrie, Matrizen, Elemente der Funktionalanalysis. 196 S. mit Abb. 1967. (HTB 62)
Band V: Komplexe Veränderliche. 158 S. mit Abb. 1965. (HTB 93)

Laugwitz, D./C. Schmieden
Aufgaben zur Ingenieurmathematik
182 S. 1966. (HTB 95)

Laugwitz, D./H.-J. Vollrath
Schulmathematik vom höheren Standpunkt
Band I: Einführung in die Denk- und Arbeitsweise der Mathematik an Universitäten. 195 S. mit Abb. 1969. (HTB 118)

Lebedew, N. N.
Spezielle Funktionen und ihre Anwendung
372 S. mit Abb. 1973. (Wv)

Lighthill, M. J.
Einführung in die Theorie der Fourieranalysis und der verallgemeinerten Funktionen
96 S. mit Abb. 1966. (HTB 139)

Lingenberg, R.
Grundlagen der Geometrie
226 S. mit Abb. 3., durchgesehene Aufl. 1978. (Wv)

Lingenberg, R.
Lineare Algebra
161 S. mit Abb. 1969. (HTB 828)

Lorenzen, P.
Metamathematik
173 S. 1962. (HTB 25)

Lutz, D.
Topologische Gruppen
175 S. 1976. (Wv)

Marsal, D.
Die numerische Lösung partieller Differentialgleichungen in Wissenschaft und Technik
602 S. mit Abb. 1976. (Wv)

Martensen, E.
Analysis.
Für Mathematiker, Physiker, Ingenieure
Band I: Grundlagen der Infinitesimalrechnung. IX, 200 S. 2. Aufl. 1976. (HTB 832)
Band II: Aufbau der Infinitesimalrechnung. VIII, 176 S. 2., neu bearbeitete Aufl. 1978. (HTB 833)
Band III: Gewöhnliche Differentialgleichungen. V, 209 S. 1971. (HTB 834)
Band V: Funktionalanalysis und Integralgleichungen. VI, 275 S. 1972. (HTB 768)

Meinardus, G./G. Merz
Praktische Mathematik I.
Für Ingenieure, Mathematiker und Physiker
Etwa 340 S. 1978. (Wv)

Meschkowski, H.
Einführung in die moderne Mathematik
214 S. mit Abb. 3., verbesserte Aufl. 1971. (HTB 75)

Meschkowski, H.
Grundlagen der Euklidischen Geometrie
231 S. mit Abb. 2., verbesserte Aufl. 1974. (Wv)

Meschkowski, H.
Mathematikerlexikon
328 S. mit Abb. 2., erweiterte Aufl. 1973. (Wv)

Meschkowski, H.
Mathematisches Begriffswörterbuch
315 S. mit Abb. 4. Aufl. 1976. (HTB 99)

Meschkowski, H.
Mehrsprachenwörterbuch mathematischer Begriffe
135 S. 1972. (Wv)

Meschkowski, H.
Problemgeschichte der neueren Mathematik (1800–1950)
Etwa 270 S. 1978. (Wv)

Meschkowski, H.
Reihenentwicklungen in der mathematischen Physik
151 S. mit Abb. 1963. (HTB 51)

Meschkowski, H.
Richtigkeit und Wahrheit in der Mathematik
219 S. 2., durchgesehene Aufl. 1978. (Wv)

Meschkowski, H.
Ungelöste und unlösbare Probleme der Geometrie
204 S. 2., verb. und erweiterte Aufl. 1975. (Wv)

Meschkowski, H.
Wahrscheinlichkeitsrechnung
233 S. mit Abb. 1968. (HTB 285)

Meschkowski, H./I. Ahrens
Theorie der Punktmengen
183 S. mit Abb. 1974. (Wv)

Meschkowski, H./G. Lessner
Aufgabensammlung zur Einführung in die moderne Mathematik
136 S. mit Abb. 1969. (HTB 263)

Neukirch, J.
Klassenkörpertheorie
308 S. 1970. (HTB 713)

Niven, I./H. S. Zuckerman
Einführung in die Zahlentheorie
Band I: Teilbarkeit, Kongruenzen, quadratische Reziprozität u. a. 213 S. 1976. (HTB 46)
Band II: Kettenbrüche, algebraische Zahlen, die Partitionsfunktion u. a. 186 S. 1976. (HTB 47)

Noble, B.
Numerisches Rechnen
Band II: Differenzen, Integration und Differentialgleichungen. 246 S. 1973. (HTB 147)

Oberschelp, A.
Elementare Logik und Mengenlehre
Band I: Die formalen Sprachen, Logik. 254 S. 1974. (HTB 407)
Band II: Klassen, Relationen, Funktionen, Anfänge der Mengenlehre. 229 S. 1978. (HTB 408)

Peschl, E.
Analytische Geometrie und lineare Algebra
200 S. mit Abb. 1968. (HTB 15)

Peschl, E.
Differentialgeometrie
92 S. 1973. (HTB 80)

Peschl, E.
Funktionentheorie I
274 S. mit Abb. 1967. (HTB 131)

Pflaumann, E./H. Unger
Funktionalanalysis
Band I: Einführung in die Grundbegriffe in Räumen einfacher Struktur. 240 S. 1974. (Wv)
Band II: Abbildungen (Operatoren). 338 S. 1974. (Wv)

Poguntke, W./R. Wille
Testfragen zur Analysis I
96 S. 1976. (HTB 781)

Preuß, G.
Grundbegriffe der Kategorientheorie
105 S. 1975. (HTB 739)

Reiffen, H.-J./G. Scheja/U. Vetter
Algebra
272 S. mit Abb. 1969. (HTB 110)

Reiffen, H.-J./H. W. Trapp
Einführung in die Analysis
Band I: Mengentheoretische Topologie. IX, 320 S. 1972. (HTB 776)
Band II: Theorie der analytischen und differenzierbaren Funktionen. 260 S. 1973. (HTB 786)
Band III: Maß- und Integrationstheorie. 369 S. 1973. (HTB 787)

Rottmann, K.
Mathematische Formelsammlung
176 S. mit Abb. 1962. (HTB 13)

Rottmann, K.
Mathematische Funktionstafeln
208 S. 1959. (HTB 14)

Rottmann, K.
Siebenstellige dekadische Logarithmen
194 S. 1960. (HTB 17)

Rottmann, K.
Siebenstellige Logarithmen der trigonometrischen Funktionen
440 S. 1961. (HTB 26)

Schick, K.
Lineare Optimierung
331 S. mit Abb. 1976. (HTB 64)

Schmidt, J.
Mengenlehre. Einführung in die axiomatische Mengenlehre
Band I: 245 S. mit Abb. 2., verb. und erweiterte Aufl. 1974. (HTB 56)

Schwabhäuser, W.
Modelltheorie
Band I: 176 S. 1975. (HTB 813)
Band II: 123 S. 1972. (HTB 815)

Schwartz, L.
Mathematische Methoden der Physik
Band I: Summierbare Reihen, Lebesque-Integral, Distributionen, Faltung. 184 S. 1974. (Wv)

Schwarz, W.
Einführung in die Siebmethoden der analytischen Zahlentheorie
215 S. 1974. (Wv)

Tamaschke, O.
Permutationsstrukturen
276 S. 1969. (HTB 710)

Tamaschke, O.
Projektive Geometrie
Band II: XI, 397 S. mit Abb. 1972. (HTB 838)

Tamaschke, O.
Schur-Ringe
240 S. mit Abb. 1970. (HTB 735)

Teichmann, H.
Physikalische Anwendungen der Vektor- und Tensorrechnung
231 S. mit 64 Abb. 3. Aufl. 1975. (HTB 39)

Tropper, A. M.
Matrizenrechnung in der Elektrotechnik
99 S. mit Abb. 1964. (HTB 91)

Uhde, K.
Spezielle Funktionen der mathematischen Physik
Band I: Zylinderfunktionen. 267 S. 1964. (HTB 55)
Band II: Elliptische Integrale, Thetafunktionen, Legendre-Polynome, Laguerresche Funktionen u. a. 211 S. 1964. (HTB 76)

Voigt, A./J. Wloka
Hilberträume und elliptische Differentialoperatoren
260 S. 1975. (Wv)

Waerden, B. L. van der
Mathematik für Naturwissenschaftler
280 S. mit 167 Abb. 1975. (HTB 281)

Wagner, K.
Graphentheorie
220 S. mit Abb. 1970. (HTB 248)

Walter, R.
Differentialgeometrie
286 S. 1978. (Wv)

Walter, W.
Einführung in die Theorie der Distributionen
VIII, 211 S. mit Abb. 1974. (Wv)

Weizel, R./J. Weyland
Gewöhnliche Differentialgleichungen. Formelsammlung mit Lösungsmethoden und Lösungen
194 S. mit Abb. 1974. (Wv)

Werner, H.
Einführung in die allgemeine Algebra
Etwa 150 S. 1978. (HTB 120)

Wollny, W.
Reguläre Parkettierung der euklidischen Ebene durch unbeschränkte Bereiche
316 S. mit Abb. 1970. (HTB 711)

Wunderlich, W.
Darstellende Geometrie
Band I: 187 S. mit Abb. 1966. (HTB 96)
Band II: 234 S. mit Abb. 1967. (HTB 133)

Reihe: Jahrbuch Überblicke Mathematik

Herausgegeben von Prof. Dr. Benno Fuchssteiner, Gesamthochschule Paderborn, Prof. Dr. Ulrich Kulisch, Universität Karlsruhe, Prof. Dr. Detlef Laugwitz, Techn. Hochschule Darmstadt, Prof. Dr. Roman Liedl, Universität Innsbruck.
Das Jahrbuch Überblicke Mathematik bringt Informationen über die aktuellen wissenschaftlichen, wissenschaftsgeschichtlichen und didaktischen Fragen der Mathematik. Es wendet sich an Mathematiker, die nach abgeschlossenem Studium in der Forschung, in der Lehre des Sekundar- und Tertiärbereiches und in der Industrie tätig sind und die den Kontakt zur neueren Entwicklung halten wollen.

Jahrbuch Überblicke Mathematik 1975. 181 S. mit Abb. 1975. (Wv)

Jahrbuch Überblicke Mathematik 1976. 204 S. mit Abb. 1976. (Wv)

Jahrbuch Überblicke Mathematik 1977. 181 S. mit Abb. 1977. (Wv)

Jahrbuch Überblicke Mathematik 1978. 224 S. 1978. (Wv)

Reihe: Überblicke Mathematik

Herausgegeben von Prof. Dr. Detlef Laugwitz, Techn. Hochschule Darmstadt.

Diese Reihe bringt kurze und klare Übersichten über neuere Entwicklungen der Mathematik und ihrer Randgebiete für Nicht-Spezialisten; seit 1975 erscheint an Stelle dieser Reihe das neu konzipierte „Jahrbuch Überblicke Mathematik“.

Band 1: 213 S. mit Abb. 1968. (HTB 161)

Band 2: 210 S. mit Abb. 1969. (HTB 232)
Band 3: 157 S. mit Abb. 1970. (HTB 247)
Band 4: 123 S. 1972 (Wv)
Band 5: 186 S. 1972 (Wv)
Band 6: 242 S. mit Abb. 1973. (Wv)
Band 7: 265, II S. mit Abb. 1974. (Wv)

Reihe: Mathematik für Physiker

Herausgegeben von Prof. Dr. Detlef Laugwitz, Techn. Hochschule Darmstadt, Prof. Dr. Peter Mittelstaedt, Universität Köln, Prof. Dr. Horst Rollnik, Universität Bonn, Prof. Dr. Georg Süßmann, Universität München.

Diese Reihe ist in erster Linie für Leser bestimmt, denen die Beschäftigung mit der Mathematik nicht Selbstzweck ist. Besonderer Wert wird darauf gelegt, mit Beispielen und Motivationen den speziellen Anforderungen der Physiker zu genügen.

Band 1:
Meschkowski, H.
Zahlen
174 S. mit Abb. 1970. (Wv)

Band 2:
Meschkowski, H.
Funktionen
179 S. mit Abb. 1970. (Wv)

Band 3:
Meschkowski, H.
Elementare Wahrscheinlichkeitsrechnung und Statistik
188 S. 1972. (Wv)

Band 4:
Lingenberg, R.
Einführung in die lineare Algebra
236 S. 1976. (Wv)

Band 5:
Erwe, F.
Reelle Analysis
Etwa 350 S. 1978. (Wv)

Band 6:
Gröbner, W.
Differentialgleichungen.
Gewöhnliche Differentialgleichungen
188 S. 1977. (Wv)

Band 7:
Gröbner, W.
Differentialgleichungen II.
Partielle Differentialgleichungen
157 S. 1977. (Wv)

Band 9:
Fuchssteiner, B./D. Laugwitz
Funktionalanalysis
219 S. 1974. (Wv)

Reihe: Mathematik für Wirtschaftswissenschaftler

Herausgegeben von Prof. Dr. Martin Rutsch, Universität Karlsruhe.

Diese im Aufbau befindliche Reihe bringt Einführungen, die nach Konzeption, Themenauswahl, Darstellungsweise und Wahl der Beispiele auf die Bedürfnisse von Studenten der Wirtschaftswissenschaften zugeschnitten sind.

Band 1:
Rutsch, M.
Wahrscheinlichkeit I
350 S. mit Abb. 1974. (Wv)

Band 2:
Rutsch, M./K.-H. Schriever
Wahrscheinlichkeit II
404 S. mit Abb. 1976. (Wv)

Band 3:
Rutsch, M./K.-H. Schriever
Aufgaben zur Wahrscheinlichkeit
267 S. mit Abb. 1974. (Wv)

Band 4:
Rommelfanger, H.
Differenzen- und Differentialgleichungen
232 S. 1977. (Wv)

Band 5:
Egle, K.
Graphen und Präordnungen
208 S. 1977. (Wv)

Reihe: Methoden und Verfahren der mathematischen Physik

Herausgegeben von Prof. Dr. Bruno Brosowski, Universität Göttingen, und Prof. Dr. Erich Martensen, Universität Karlsruhe.

Diese Reihe bringt Originalarbeiten aus dem Gebiet der angewandten Mathematik und der mathematischen Physik für Mathematiker, Physiker und Ingenieure.

Band 1: 183 S. mit Abb. 1969. (HTB 720)
Band 2: 179 S. mit Abb. 1970. (HTB 721)
Band 3: 176 S. mit Abb. 1970. (HTB 722)
Band 4: 177 S. 1971. (HTB 723)
Band 5: 199 S. 1971. (HTB 724)
Band 6: 163 S. 1972. (HTB 725)
Band 7: 176 S. 1972. (HTB 726)
Band 8: 222 S. mit Abb. 1973. (Wv)
Band 9: 201 S. mit Abb. 1973. (Wv)
Band 10: 184 S. 1973. (Wv)
Band 11: 190 S. mit Abb. 1974. (Wv)
Band 12: 214 S. mit Abb. 1975. Mathematical Geodesy, Part 1. (Wv)
Band 13: 206 S. mit Abb. 1975. Mathematical Geodesy, Part 2. (Wv)
Band 14: 176 S. mit Abb. 1975. Mathematical Geodesy, Part 3. (Wv)
Band 15: 166 S. 1976. (Wv)
Band 16: 180 S. 1976. (Wv)

Informatik

Alefeld, G./J. Herzberger/ O. Mayer
Einführung in das Programmieren mit ALGOL 60
164 S. 1972. (HTB 777)

Bosse, W.
Einführung in das Programmieren mit ALGOL W
249 S. 1976. (HTB 784)

Breuer, H.
Algol-Fibel
120 S. mit Abb. 1973. (HTB 506)

Breuer, H.
Fortran-Fibel
85 S. mit Abb. 1969. (HTB 204)

Breuer, H.
PL/1-Fibel
106 S. 1973. (HTB 552)

Breuer, H.
Taschenwörterbuch der Programmiersprachen ALGOL, FORTRAN, PL/1
157 S. 1976. (HTB 181)

Haase, V./W. Stucky
BASIC
Programmieren für Anfänger
230 S. 1977. (HTB 744)

Hotz, G./H. Walter
Automatentheorie und formale Sprachen I
184 S. 1968. (HTB 821)

Mell, W.-D./P. Preus/P. Sandner
Einführung in die Programmiersprache PL/1
304 S. 1974. (HTB 785)

Mickel, K.-P.
Einführung in die Programmiersprache COBOL
206 S. 1975. (HTB 745)

Müller, D.
Programmierung elektronischer Rechenanlagen
249 S. mit 26 Abb. 3., erweiterte Aufl. 1969. (HTB 49)

Müller, K. H./I. Streker
FORTRAN. Programmierungsanleitung
215 S. 2. Aufl. 1970. (HTB 804)

Rohlfing, H.
SIMULA
243 S. mit Abb. 1973. (HTB 747)

Schließmann, H.
Programmierung mit PL/1
150 S. 1975. (HTB 740)

Zimmermann, G./P. Marwedel
Elektrotechnische Grundlagen der Informatik I
Elektrostatik, Oszillograph, Logikschaltungen, Digitalspeicher. 200 S. 1974. (HTB 789)

Zimmermann, G./J. Höffner
Elektrotechnische Grundlagen der Informatik II
Wechselstromlehre, Leitungen, analoge u. digitale Verarbeitung kontinuierlicher Signale. 194 S. 1974. (HTB 790)

Reihe: Informatik

Herausgegeben von Prof. Dr. Karl Heinz Böhling, Universität Bonn, Prof. Dr. Ulrich Kulisch, Universität Karlsruhe, Prof. Dr. Hermann Maurer, Technische Universität Graz.

Diese Reihe enthält einführende Darstellungen zu verschiedenen Teildisziplinen der Informatik. Sie ist hervorgegangen aus der Zusammenlegung der Reihen „Skripten zur Informatik“ (Hrsg. K. H. Böhling) und „Informatik“ (Hrsg. U. Kulisch).

Band 1:
Maurer, H.
Theoretische Grundlagen der Programmiersprachen. Theorie der Syntax
254 S. Neudruck 1977. (Wv)

Band 2:
Heinhold, J./U. Kulisch
Analogrechnen
242 S. mit Abb. 1976. (Wv)

Band 4:
Böhling, K. H./D. Schütt
Endliche Automaten
Teil II: 104 S. 1970. (HTB 704)

Band 5:
Brauer, W./K. Indermark
Algorithmen, rekursive Funktionen und formale Sprachen
115 S. 1968. (HTB 817)

Band 6:
Heyderhoff, P./Th. Hildebrand
Informationsstrukturen. Eine Einführung in die Informatik
218 S. mit Abb. 1973. (Wv)

Band 7:
Kameda, T./K. Weihrauch
Einführung in die Codierungstheorie
Teil I: 218 S. 1973. (Wv)

Band 8:
Reusch, B.
Lineare Automaten
149 S. mit Abb. 1969. (HTB 708)

Band 9:
Henrici, P.
Elemente der numerischen Analysis
Teil I: Auflösung von Gleichungen. 227 S. 1972. (HTB 551)
Teil II: Interpolation und Approximation, praktisches Rechnen. IX, 195 S. 1972. (HTB 562)

Band 10:
Böhling, K. H./G. Dittrich
Endliche stochastische Automaten
138 S. 1972. (HTB 766)

Band 11:
Seegmüller, G.
Einführung in die Systemprogrammierung
480 S. mit Abb. 1974. (Wv)

Band 12:
Alefeld, G./J. Herzberger
Einführung in die Intervallrechnung
XIII, 398 S. mit Abb. 1974. (Wv)

Band 13:
Duske, J./H. Jürgensen
Codierungstheorie
235 S. 1977. (Wv)

Band 14:
Böhling, K. H./B. v. Braunmühl
Komplexität bei Turingmaschinen
324 S. mit Abb. 1974. (Wv)

Band 15:
Peters, F. E.
Einführung in mathematische Methoden der Informatik
348 S. 1974. (Wv)

Band 16:
Wedekind, H.
Datenbanksysteme I
227 S. mit Abb. 1975. (Wv)

Band 17:
Holler, E./O. Drobnik
Rechnernetze
195 S. mit Abb. 1975. (Wv)

Band 18:
Wedekind, H./T. Härder
Datenbanksysteme II
430 S. 1976. (Wv)

Band 19:
Kulisch, U.
Grundlagen des numerischen Rechnens. Mathematische Begründung der Rechnerarithmetik
467 S. 1976. (Wv)

Band 20:
Zima, H.
Betriebssysteme. Parallele Prozesse
325 S. 1976. (Wv)

Band 21:
Mies, P./D. Schütt
Feldrechner
150 S. 1976. (Wv)

Band 22:
Denert, E./R. Franck
Datenstrukturen
362 S. 1977. (Wv)

Band 23:
Ecker, K.
Organisation von parallelen Prozessen. Theorie deterministischer Schedules
280 S. 1977. (Wv)

Band 24:
Kaucher, E./R. Klatte/Ch. Ullrich
Höhere Programmiersprachen ALGOL, FORTRAN, PASCAL
258 S. 1978. (Wv)

Band 25:
Motsch, W.
Halbleiterspeicher. Technik, Organisation und Anwendung
237 S. 1978. (Wv)

Band 26:
Görke, W.
Mikrorechner
225 S. 1978. (Wv)

Physik

Baltes, H. P./E. R. Hilf
Spectra of Finite Systems
In englischer Sprache. 116 S. 1976. (Wv)

Barut, A. O.
Die Theorie der Streumatrix für die Wechselwirkungen fundamentaler Teilchen
Band I: Gruppentheoretische Beschreibung der S-Matrix. 225 S. mit Abb. 1971. (HTB 438)
Band II: Grundlegende Teilchenprozesse. 212 S. mit Abb. 1971. (HTB 555)

Bensch, F./C. M. Fleck
Neutronenphysikalisches Praktikum
Band I: Physik und Technik der Aktivierungssonden. 234 S. mit Abb. 1968. (HTB 170)
Band II: Ausgewählte Versuche und ihre Grundlagen. 182 S. mit Abb. 1968. (HTB 171)

Bethge, K.
Quantenphysik.
Eine Einführung in die Atom- und Molekülphysik
Etwa 240 S. 1978. Unter Mitarbeit von Dr. G. Gruber, Universität Frankfurt. (Wv)

Bjorken, J. D./S. D. Drell
Relativistische Quantenmechanik
312 S. mit Abb. 1966. (HTB 98)

Bleuler, K./H. R. Petry/D. Schütte (Hrsg.)
Mesonic Effects in Nuclear Structure
In englischer Sprache. 181 S. mit Abb. 1975. (Wv)

Bodenstedt, E.
Experimente der Kernphysik und ihre Deutung
Band I: 290 S. mit Abb. 1972. (Wv)
Band II: XIV, 293 S. mit Abb. 2., verbesserte Aufl. 1978. (Wv)
Band III: 288 S. mit Abb. 1973. (Wv)

Borucki, H.
Einführung in die Akustik
236 S. mit Abb. 1973. (Wv)

Donner, W.
Einführung in die Theorie der Kernspektren
Band I: Grundeigenschaften der Atomkerne, Schalenmodell, Oberflächenschwingungen und Rotationen. 197 S. mit Abb. 1971. (HTB 473)
Band II: Erweiterung des Schalenmodells, Riesenresonanzen. 107 S. mit Abb. 1971. (HTB 556)

Dreisvogt, H.
Spaltprodukttabellen
188 S. mit Abb. 1974. (Wv)

Eder, G.
Atomphysik.
Quantenmechanik II
259 S. 1978. (Wv)

Eder, G.
Elektrodynamik
273 S. mit Abb. 1967. (HTB 233)

Eder, G.
Quantenmechanik I
324 S. 1968. (HTB 264)

Emendörfer, D./K. H. Höcker
Theorie der Kernreaktoren
Band I: Kernbau und Kernspaltung, Wirkungsquerschnitte, Neutronenbremsung und -thermalisierung. 232 S. mit Abb. 1969. (HTB 411)
Band II: Neutronendiffusion (Elementare Behandlung und Transporttheorie). 147 S. mit Abb. 1970. (HTB 412)

Feynman, R. P.
Quantenelektrodynamik
249 S. mit Abb. 1969. (HTB 401)

Fick, D.
Einführung in die Kernphysik mit polarisierten Teilchen
VI, 255 S. mit Abb. 1971. (HTB 755)

Gasiorowicz, S.
Elementarteilchenphysik
742 S. mit 119 Abb. 1975. (Wv)

Groot, S. R. de
Thermodynamik irreversibler Prozesse
216 S. mit 4 Abb. 1960. (HTB 18)

Groot, S. R. de/P. Mazur
Anwendung der Thermodynamik irreversibler Prozesse
349 S. mit Abb. 1974. (Wv)

Heisenberg, W.
Physikalische Prinzipien der Quantentheorie
117 S. mit Abb. 1958. (HTB 1)

Henley, E. M./W. Thirring
Elementare Quantenfeldtheorie
336 S. 1975. (Wv)

Hesse, K.
Halbleiter.
Eine elementare Einführung
Band I: 249 S. mit 116 Abb. 1974. (HTB 788)

Huang, K.
Statistische Mechanik
Band III: 162 S. 1965. (HTB 70)

Hund, F.
Geschichte der physikalischen Begriffe
410 S. 1972. (HTB 543)

Hund, F.
Geschichte der Quantentheorie
262 S. mit Abb. 2. Auflage 1975. (Wv)

Hund, F.
Grundbegriffe der Physik
234 S. mit Abb. 1969. (HTB 449)

Källèn, G./J. Steinberger
Elementarteilchenphysik
687 S. mit Abb. 2., verbesserte Aufl. 1974. (Wv)

Kertz, W.
Einführung in die Geophysik
Band I: Erdkörper. 232 S. mit Abb. 1969. (HTB 275)
Band II: Obere Atmosphäre und Magnetosphäre. 210 S. mit Abb. 1971. (HTB 535)

Kippenhahn, R./C. Möllenhoff
Elementare Plasmaphysik
297 S. mit Abb. 1975. (Wv)

Libby, W. F./F. Johnson
Altersbestimmung mit der C^{14}-Methode
205 S. mit Abb. 1969. (HTB 403)

Lipkin, H. J.
Anwendung von Lieschen Gruppen in der Physik
177 S. mit Abb. 1967. (HTB 163)

Luchner, K.
Aufgaben und Lösungen zur Experimentalphysik
Band I: Mechanik, geometrische Optik, Wärme. 158 S. mit Abb. 1967. (HTB 155)
Band II: Elektromagnetische Vorgänge. 150 S. mit Abb. 1966. (HTB 156)
Band III: Grundlagen zur Atomphysik. 125 S. mit Abb. 1973. (HTB 157)

Lüscher, E.
Experimentalphysik
Band I: Mechanik, geometrische Optik, Wärme.
1. Teil: 260 S. mit Abb. 1967. (HTB 111)
Band I/2. Teil: 215 S. mit Abb. 1967. (HTB 114)
Band II: Elektromagnetische Vorgänge. 336 S. mit Abb. 1966. (HTB 115)
Band III: Grundlagen zur Atomphysik.
1. Teil: 177 S. mit Abb. 1970. (HTB 116)
Band III/2. Teil: 160 S. mit Abb. 1970. (HTB 117)

Lüst, R.
Hydrodynamik
Etwa 250 S. 1978. (Wv)

Mittelstaedt, P.
Der Zeitbegriff in der Physik
164 S. 1976. (Wv)

Mitter, H.
Quantentheorie
316 S. mit Abb. 1969. (HTB 701)

Møller, C.
Relativitätstheorie
316 S. 1977. (Wv)

Möller, F.
Einführung in die Meteorologie
Band I: Meteorologische Elementarphänomene. 222 S. mit Abb. 1973. (HTB 276)
Band II: Komplexe meteorologische Phänomene. 223 S. mit Abb. 1973. (HTB 288)

Neff, H.
Physikalische Meßtechnik
160 S. mit Abb. 1976. (HTB 66)

Neuert, H.
Experimentalphysik für Mediziner, Zahnmediziner, Pharmazeuten und Biologen
292 S. mit Abb. 1969. (HTB 712)

Neuert, H.
Physik für Naturwissenschaftler
Band I: Mechanik und Wärmelehre. 173 S. 1977. (HTB 727)
Band II: Elektrizität und Magnetismus, Optik. 198 S. 1977. (HTB 728)
Band III: Atomphysik, Kernphysik, chemische Analyseverfahren. 326 S. 1978. (HTB 729)

Rollnik, H.
Physikalische und mathematische Grundlagen der Elektrodynamik
217 S. mit Abb. 1976. (HTB 297)

Rollnik, H.
Teilchenphysik
Band I: Grundlegende Eigenschaften von Elementarteilchen. 188 S. mit Abb. 1971. (HTB 706)
Band II: Innere Symmetrien der Elementarteilchen. 158 S. mit Abb. z. T. farbig. 1971. (HTB 759)

Rose, M. E.
Relativistische Elektronentheorie
Band I: 193 S. mit Abb. 1971. (HTB 422)
Band II: 171 S. mit Abb. 1971. (HTB 554)

Scherrer, P./P. Stoll
Physikalische Übungsaufgaben
Band I: Mechanik und Akustik. 96 S. mit 44 Abb. 1962. (HTB 32)
Band II: Optik, Thermodynamik, Elektrostatik. 103 S. mit Abb. 1963. (HTB 33)
Band III: Elektrizitätslehre, Atomphysik. 103 S. mit Abb. 1964. (HTB 34)

Schulten, R./W. Güth
Reaktorphysik
Band II: Zeitliches Verhalten von Reaktoren. 164 S. mit Abb. 1962. (HTB 11)

Schultz-Grunow, F. (Hrsg.)
Elektro- und Magnetohydrodynamik
308 S. mit Abb. 1968. (HTB 811)

Seiler, H.
Abbildungen von Oberflächen mit Elektronen, Ionen und Röntgenstrahlen
131 S. mit Abb. 1968. (HTB 428)

Sexl, R. U./H. K. Urbantke
Gravitation und Kosmologie. Eine Einführung in die Allgemeine Relativitätstheorie
335 S. mit Abb. 1975. (Wv)

Teichmann, H.
Einführung in die Atomphysik
135 S. mit 47 Abb. 3. Auflage 1966. (HTB 12)

Teichmann, H.
Halbleiter
156 S. mit Abb. 3. Auflage 1969. (HTB 21)

Wagner, C.
Methoden der naturwissenschaftlichen und technischen Forschung
219 S. mit Abb. 1974. (Wv)

Wegener, H.
Der Mössbauer-Effekt und seine Anwendung in Physik und Chemie
226 S. mit Abb. 1965. (HTB 2)

Wehefritz, V.
Physikalische Fachliteratur
171 S. 1969. (HTB 440)

Weizel, W.
Einführung in die Physik
Band I: Mechanik und Wärme. 174 S. mit Abb. 5. Auflage 1963. (HTB 3)
Band II: Elektrizität und Magnetismus. 180 S. mit Abb. 5. Auflage 1963. (HTB 4)
Band III: Optik und Atomphysik. 194 S. mit Abb. 5. Auflage 1963. (HTB 5)

Weizel, W.
Physikalische Formelsammlung
Band II: Optik, Thermodynamik, Relativitätstheorie. 148 S. 1964. (HTB 36)
Band III: Quantentheorie. 196 S. 1966. (HTB 37)

Zimmermann, P.
Eine Einführung in die Theorie der Atomspektren
91 S. mit Abb. 1976. (Wv)

Astronomie

Becker, F.
Geschichte der Astronomie
201 S. mit Abb. 3., erweiterte Aufl. 1968. (HTB 298)

Bohrmann, A.
Bahnen künstlicher Satelliten
163 S. mit Abb. 2., erweiterte Aufl. 1966. (HTB 40)

Schaifers, K.
Atlas zur Himmelskunde
96 S. 1969. (HTB 308)

Scheffler, H./H. Elsässer
Physik der Sterne und der Sonne
535 S. mit Abb. 1974. (Wv)

Schurig, R./P. Götz/K. Schaifers
Himmelsatlas (Tabulae caelestes)
44 S. 8. Aufl. 1960. (Wv)

Voigt, H. H.
Abriß der Astronomie
556 S. mit Abb. 2., verbesserte Aufl. 1975. (Wv)

Philosophie

Glaser, I.
Sprachkritische Untersuchungen zum Strafrecht am Beispiel der Zurechnungsfähigkeit
131 S. 1970. (HTB 516)

Kamlah, W.
Philosophische Anthropologie. Sprachkritische Grundlegung und Ethik
192 S. 1973. (HTB 238)

Kamlah, W.
Von der Sprache zur Vernunft. Philosophie und Wissenschaft in der neuzeitlichen Profanität
230 S. 1975. (Wv)

Kamlah, W./P. Lorenzen
Logische Propädeutik. Vorschule des vernünftigen Redens
239 S. 2., erweiterte Aufl. 1973. (HTB 227)

Kanitscheider, B.
Vom absoluten Raum zur dynamischen Geometrie
139 S. 1976. (Wv)

Leinfellner, W.
Einführung in die Erkenntnis- und Wissenschaftstheorie
226 S. 2., erweiterte Aufl. 1967. (HTB 41)

Lorenzen, P.
Normative Logic and Ethics
In englischer Sprache. 89 S. 1969. (HTB 236)

Lorenzen, P./O. Schwemmer
Konstruktive Logik, Ethik und Wissenschaftstheorie
331 S. mit Abb. 2., verbesserte Aufl. 1975. (HTB 700)

Mittelstaedt, P.
Philosophische Probleme der modernen Physik
227 S. mit Abb. 5., überarbeitete Aufl. 1976. (HTB 50)

Mittelstaedt, P.
Die Sprache der Physik
139 S. 1972. (Wv)

Mittelstaedt, P.
Der Zeitbegriff in der Physik
164 S. 1976. (Wv)

Literatur und Sprache

Kraft, H. (Hrsg.)
Andreas Streichers Schiller-Biographie
459 S. mit Abb. 1974. (Wv)

Storz, G.
Klassik und Romantik
247 S. 1972. (Wv)

Trojan, F./H. Schendl
Biophonetik
264 S. mit Abb. 1975. (Wv)

Chemie

Cordes, J. F. (Hrsg.)
Chemie und ihre Grenzgebiete
199 S. mit Abb. 1970. (HTB 715)

Freise, V.
Chemische Thermodynamik
288 S. mit Abb. 2. Aufl. 1972. (HTB 213)

Grimmer, G.
Biochemie
376 S. mit Abb. 1969. (HTB 187)

Kaiser, R.
Chromatographie in der Gasphase
Band I: Gas-Chromatographie. 220 S. mit Abb. 1973. (HTB 22)
Band II: Kapillar-Chromatographie. 346 S. mit Abb. 3., erweiterte Aufl. 1975. (HTB 23)
Band IV/2. Teil: 118 S. mit Abb. 2., erweiterte Aufl. 1969. (HTB 472)

Laidler, K. J.
Reaktionskinetik
Band I: Homogene Gasreaktionen. 216 S. mit Abb. 1970. (HTB 290)

Preuß, H.
Quantentheoretische Chemie
Band I: Die halbempirischen Regeln. 94 S. mit Abb. 1963. (HTB 43)
Band II: Der Übergang zur Wellenmechanik, die allgemeinen Rechenverfahren. 238 S. mit Abb. 1965. (HTB 44)
Band III: Wellenmechanische und methodische Ausgangspunkte. 222 S. mit Abb. 1967. (HTB 45)

Riedel, L.
Physikalische Chemie.
Eine Einführung für Ingenieure
406 S. mit Abb. 1974. (Wv)

Schmidt, M.
Anorganische Chemie
Band I: Hauptgruppenelemente. 301 S. mit Abb. 1967. (HTB 86)
Band II: Übergangsmetalle. 221 S. mit Abb. 1969. (HTB 150)

Schneider, G.
Pharmazeutische Biologie.
Pharmakognosie
333 S. 1975. (Wv)

Steward, F. C./A. D. Krikorian/
K.-H. Neumann
Pflanzenleben
268 S. mit Abb. 1969. (HTB 145)

Wilk, M.
Organische Chemie
291 S. mit Abb. 1970. (HTB 71)

Medizin

Forth, W./D. Henschler/W. Rummel (Hrsg.)
Allgemeine und spezielle Pharmakologie und Toxikologie
Für Studenten der Medizin, Veterinärmedizin, Pharmazie, Chemie, Biologie sowie für Ärzte und Apotheker.
2., überarbeitete und erweiterte Aufl. 1977. 686 S. Über 400 meist zweifarbige Abb., sowie mehr als 320 Tabellen. Format 19x27 cm. (Wv)

Das Standardwerk für den Bereich der Pharmakologie und Toxikologie. Lehrbuchmäßige Darstellung des gesamten Stoffes für Studenten der Medizin, Veterinärmedizin, Pharmazie, Chemie, Biologie. Geeignet zum Selbststudium, zur Vorbereitung auf Seminare, als Repetitorium – vor allem aber auch als umfassendes Handbuch und Nachschlagewerk für den praktisch tätigen Arzt, den Apotheker und für Wissenschaftler verwandter Gebiete.

Ingenieurwissenschaften

Beneking, H.
Praxis des Elektronischen Rauschens
255 S. mit Abb. 1971. (HTB 734)

Billet, R.
Grundlagen der thermischen Flüssigkeitszerlegung
150 S. mit Abb. 1962. (HTB 29)

Billet, R.
Optimierung in der Rektifiziertechnik unter besonderer Berücksichtigung der Vakuumrektifikation
129 S. mit Abb. 1967. (HTB 261)

Billet, R.
Trennkolonnen für die Verfahrenstechnik
151 S. mit Abb. 1971. (HTB 548)

Böhm, H.
Einführung in die Metallkunde
236 S. mit Abb. 1968. (HTB 196)

Bosse, G.
Grundlagen der Elektrotechnik
Band I: Das elektrostatische Feld und der Gleichstrom. Unter Mitarbeit von W. Mecklenbräuker. 141 S. mit Abb. 1966. (HTB 182)
Band II: Das magnetische Feld und die elektromagnetische Induktion. Unter Mitarbeit von G. Wiesemann. 154 S. mit Abb. 2., überarbeitete Aufl. 1978. (HTB 183)
Band III: Wechselstromlehre, Vierpol- und Leitungstheorie. Unter Mitarbeit von A. Glaab. 136 S. 1969. (HTB 184)
Band IV: Drehstrom, Ausgleichsvorgänge in linearen Netzen. Unter Mitarbeit von J. Hagenauer. 164 S. mit Abb. 1973. (HTB 185)

Feldtkeller, E.
Dielektrische und magnetische Materialeigenschaften
Band I: Meßgrößen, Materialübersicht und statistische Eigenschaften. 242 S. mit Abb. 1973. (HTB 485)
Band II: Piezoelektrische/magnetostriktive und dynamische Eigenschaften. 188 S. mit Abb. 1974. (HTB 488)

Glaab, A./J. Hagenauer
Übungen in Grundlagen der Elektrotechnik III, IV
228 S. mit Abb. 1973. (HTB 780)

Klein, W.
Vierpoltheorie
159 S. mit Abb. 1972. (Wv)

MacFarlane, A. G. J.
Analyse technischer Systeme
312 S. mit Abb. 1967. (HTB 81)

Mahrenholtz, O.
Analogrechnen in Maschinenbau und Mechanik
208 S. mit Abb. 1968. (HTB 154)

Marguerre, K./H.-T. Woernle
Elastische Platten
242 S. mit 125 Abb. 1975. (Wv)

Mesch, F. (Hrsg.)
Meßtechnisches Praktikum
217 S. mit Abb. 2. Auflage 1977. (HTB 736)

Pestel, E.
Technische Mechanik
Band I: Statik. 284 S. mit Abb. 1969. (HTB 205)
Band II: Kinematik und Kinetik.
1. Teil: 196 S. mit Abb. 1969. (HTB 206)
Band II/2. Teil: 204 S. mit Abb. 1971. (HTB 207)

Piefke, G.
Feldtheorie
Band I: Maxwellsche Gleichungen, Elektrostatik, Wellengleichung, verlustlose Leitungen. 264 S. Verbesserter Nachdruck 1977. (HTB 771)
Band II: Verlustbehaftete Leitungen, Grundlagen der Antennenabstrahlung, Einschwingvorgang. 231 S. mit Abb. 1973. (HTB 773)
Band III: Beugungs- und Streuprobleme, Wellenausbreitung in anisotropen Medien. 362 S. 1977. (HTB 782)

Rößger, E./K.-B. Hünermann
Einführung in die Luftverkehrspolitik
165, LIV S. mit Abb. 1969. (HTB 824)

Sagirow, P.
Satellitendynamik
191 S. 1970. (HTB 719)

Schrader, K.-H.
Die Deformationsmethode als Grundlage einer problemorientierten Sprache
137 S. mit Abb. 1969. (HTB 830)

Stüwe, H. P.
Einführung in die Werkstoffkunde
197 S. mit Abb. 2., verbesserte Aufl. 1978. (HTB 467)

Stüwe, H. P./G. Vibrans
Feinstrukturuntersuchungen in der Werkstoffkunde
138 S. mit Abb. 1974. (Wv)

Waller, H./W. Krings
Matrizenmethoden in der Maschinen- und Bauwerksdynamik
377 S. mit 159 Abb. 1975. (Wv)

Wasserrab, Th.
Gaselektronik
Band I: Atomtheorie. 223 S. mit Abb. 1971. (HTB 742)
Band II: Niederdruckentladungen, Technik der Gasentladungsventile. 230 S. mit Abb. 1972. (HTB 769)

Wiesemann, G.
Übungen in Grundlagen der Elektrotechnik II
202 S. mit Abb. 1976. (HTB 779)

Wiesemann, G./W. Mecklenbräuker
Übungen in Grundlagen der Elektrotechnik I
179 S. mit Abb. 1973. (HTB 778)

Wolff, I.
Grundlagen und Anwendungen der Maxwellschen Theorie
Band I: Mathematische Grundlagen, die Maxwellschen Gleichungen, Elektrostatik. 326 S. mit Abb. 1968. (HTB 818)
Band II: Strömungsfelder, Magnetfelder, quasistationäre Felder, Wellen. 263 S. mit Abb. 1970. (HTB 731)

Reihe: Theoretische und experimentelle Methoden der Regelungstechnik

Band 1:
Preßler, G.
Regelungstechnik
348 S. mit Abb. 3., überarbeitete Aufl. 1967. (HTB 63)

Band 3:
Isermann, R.
Theoretische Analyse der Dynamik industrieller Prozesse (Identifikation II)
Teil I: 122 S. mit Abb. 1971. (HTB 764)

Band 4:
Klefenz, G.
Die Regelung von Dampfkraftwerken
229 S. mit Abb. 2., verbesserte Aufl. 1975. (Wv)

Band 6:
Schlitt, H./F. Dittrich
Statistische Methoden der Regelungstechnik
169 S. 1972. (HTB 526)

Band 7:
Schwarz, H.
Frequenzgang- und Wurzelortskurvenverfahren
164 S. mit Abb. Verb. Nachdruck 1976. (Wv)

Band 8/9:
Starkermann, R.
Die harmonische Linearisierung
Band I: 201 S. mit Abb. 1970. (HTB 469)
Band II: 83 S. mit Abb. 1970. (HTB 470)

Band 10:
Starkermann, R.
Mehrgrößen-Regelsysteme
Band I: 173 S. mit Abb. 1974. (Wv)

Band 12:
Schwarz, H.
Optimale Regelung linearer Systeme
242 S. mit Abb. 1976. (Wv)

Band 13:
Latzel, W.
Regelung mit dem Prozeßrechner (DDC)
213 S. mit Abb. 1977. (Wv)

Geographie/Geologie/ Völkerkunde

Ganssen, R.
Grundsätze der Bodenbildung
135 S. mit Zeichnungen und einer mehrfarbigen Tafel. 1965. (HTB 327)

Gierloff-Emden, H.-G./ H. Schroeder-Lanz
Luftbildauswertung
Band I: Grundlagen. 154 S. mit Abb. 1970. (HTB 358)

Henningsen, D.
Paläogeographische Ausdeutung vorzeitlicher Ablagerungen
170 S. mit Abb. 1969. (HTB 839)

Kertz, W.
Einführung in die Geophysik
Band I: Erdkörper. 232 S. mit Abb. 1969. (HTB 275)
Band II: Obere Atmosphäre und Magnetosphäre. 210 S. mit Abb. 1971. (HTB 535)

Lindig, W.
Vorgeschichte Nordamerikas
399 S. mit Abb. 1973. (Wv)

Möller, F.
Einführung in die Meteorologie
Band I: Meteorologische Elementarphänomene. 222 S. mit Abb. und 6 Farbtafeln. 1973. (HTB 276)
Band II: Komplexe meteorologische Phänomene. 223 S. mit Abb. 1973. (HTB 288)

Schmithüsen, J.
Geschichte der geographischen Wissenschaft von den ersten Anfängen bis zum Ende des 18. Jahrhunderts
190 S. 1970. (HTB 363)

Schwidetzky, I.
Grundlagen der Rassensystematik
180 S. mit Abb. 1974. (Wv)

Wunderlich, H.-G.
Bau der Erde.
Geologie der Kontinente und Meere
Band I: Afrika, Amerika, Europa. 151 S., Tabellen und farbige Abb. 1973. (Wv)
Band II: Asien, Australien, Geologie der Ozeane. 164 S., Tabellen und 16 S. farbige Abb. 1975. (Wv)

Wunderlich, H.-G.
Einführung in die Geologie
Band I: Exogene Dynamik. 214 S. mit Abb. und farbigen Bildern. 1968. (HTB 340)
Band II: Endogene Dynamik. 231 S. mit Abb. und farbigen Bildern. 1968. (HTB 341)

B.I.-Hochschulatlanten

Dietrich, G./J. Ulrich (Hrsg.)
Atlas zur Ozeanographie
76 S. 1968. (HTB 307)

Ganssen, R./F. Hädrich (Hrsg.)
Atlas zur Bodenkunde
85 S. 1965. (HTB 301)

Schaifers, K. (Hrsg.)
Atlas zur Himmelskunde
96 S. 1969. (HTB 308)

Schmithüsen, J. (Hrsg.)
Atlas zur Biogeographie
80 S.1976. (HTB 303)

Wagner, K. (Hrsg.)
Atlas zur physischen Geographie (Orographie)
59 S. 1971. (HTB 304)